수학 좀 한다면

디딤돌 초등수학 문제유형 5-2

펴낸날 [개정판 1쇄] 2025년 4월 8일 | **펴낸이** 이기열 | **펴낸곳** (주)디딤돌 교육 | **주소** (03972) 서울특별시 마포구 월드컵북로 122 청원선와이즈타워 | **대표전화** 02-3142-9000 | **구입문의** 02-322-8451 | **내용문의** 02-323-9166 | **팩시밀리** 02-338-3231 | **홈페이지** www.didimdol.co.kr | **등록번호** 제10-718호 | 구입한 후에는 철회되지 않으며 잘못 인쇄된 책은 바꾸어 드립니다. 이 책에 실린 모든 삽화 및 편집 형태에 대한 저작권은 (주)디딤돌 교육에 있으므로 무단으로 복사 복제할 수 없습니다. Copyright ⓒ Didimdol Co. [2502690]

내 실력에 딱!
최상위로 가는 '맞춤 학습 플랜'

STEP 1 On-line
나에게 맞는 공부법은?
맞춤 학습 가이드를 만나요.

교재 선택부터 공부법까지! 디딤돌에서 제공하는 시기별 맞춤 학습 가이드를 통해 아이에게 맞는 학습 계획을 세워 주세요. (학습 가이드는 디딤돌 학부모카페 '맘이가'를 통해 상시 공지합니다. cafe.naver.com/didimdolmom)

STEP 2 Book
맞춤 학습 스케줄표
계획에 따라 공부해요.

교재에 첨부된 '맞춤 학습 스케줄표'에 맞춰 공부 목표를 달성합니다.

STEP 3 On-line
이럴 땐 이렇게!
'맞춤 Q&A'로 해결해요.

궁금하거나 모르는 문제가 있다면, '맘이가' 카페를 통해 질문을 남겨 주세요. 디딤돌 수학쌤 및 선배맘님들이 친절히 답변해 드립니다.

STEP 4 Book
다음에는 뭐 풀지?
다음 교재를 추천받아요.

학습 결과에 따라 후속 학습에 사용할 교재를 제시해 드립니다. (교재 마지막 페이지 수록)

 ★ 디딤돌 플래너 만나러 가기

디딤돌 초등수학 문제유형 5-2

12주 완성 학습 스케줄표

여유를 가지고 깊이 있게 한 학기 과정을 완성할 수 있도록 설계하였습니다.
학기 중 교과서와 함께 공부하고 싶다면 주 5일 12주 완성 과정을 이용해요.

공부한 날짜를 쓰고 하루 분량 학습을 마친 후, 부모님께 확인 check ☑를 받으세요.

① 수의 범위와 어림하기

1주
월 일	월 일	월 일	월 일	월 일
8~9쪽	10~11쪽	12~13쪽	14~15쪽	16~17쪽

2주
월 일	월 일	월 일	월 일
18~19쪽	20~21쪽	22쪽	23~25쪽	28~29쪽

② 분수의 곱셈

3주
월 일	월 일	월 일	월 일	월 일
30~31쪽	32~33쪽	34~35쪽	36~37쪽	38~39쪽

4주
월 일	월 일	월 일	월 일
40쪽	41~42쪽	43~44쪽	45~47쪽	50~51쪽

③ 합동과 대칭

5주
월 일	월 일	월 일	월 일	월 일
52~53쪽	54~55쪽	56~57쪽	58~59쪽	60~61쪽

6주
월 일	월 일	월 일	월 일
62쪽	63~64쪽	65쪽	66쪽	67~69쪽

④ 소수의 곱셈

7주
월 일	월 일	월 일	월 일	월 일
72~73쪽	74~75쪽	76~77쪽	78~79쪽	80쪽

8주
월 일	월 일	월 일	월 일
80~81쪽	83~84쪽	85~86쪽	87쪽	88~90쪽

⑤ 직육면체

9주
월 일	월 일	월 일	월 일	월 일
94~95쪽	96~97쪽	98~99쪽	100~101쪽	102~103쪽

10주
월 일	월 일	월 일	월 일
104쪽	105쪽	106쪽	107쪽	108~110쪽

⑥ 평균과 가능성

11주
월 일	월 일	월 일	월 일	월 일
114~115쪽	116~117쪽	118~119쪽	120쪽	121쪽

12주
월 일	월 일	월 일	월 일
122쪽	123쪽	124쪽	125쪽	126~128쪽

효과적인 수학 공부 비법

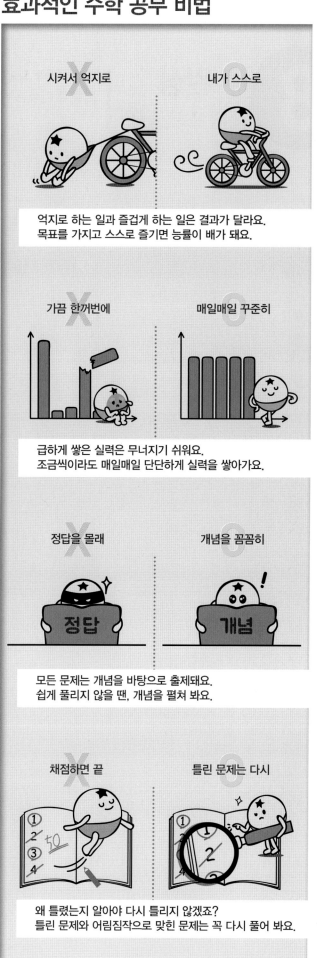

시켜서 억지로 ✗ / 내가 스스로 ○

억지로 하는 일과 즐겁게 하는 일은 결과가 달라요.
목표를 가지고 스스로 즐기면 능률이 배가 돼요.

가끔 한꺼번에 ✗ / 매일매일 꾸준히 ○

급하게 쌓은 실력은 무너지기 쉬워요.
조금씩이라도 매일매일 단단하게 실력을 쌓아가요.

정답을 몰래 ✗ / 개념을 꼼꼼히 ○

모든 문제는 개념을 바탕으로 출제돼요.
쉽게 풀리지 않을 땐, 개념을 펼쳐 봐요.

채점하면 끝 ✗ / 틀린 문제는 다시 ○

왜 틀렸는지 알아야 다시 틀리지 않겠죠?
틀린 문제와 어림짐작으로 맞힌 문제는 꼭 다시 풀어 봐요.

디딤돌 초등수학 문제유형 5-2

8주 완성 학습 스케줄표

짧은 기간에 집중력 있게 한 학기 과정을 완성할 수 있도록 설계하였습니다.
방학 때 미리 공부하고 싶다면 주 5일 8주 완성 과정을 이용해요.

공부한 날짜를 쓰고 하루 분량 학습을 마친 후, 부모님께 확인 check ☑를 받으세요.

① 수의 범위와 어림하기					② 분수의 곱셈				
1주					**2주**				
월 일	월 일	월 일	월 일	월 일	월 일	월 일	월 일	월 일	월 일
8~9쪽	10~12쪽	13~15쪽	16~17쪽	18~19쪽	20~22쪽	23~25쪽	28~29쪽	30~32쪽	33~35쪽

② 분수의 곱셈					③ 합동과 대칭				
3주					**4주**				
월 일	월 일	월 일	월 일	월 일	월 일	월 일	월 일	월 일	월 일
36~37쪽	38~40쪽	41~44쪽	45~47쪽	50~51쪽	52~54쪽	55~57쪽	58~59쪽	60~62쪽	63~66쪽

④ 소수의 곱셈					⑤ 직육면체				
5주					**6주**				
월 일	월 일	월 일	월 일	월 일	월 일	월 일	월 일	월 일	월 일
67~69쪽	72~73쪽	74~76쪽	77~78쪽	79~80쪽	81~84쪽	85~87쪽	88~90쪽	94~95쪽	96~98쪽

⑤ 직육면체					⑥ 평균과 가능성				
7주					**8주**				
월 일	월 일	월 일	월 일	월 일	월 일	월 일	월 일	월 일	월 일
99~101쪽	102~104쪽	105~107쪽	108~110쪽	114~115쪽	116~118쪽	119~120쪽	121~122쪽	123~125쪽	126~128쪽

MEMO

효과적인 수학 공부 비법

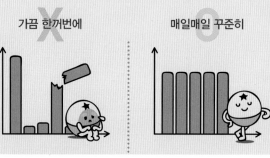

시켜서 억지로 ✕ 내가 스스로 ○

억지로 하는 일과 즐겁게 하는 일은 결과가 달라요.
목표를 가지고 스스로 즐기면 능률이 배가 돼요.

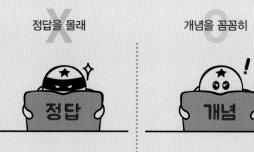

가끔 한꺼번에 ✕ 매일매일 꾸준히 ○

급하게 쌓은 실력은 무너지기 쉬워요.
조금씩이라도 매일매일 단단하게 실력을 쌓아가요.

정답을 몰래 ✕ 개념을 꼼꼼히 ○

정답 개념

모든 문제는 개념을 바탕으로 출제돼요.
쉽게 풀리지 않을 땐, 개념을 펼쳐 봐요.

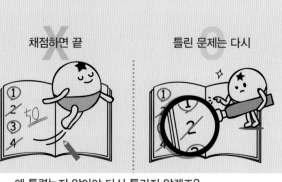

채점하면 끝 ✕ 틀린 문제는 다시 ○

왜 틀렸는지 알아야 다시 틀리지 않겠죠?
틀린 문제와 어림짐작으로 맞힌 문제는 꼭 다시 풀어 봐요.

수학 좀 한다면

디딤돌

초등수학
문제유형

상위권 도전, 유형 정복

5
2

단계별로 실력을 높여주는, **문제 유형**

1단계 개념 확인

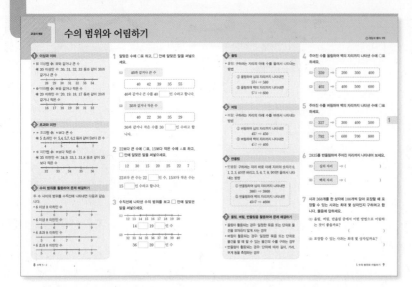

단원의 개념을 한눈에 정리해 보고
잘 알고 있는지 확인해 봅니다.

2단계 기본기 다지기

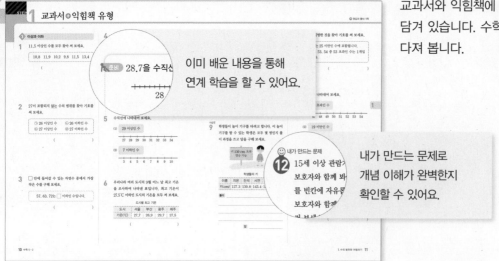

교과서와 익힘책에 있는 모든 유형이
담겨 있습니다. 수학 공부의 기본기를
다져 봅니다.

이미 배운 내용을 통해
연계 학습을 할 수 있어요.

내가 만드는 문제로
개념 이해가 완벽한지
확인할 수 있어요.

3 단계 실력 키우기

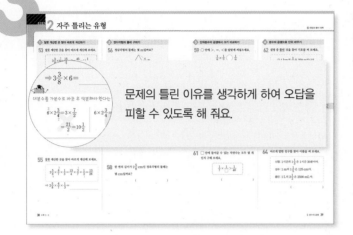

실수 없이 문제를 해결하는 것이 진짜 실력입니다.
어렵진 않지만 실수하기 쉬운 문제를 푸는 연습을
통해 실력을 키워 봅니다.

문제의 틀린 이유를 생각하게 하여 오답을
피할 수 있도록 해 줘요.

4 단계 문제해결력 기르기

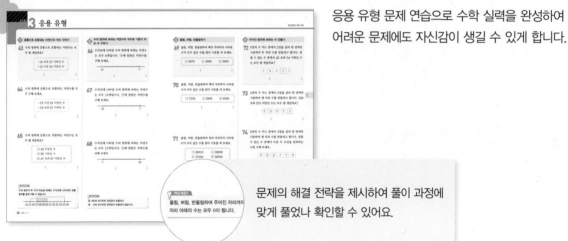

응용 유형 문제 연습으로 수학 실력을 완성하여
어려운 문제에도 자신감이 생길 수 있게 합니다.

문제의 해결 전략을 제시하여 풀이 과정에
맞게 풀었나 확인할 수 있어요.

5 단계 단원 마무리 하기

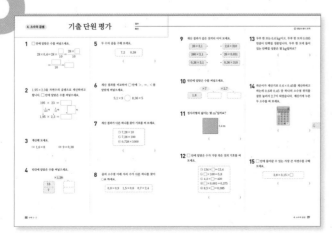

시험에 잘 나오는 유형 문제로 단원의 학습을
마무리 합니다.

이 책의 차례

1 수의 범위와 어림하기

140 초과 190 이하

놀이 기구를 키가 140 cm 초과 190 cm 이하인 사람만 탈 수 있대요.
내 키가 140 cm인데 과연 놀이 기구를 탈 수 있을까요?
또, 내 몸무게가 52 kg인데 친구한테 말할 때 은근슬쩍 2 kg을 버리고
50 kg쯤 된다고 말한 적이 있지 않나요?
지금부터 우리 주변의 여러 가지 상황에서 사용되는 수의 범위에 대해 알아보고,
수를 가까운 수로 어림하여 나타내는 방법에 대해 배워 볼게요.

수의 범위를 나타내는 말이 있어!

7을 포함한다.

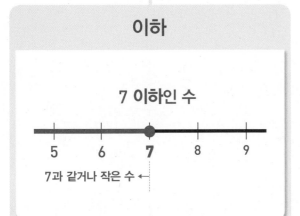

이하

7 이하인 수

7과 같거나 작은 수 ←

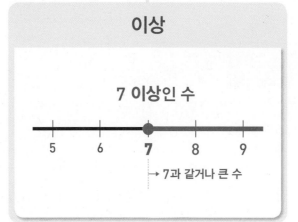

이상

7 이상인 수

→ 7과 같거나 큰 수

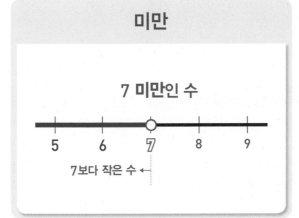

미만

7 미만인 수

7보다 작은 수 ←

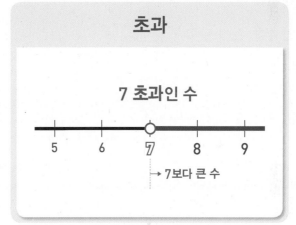

초과

7 초과인 수

→ 7보다 큰 수

7을 포함하지 않는다.

1 수의 범위와 어림하기

1 이상과 이하

- ■ **이상**인 수: ■와 같거나 큰 수
  예 30 이상인 수: 30, 31, 32, 33 등과 같이 30과 같거나 큰 수

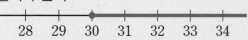

- ● **이하**인 수: ●와 같거나 작은 수
  예 20 이하인 수: 20, 19, 18, 17 등과 같이 20과 같거나 작은 수

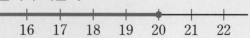

2 초과와 미만

- ★ **초과**인 수: ★보다 큰 수
  예 5 초과인 수: 5.4, 5.7, 6.2 등과 같이 5보다 큰 수

- ◆ **미만**인 수: ◆보다 작은 수
  예 35 미만인 수: 34.9, 33.1, 31.8 등과 같이 35보다 작은 수

3 수의 범위를 활용하여 문제 해결하기

두 수 사이의 범위를 수직선에 나타내면 다음과 같습니다.

- 6 이상 8 이하인 수

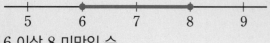

- 6 이상 8 미만인 수

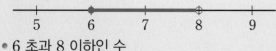

- 6 초과 8 이하인 수

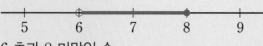

- 6 초과 8 미만인 수

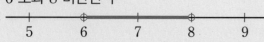

---

1 알맞은 수에 ○표 하고, □ 안에 알맞은 말을 써넣으세요.

(1) 40과 같거나 큰 수

40과 같거나 큰 수를 40 □ 인 수라고 합니다.

(2) 30과 같거나 작은 수

30과 같거나 작은 수를 30 □ 인 수라고 합니다.

2 22보다 큰 수에 ○표, 15보다 작은 수에 △표 하고, □ 안에 알맞은 말을 써넣으세요.

| 12 | 30 | 15 | 20 | 25 | 22 | 7 |

22보다 큰 수는 22 □ 인 수, 15보다 작은 수는 15 □ 인 수라고 합니다.

3 수직선에 나타낸 수의 범위를 보고 □ 안에 알맞은 말을 써넣으세요.

(1)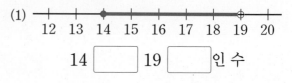

14 □ 19 □ 인 수

(2)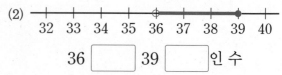

36 □ 39 □ 인 수

4 올림

• 올림: 구하려는 자리의 아래 수를 올려서 나타내는 방법

> ① 올림하여 십의 자리까지 나타내면
> 574 ➡ 580
> ② 올림하여 백의 자리까지 나타내면
> 574 ➡ 600

5 버림

• 버림: 구하려는 자리의 아래 수를 버려서 나타내는 방법

> ① 버림하여 십의 자리까지 나타내면
> 452 ➡ 450
> ② 버림하여 백의 자리까지 나타내면
> 452 ➡ 400

6 반올림

• 반올림: 구하려는 자리 바로 아래 자리의 숫자가 0, 1, 2, 3, 4이면 버리고, 5, 6, 7, 8, 9이면 올려서 나타내는 방법

> ① 반올림하여 십의 자리까지 나타내면
> 3863 ➡ 3860
> ② 반올림하여 백의 자리까지 나타내면
> 4567 ➡ 4600

7 올림, 버림, 반올림을 활용하여 문제 해결하기

• 올림이 활용되는 경우: 일정한 묶음 또는 단위로 물건을 모자라지 않게 사는 경우
• 버림이 활용되는 경우: 일정한 묶음 또는 단위로 물건을 팔 때 팔 수 있는 물건의 수를 구하는 경우
• 반올림이 활용되는 경우: 단위에 따라 길이, 거리, 무게 등을 측정하는 경우

---

4 주어진 수를 올림하여 백의 자리까지 나타낸 수에 ○표 하세요.

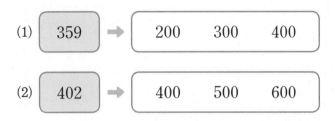

5 주어진 수를 버림하여 백의 자리까지 나타낸 수에 ○표 하세요.

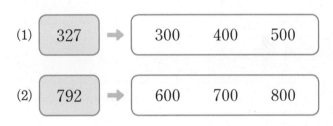

6 2835를 반올림하여 주어진 자리까지 나타내어 보세요.

(1) 십의 자리 ➡ (   )

(2) 백의 자리 ➡ (   )

7 사과 368개를 한 상자에 100개씩 담아 포장할 때 포장할 수 있는 사과는 최대 몇 상자인지 구하려고 합니다. 물음에 답하세요.

(1) 올림, 버림, 반올림 중에서 어떤 방법으로 어림하는 것이 좋을까요?

(   )

(2) 포장할 수 있는 사과는 최대 몇 상자일까요?

(   )

교과서 + 익힘책 유형

1 이상과 이하

1 11.5 이상인 수를 모두 찾아 써 보세요.

| 10.8 | 11.9 | 10.2 | 9.8 | 11.5 | 13.4 |

(   )

2 27이 포함되지 <u>않는</u> 수의 범위를 찾아 기호를 써 보세요.

ㄱ 26 이상인 수   ㄴ 26 이하인 수
ㄷ 27 이상인 수   ㄹ 27 이하인 수

(   )

3 ☐ 안에 들어갈 수 있는 자연수 중에서 가장 작은 수를 구해 보세요.

57, 63, 72는 ☐ 이하인 수입니다.

(   )

4 41 이상인 수에 ○표, 41 이하인 수에 △표 하세요.

| 23 | 33 | 35 | 41 | 46 | 49 | 62 |

더 가까운 자연수를 찾아봐.

준비 28.7을 수직선에 ↑로 나타내어 보세요.

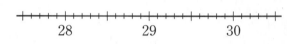

5 수직선에 나타내어 보세요.

(1) 29 이상인 수

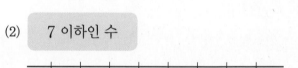

(2) 7 이하인 수

3   4   5   6   7   8   9   10

6 우리나라 여러 도시의 9월 어느 날 최고 기온을 조사하여 나타낸 표입니다. 최고 기온이 27.5 ℃ 이하인 도시의 기온을 모두 써 보세요.

도시별 최고 기온

도시	서울	부산	광주	제주
기온(℃)	27.7	26.9	29.7	27.5

(   )

② 초과와 미만

7 34 초과인 수를 모두 찾아 써 보세요.

| 34.1 | 32.4 | 29.8 | 34 | 38.4 |

( )

8 47.5 미만인 수를 모두 찾아 써 보세요.

| 50.6 | 46.7 | 47.5 | 44.1 | 48.2 |

( )

서술형
9 학생들이 놀이 기구를 타려고 합니다. 이 놀이 기구를 탈 수 있는 학생은 모두 몇 명인지 풀이 과정을 쓰고 답을 구해 보세요.

키 130 cm 초과
탑승 가능

학생들의 키

이름	지은	진석	서연	수민	영우
키(cm)	127.3	130.8	143.4	130.0	133.5

풀이

답

10 바르게 설명한 것을 찾아 기호를 써 보세요.

> ㉠ 25는 25 미만인 수에 포함됩니다.
> ㉡ 52, 53, 54 중 53 초과인 수는 1개입니다.

( )

11 수직선에 나타내어 보세요.

(1) 50 초과인 수

```
47  48  49  50  51  52  53  54
```

(2) 19 미만인 수

```
16  17  18  19  20  21  22  23
```

😊 내가 만드는 문제
12 15세 이상 관람가 영화를 볼 때 15세 미만은 보호자와 함께 봐야 합니다. 우리 가족과 나이를 빈칸에 자유롭게 써넣고, 우리 가족 중에서 15세 이상 관람가 영화를 보호자와 함께 봐야 하는 사람을 모두 써 보세요.

우리 가족의 나이

가족				
나이(세)				

( )

3 수의 범위를 활용하여 문제 해결하기

13 수의 범위에 속하는 수를 모두 찾아 써 보세요.

> 25 초과 42 이하인 수

> 18 29 25 45 21 37 42

(   )

14 수의 범위를 수직선에 나타내어 보세요.

(1)
> 9 초과 13 이하인 수

┼──┼──┼──┼──┼──┼──┼
8   9   10   11   12   13   14

(2)
> 146 이상 149 미만인 수

┼───┼───┼───┼───┼───┼───┼───┼
143 144 145 146 147 148 149 150

15 37이 포함되는 수의 범위를 모두 찾아 기호를 써 보세요.

> ㉠ 37 이상 39 미만인 수
> ㉡ 37 초과 41 이하인 수
> ㉢ 36 초과 38 이하인 수
> ㉣ 38 이상 40 이하인 수

(   )

16 수직선에 나타낸 수의 범위에 속하는 가장 작은 자연수와 가장 큰 자연수를 써 보세요.

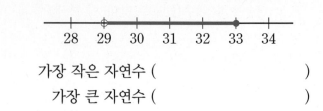

28   29   30   31   32   33   34

가장 작은 자연수 (   )
가장 큰 자연수 (   )

17 어느 문구점에서는 구매 금액에 따라 선물을 줍니다. 이 문구점에서 공책, 지우개, 물감, 가위를 한 개씩 산다면 받을 수 있는 선물은 무엇인지 구해 보세요.

구매 금액	5000원 이하	5000원 초과 7000원 이하	7000원 초과 9000원 이하
선물	연필	자	수첩

1000원   500원   4000원   1500원

(   )

18 ㉠과 ㉡의 합은 얼마인지 풀이 과정을 쓰고 답을 구해 보세요.

> • 15 이상 22 이하인 자연수는 ㉠개입니다.
> • 10 초과 17 미만인 자연수는 ㉡개입니다.

풀이 ....

....

....

....

답 ....

4 올림

19 수를 올림하여 주어진 자리까지 나타내어 보세요.

수	십의 자리	백의 자리
252		
826		
3981		

☺ 내가 만드는 문제

20 세 자리 수를 정해 올림한 후, 올림한 수의 크기를 비교하여 ◯ 안에 >, =, <를 알맞게 써넣으세요.

```
┌─────────────┐        ┌─────────────┐
│ [    ] 을/를  │        │ [    ] 을/를  │
│ 올림하여 십의 │  ◯     │ 올림하여 백의 │
│ 자리까지 나타 │        │ 자리까지 나타 │
│ 낸 수        │        │ 낸 수        │
│ ➡ [      ]   │        │ ➡ [      ]   │
└─────────────┘        └─────────────┘
```

21 올림하여 백의 자리까지 나타내면 5300이 되는 수를 모두 찾아 ◯표 하세요.

5120   5301   5207   5328   5299

22 보기 와 같이 소수를 올림해 보세요.

보기

1.308을 올림하여 소수 첫째 자리
나타내기 ➡ 1.4

1.786을 올림하여 소수 둘째 자리
나타내기 ➡ 1.79

(1) 4.385를 올림하여 소수 첫째 자리
나타내기 ➡ (   )

(2) 7.003을 올림하여 소수 둘째 자리
나타내기 ➡ (   )

23 학생 205명이 모두 케이블카를 타려고 기다리고 있습니다. 케이블카 한 대에 10명까지 탈 수 있을 때 케이블카는 적어도 몇 번 운행해야 할까요?

(   )

24 4903을 올림하여 나타낸 수가 다른 하나를 찾아 기호를 써 보세요.

┌────────────────────────────────┐
│ ㉠ 4903을 올림하여 천의 자리까지 나타낸 수 │
│ ㉡ 4903을 올림하여 백의 자리까지 나타낸 수 │
│ ㉢ 4903을 올림하여 십의 자리까지 나타낸 수 │
└────────────────────────────────┘

(   )

1

⑤ 버림

25 수를 버림하여 주어진 자리까지 나타내어 보세요.

수	십의 자리	백의 자리
683		
497		
1784		

26 버림하여 천의 자리까지 나타내어 보세요.

$$75092$$

( )

27 버림하여 백의 자리까지 나타내면 2800이 되는 수를 모두 찾아 ○표 하세요.

| 2891 | 2705 | 2730 | 2800 | 2795 |

28 □ 안에 알맞은 수를 써넣으세요.

버림하여 십의 자리까지 나타내면 130이 되는 수는 ☐ 이상 ☐ 미만인 수입니다.

29 보기 와 같이 소수를 버림해 보세요.

> **보기**
> 2.63을 버림하여 소수 첫째 자리까지
> 나타내기 ➡ 2.6
> 3.198을 버림하여 소수 둘째 자리까지
> 나타내기 ➡ 3.19

(1) 5.977을 버림하여 소수 첫째 자리까지
나타내기 ➡ ( )

(2) 8.416을 버림하여 소수 둘째 자리까지
나타내기 ➡ ( )

30 버림하여 백의 자리까지 나타내면 1700이 되는 자연수 중에서 가장 큰 수를 구해 보세요.

( )

31 감자 437개를 한 봉지에 10개씩 담아 팔려고 합니다. 감자는 몇 봉지까지 팔 수 있을까요?

( )

서술형
32 사탕 283개를 한 상자에 10개씩 담아 팔려고 합니다. 한 상자에 3000원씩 판다면 사탕을 팔아서 받을 수 있는 돈은 최대 얼마인지 풀이 과정을 쓰고 답을 구해 보세요.

풀이

답

6 반올림

더 가까운 쪽의 눈금을 읽어 봐.

준비 밀가루의 무게는 약 몇 kg인지 어림해 보세요.

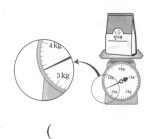

( )

33 수를 반올림하여 주어진 자리까지 나타내어 보세요.

수	십의 자리	백의 자리	천의 자리
3647			
6551			

34 반올림하여 백의 자리까지 나타내면 3700이 되는 수를 모두 찾아 ○표 하세요.

| 3699 | 3608 | 3750 | 3702 | 3650 |

☺ 내가 만드는 문제

35 가지고 있는 학용품 중 하나를 골라 길이를 재어 보고 몇 cm인지 반올림하여 일의 자리까지 나타내어 보세요.

0 1 2 3 4 5 6 7

( )

36 **보기** 와 같이 소수를 반올림해 보세요.

보기
3.752를 반올림하여 소수 첫째 자리까지 나타내기 ➡ 3.8
6.184를 반올림하여 소수 둘째 자리까지 나타내기 ➡ 6.18

(1) 1.743을 반올림하여 소수 첫째 자리까지 나타내기 ➡ ( )

(2) 5.086을 반올림하여 소수 둘째 자리까지 나타내기 ➡ ( )

37 반올림하여 수를 나타내고, 수의 크기를 비교하여 ○ 안에 >, =, <를 알맞게 써넣으세요.

2748을 반올림하여 백의 자리까지 나타낸 수 ➡ ◯ 2800

38 반올림하여 십의 자리까지 나타내면 2760이 되는 자연수 중에서 가장 작은 수와 가장 큰 수를 각각 구해 보세요.

가장 작은 수 ( )
가장 큰 수 ( )

7 올림, 버림, 반올림을 활용하여 문제 해결하기

39 한 대에 10명까지 탈 수 있는 보트가 있습니다. 174명이 모두 보트에 타려면 보트는 최소 몇 대 필요한지 물음에 답하세요.

(1) 올림, 버림, 반올림 중 어떤 방법으로 어림해야 할까요?

( )

(2) 174명이 모두 보트에 타려면 보트는 최소 몇 대 필요할까요?

( )

40 인우는 문구점에서 7500원짜리 필통 한 개와 3700원짜리 스케치북 한 권을 샀습니다. 1000원짜리 지폐로만 돈을 낸다면 최소 얼마를 내야 할까요?

( )

41 서진이네 모둠 학생들의 제자리멀리뛰기 기록을 조사하여 나타낸 표입니다. 각 학생들이 뛴 거리는 몇 cm인지 반올림하여 일의 자리까지 나타내어 보세요.

제자리멀리뛰기 기록

이름	기록(cm)	반올림한 기록(cm)
서진	182.6	
병수	197.2	
정민	160.8	
현경	174.0	
성빈	159.5	

42 10원짜리 동전이 365개, 100원짜리 동전이 57개 있습니다. 이 돈을 1000원짜리 지폐로 바꾸면 최대 얼마까지 바꿀 수 있을까요?

( )

43 상자를 한 개 포장하는 데 테이프가 1 m 필요합니다. 테이프 582 cm로 상자를 최대 몇 개까지 포장하고, 몇 cm가 남을까요?

( ), ( )

서술형 44 어느 인플루언서의 구독자 수가 14978명이고 구독자 수를 어림하면 15000명이 됩니다. 어떻게 어림하였는지 올림, 버림, 반올림을 활용하여 2가지 방법으로 설명해 보세요.

방법 1

방법 2

1 이상, 이하, 초과, 미만인 수 찾기

45 수의 범위에 알맞은 수를 모두 찾아 써 보세요.

> 68 미만인 수

| 69 | 67.8 | 68 | 65 | 68.3 |

( )

★ 미만인 수는 ★보다 작은 수로 ★은 포함되지 않는다는 거 잊지 마!

★ 미만인 수 ➡ ★보다 작은 수

46 58 이상 72 미만인 수를 모두 찾아 써 보세요.

| 73 | 57.9 | 58 | $58\frac{1}{2}$ | 71.8 |

( )

47 24.5 초과 40.4 이하인 수는 모두 몇 개일까요?

| 24 | 24.9 | 41 | 38 | 40 |

( )

2 수를 올림하여 나타내기

48 올림하여 천의 자리까지 나타내어 보세요.

(1) 84003 ( )

(2) 96000 ( )

올림하여 천의 자리까지 나타낼 때 백, 십, 일의 자리에 0이 아닌 숫자가 하나라도 있으면 올려야 해. 하지만 백, 십, 일의 자리의 숫자가 모두 0이면 올릴 수 없다는 것에 주의해!

> 17100

올림하여 백의 자리까지 나타내면 17100 → 17100
올림하여 천의 자리까지 나타내면 17100 → 18000

49 올림하여 백의 자리까지 나타낸 것입니다. 잘못 나타낸 것을 모두 고르세요. ( )

① 6503 → 6600 ② 4601 → 4700
③ 10904 → 10900 ④ 4401 → 4400
⑤ 5902 → 6000

50 연우네 학교 학생 308명에게 공책을 한 권씩 나누어 주려고 합니다. 공책은 한 상자에 100권씩 담아 팔고, 한 상자에 20000원입니다. 공책을 사는 데 필요한 돈은 최소 얼마일까요?

( )

51 버림하여 백의 자리까지 나타내면 15800이 되는 자연수 중에서 가장 큰 수를 구해 보세요.

( )

버림하여 백의 자리까지 나타낼 때 십, 일의 자리에 0이 아닌 수가 있으면 버려야 해.

599를 버림하여 백의 자리까지 나타내면
599 → 500

52 올림하여 천의 자리까지 나타내면 31000이 되는 자연수 중에서 가장 작은 수를 구해 보세요.

( )

53 반올림하여 천의 자리까지 나타내면 53000이 되는 자연수 중에서 가장 큰 수와 가장 작은 수를 각각 구해 보세요.

가장 큰 수 ( )
가장 작은 수 ( )

54 13 이상 23 미만인 수의 범위에 속하는 자연수는 모두 몇 개일까요?

( )

★ 이상 ▲ 미만인 수에는 ★은 포함되고, ▲은 포함되지 않는다는 걸 기억해!

5 이상 9 미만인 자연수 ➡ 5, 6, 7, 8 (4개)

55 57 초과 70 이하인 수의 범위에 속하는 자연수는 모두 몇 개일까요?

( )

56 35 초과 60 미만인 수의 범위에 속하는 자연수는 모두 몇 개일까요?

( )

5 수 카드로 만든 수를 반올림하기

57 수 카드 4장을 한 번씩만 사용하여 만들 수 있는 가장 큰 네 자리 수를 반올림하여 백의 자리까지 나타내어 보세요.

[5] [2] [8] [7]

( )

가장 큰 네 자리 수를 만들 때에는
천 → 백 → 십 → 일의 자리 순서로 큰 수를 놓아야 해.

[1] [2] [3] [4] 를 한 번씩만 사용하여 만들 수
있는 가장 큰 네 자리 수: 4321

58 수 카드 4장을 한 번씩만 사용하여 만들 수 있는 가장 작은 네 자리 수를 반올림하여 백의 자리까지 나타내어 보세요.

[2] [8] [5] [0]

( )

59 수 카드 5장을 한 번씩만 사용하여 만들 수 있는 가장 큰 다섯 자리 수를 반올림하여 천의 자리까지 나타내어 보세요.

[5] [2] [7] [0] [3]

( )

6 어림하기 전의 수의 범위 구하기

60 어떤 수를 반올림하여 십의 자리까지 나타내었더니 780이 되었습니다. 어떤 수가 될 수 있는 수의 범위를 이상과 미만을 이용하여 나타내어 보세요.

( )

반올림은 나타내려는 자리 바로 아래 자리의 숫자가 0, 1, 2, 3, 4이면 버리고, 5, 6, 7, 8, 9이면 올림해.

반올림하여 십의 자리까지 나타내면 530이 되는 수
➡ (530−5) 이상 (530+5) 미만
➡ 525 이상 535 미만

61 어떤 수를 반올림하여 십의 자리까지 나타내었더니 500이 되었습니다. 어떤 수가 될 수 있는 수의 범위를 이상과 미만을 이용하여 수직선에 나타내어 보세요.

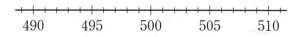

62 버림하여 백의 자리까지 나타내면 800이 되는 수의 범위를 이상과 미만을 이용하여 수직선에 나타내어 보세요.

```
+++++++++++++++++++++++++++
700  750  800  850  900  950  1000
```

1 공통으로 포함되는 자연수의 개수 구하기

63 수의 범위에 공통으로 포함되는 자연수는 모두 몇 개일까요?

> • 16 초과 27 이하인 수
> • 13 이상 24 미만인 수

( )

64 수의 범위에 공통으로 포함되는 자연수를 모두 구해 보세요.

> • 15 이상 23 미만인 수
> • 18 초과 27 이하인 수

( )

65 수의 범위에 공통으로 포함되는 자연수는 모두 몇 개일까요?

> ㉠ 43 이상인 수
> ㉡ 55 이하인 수
> ㉢ 47 초과 57 미만인 수

( )

2 수의 범위에 속하는 자연수의 개수로 기준이 되는 수 구하기

66 수직선에 나타낸 수의 범위에 속하는 자연수는 모두 8개입니다. ㉠에 알맞은 자연수를 구해 보세요.

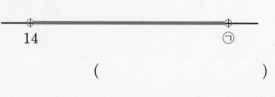

( )

67 수직선에 나타낸 수의 범위에 속하는 자연수는 모두 10개입니다. ㉠에 알맞은 자연수를 구해 보세요.

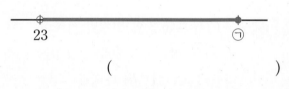

( )

68 수직선에 나타낸 수의 범위에 속하는 자연수는 모두 15개입니다. ㉠에 알맞은 자연수를 구해 보세요.

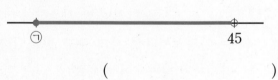

( )

🔑 **개념 KEY**

수의 범위가 두 가지 이상일 때에는 수직선에 나타내면 공통 범위를 쉽게 구할 수 있습니다.

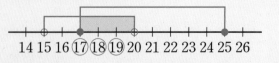

🔑 **개념 KEY**

점 ●으로 표시되면 경곗값이 포함되고
점 ○으로 표시되면 경곗값이 포함되지 않습니다.

3 올림, 버림, 반올림하기

69 올림, 버림, 반올림하여 백의 자리까지 나타낸 수가 모두 같은 수를 찾아 기호를 써 보세요.

┌─────────────────────────────────────┐
│ ㉠ 3670   ㉡ 4500   ㉢ 5830 │
└─────────────────────────────────────┘

(   )

70 올림, 버림, 반올림하여 백의 자리까지 나타낸 수가 모두 같은 수를 찾아 기호를 써 보세요.

┌─────────────────────────────────────┐
│ ㉠ 7230   ㉡ 5908   ㉢ 8300 │
└─────────────────────────────────────┘

(   )

71 올림, 버림, 반올림하여 천의 자리까지 나타낸 수가 모두 같은 수를 찾아 기호를 써 보세요.

┌─────────────────────────────────────┐
│   ㉠ 36010   ㉡ 36908   │
│   ㉢ 37000   ㉣ 36500   │
└─────────────────────────────────────┘

(   )

🔑 **개념 KEY**

올림, 버림, 반올림하여 주어진 자리까지 나타내면 구하려는 자리 아래의 수는 모두 0이 됩니다.

4 주어진 범위에 속하는 수 만들기

72 5장의 수 카드 중에서 2장을 골라 한 번씩만 사용하여 두 자리 수를 만들려고 합니다. 만들 수 있는 수 중에서 45 초과 54 이하인 수는 모두 몇 개일까요?

[1] [3] [4] [5] [7]

(   )

73 5장의 수 카드 중에서 3장을 골라 한 번씩만 사용하여 세 자리 수를 만들려고 합니다. 350 초과 570 미만인 수는 모두 몇 개일까요?

[2] [3] [0] [7] [5]

(   )

74 6장의 수 카드 중에서 3장을 골라 한 번씩만 사용하여 세 자리 수를 만들려고 합니다. 만들 수 있는 수 중에서 다음 두 조건을 만족하는 수를 구해 보세요.

[0] [2] [3] [4] [7] [9]

┌─────────────────────────────────────┐
│ • 382 초과 402 미만인 수입니다.   │
│ • 반올림하여 십의 자리까지 나타내면 400 │
│   입니다.   │
└─────────────────────────────────────┘

(   )

🔑 **개념 KEY**

• 이상, 이하인 수 ➡ 경곗값이 포함됩니다.
• 초과, 미만인 수 ➡ 경곗값이 포함되지 않습니다.

5 조건을 만족하는 수 찾기

75 조건을 만족하는 자연수를 모두 구해 보세요.

> ㉠ 올림하여 십의 자리까지 나타내면 280 입니다.
> ㉡ 버림하여 십의 자리까지 나타내면 270 입니다.
> ㉢ 반올림하여 십의 자리까지 나타내면 280입니다.

( )

76 조건을 만족하는 자연수를 모두 구해 보세요.

> ㉠ 올림하여 십의 자리까지 나타내면 710 입니다.
> ㉡ 버림하여 십의 자리까지 나타내면 700 입니다.
> ㉢ 반올림하여 십의 자리까지 나타내면 700입니다.

( )

77 조건을 만족하는 자연수는 모두 몇 개일까요?

> ㉠ 올림하여 백의 자리까지 나타내면 3000 입니다.
> ㉡ 버림하여 백의 자리까지 나타내면 2900 입니다.
> ㉢ 반올림하여 백의 자리까지 나타내면 3000입니다.

( )

6 수의 범위 나타내기

78 초콜릿을 15개까지 담을 수 있는 상자에 모두 담으려면 35상자가 필요하고, 20개까지 담을 수 있는 상자에 모두 담으려면 26상자가 필요합니다. 초콜릿 수의 범위를 이상과 이하를 이용하여 나타내어 보세요.

( )

79 학생들이 강당의 긴 의자에 앉으려고 합니다. 한 의자에 16명씩 앉으면 의자 35개가 필요하고, 23명씩 앉으면 의자 25개가 필요할 때, 학생 수의 범위를 초과와 이하를 이용하여 나타내어 보세요.

( )

80 수확한 고구마를 상자에 담아 팔려고 합니다. 고구마를 한 상자에 9 kg씩 담으면 56상자까지 팔 수 있고, 13 kg씩 담으면 39상자까지 팔 수 있습니다. 수확한 고구마 무게의 범위를 이상과 미만을 이용하여 나타내어 보세요.

( )

기출 단원 평가

점수

확인

1 25 이하인 수에 ○표, 27 이상인 수에 △표 하세요.

> 26.5   22   27   30   25   25.2

2 14.5 초과 18 미만인 수를 모두 찾아 써 보세요.

> 13   14.5   18.2   14.8   16   18

( )

3 수직선에 나타낸 수의 범위에 포함되는 수가 아닌 것을 모두 고르세요. ( )

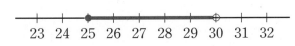

① 24.9   ② 25   ③ 29.7
④ 30   ⑤ 30.5

4 수직선에 나타낸 수의 범위를 써 보세요.

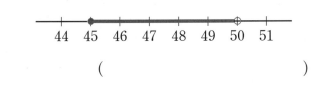

( )

5 정원이 15명인 엘리베이터에 다음과 같이 사람이 탔습니다. 정원을 초과한 엘리베이터를 모두 찾아 기호를 써 보세요.

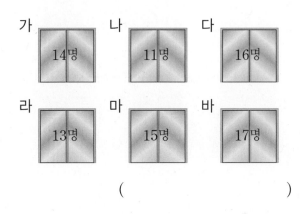

( )

6 수직선에 나타내어 보세요.

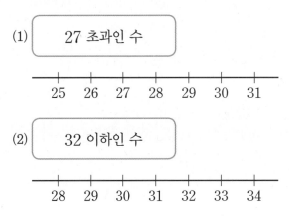

7 수를 올림하여 주어진 자리까지 나타내어 보세요.

수	십의 자리	백의 자리	천의 자리
3602			
8100			

8 TV 프로그램이 시작할 때 나오는 화면입니다. 다음에서 이 프로그램을 볼 수 <u>없는</u> 사람을 모두 찾아 써 보세요.

이름	민준	세영	준수	윤후
나이(세)	9	12	11	15

( )

9 반올림하여 백의 자리까지 나타낸 수가 <u>다른</u> 것은 어느 것일까요? ( )

① 3726   ② 3680   ③ 3650
④ 3750   ⑤ 3749

10 다음 수를 반올림하여 백의 자리까지 나타내면 5800입니다. ☐ 안에 들어갈 수 있는 수를 모두 구해 보세요.

> 57☐8

( )

11 어느 박물관에 하루 동안 입장한 관람객 수는 32548명입니다. 관람객 수를 올림, 버림, 반올림하여 백의 자리까지 나타내어 보세요.

수	올림	버림	반올림
32548			

12 버림하여 백의 자리까지 나타내면 1000이 되는 자연수는 모두 몇 개일까요?

( )

13 주은이는 3800원짜리 과자 한 봉지와 1500원짜리 음료수 한 개를 샀습니다. 과자와 음료수의 값을 1000원짜리 지폐로만 낸다면 최소 얼마를 내야 할까요?

( )

14 캠프에 참가한 학생은 370명이고 한 방에 25명씩 들어간다고 합니다. 방은 최소 몇 개가 필요할까요?

( )

15 두 조건을 만족하는 자연수는 모두 몇 개인지 구해 보세요.

> • 15 초과 22 미만인 수
> • 16 이상 25 이하인 수

( )

16 수 카드 4장을 한 번씩만 사용하여 만들 수 있는 가장 큰 네 자리 수를 반올림하여 백의 자리까지 나타내어 보세요.

$$\boxed{6}\quad\boxed{1}\quad\boxed{9}\quad\boxed{4}$$

(   )

17 학생 36명에게 공책을 4권씩 나누어 주려고 합니다. 도매점에서 공책을 10권씩 묶음으로 팔고 한 묶음이 4000원이라면 이 도매점에서 학생들에게 나누어 줄 공책을 사는 데 필요한 돈은 최소 얼마일까요?

(   )

18 선생님께서 학생들에게 연필을 한 자루씩 나누어 주기 위해 연필을 샀습니다. 연필은 한 타에 12자루씩 들어 있고, 학생들에게 연필을 주려면 최소 9타가 필요합니다. 학생 수가 가장 적은 경우와 가장 많은 경우를 각각 구해 보세요.

가장 적은 경우 (   )
가장 많은 경우 (   )

19 수직선에 나타낸 수의 범위에 포함되는 자연수는 모두 7개입니다. ㉠에 알맞은 자연수는 얼마인지 풀이 과정을 쓰고 답을 구해 보세요.

53   ㉠

풀이 _____

_____

_____

답 _____

20 반올림하여 백의 자리까지 나타내면 6000이 되는 수의 범위를 이상과 미만을 이용하여 나타내려고 합니다. 풀이 과정을 쓰고 답을 구해 보세요.

풀이 _____

_____

_____

답 _____

2 분수의 곱셈

친구들과 교실 청소를 하고 쓰레기 분리수거를 하려고 해요.

종이 먼저 분리수거하니 쓰레기 양이 $\frac{3}{4}$으로 줄었어요.

그리고 플라스틱을 분리수거하니 이번에는 $\frac{2}{3}$로 줄었어요.

그렇다면 쓰레기 양이 처음의 얼마만큼으로 가벼워졌나요?

자, 이런 경우에는 분수의 곱셈을 하면 해결할 수 있어요.

분자는 분자끼리, 분모는 분모끼리 곱해!

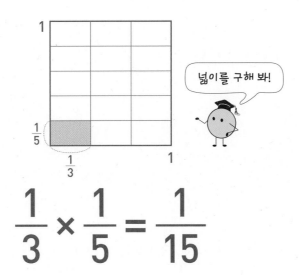

$$\frac{1}{3} \times \frac{1}{5} = \frac{1}{15}$$

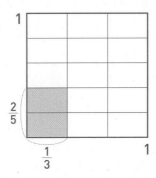

$$\frac{1}{3} \times \frac{2}{5} = \left(\frac{1}{3} \times \frac{1}{5}\right)\text{의 } 2\text{배} = \frac{2}{15}$$

$$\frac{1}{3} \times \frac{2}{5} = \frac{1 \times 2}{3 \times 5} = \frac{2}{15}$$

분수의 곱셈

1 (진분수) × (자연수)

분수의 분모는 그대로 두고 분수의 분자와 자연수를 곱하여 계산합니다.

방법 1 $\dfrac{5}{9} \times 6 = \dfrac{5 \times 6}{9} = \dfrac{\overset{10}{\cancel{30}}}{\underset{3}{\cancel{9}}} = \dfrac{10}{3} = 3\dfrac{1}{3}$

방법 2 $\dfrac{5}{9} \times 6 = \dfrac{5 \times \overset{2}{\cancel{6}}}{\underset{3}{\cancel{9}}} = \dfrac{10}{3} = 3\dfrac{1}{3}$

방법 3 $\dfrac{5}{\underset{3}{\cancel{9}}} \times \overset{2}{\cancel{6}} = \dfrac{5 \times 2}{3} = \dfrac{10}{3} = 3\dfrac{1}{3}$

2 (대분수) × (자연수)

방법 1 대분수를 가분수로 바꾼 후 계산하기

$$2\dfrac{1}{8} \times 3 = \dfrac{17}{8} \times 3 = \dfrac{51}{8} = 6\dfrac{3}{8}$$

방법 2 대분수를 자연수와 진분수의 합으로 바꾸어 계산하기

$$2\dfrac{1}{8} \times 3 = (2+2+2) + \left(\dfrac{1}{8}+\dfrac{1}{8}+\dfrac{1}{8}\right)$$
$$= (2 \times 3) + \left(\dfrac{1}{8} \times 3\right)$$
$$= 6 + \dfrac{3}{8} = 6\dfrac{3}{8}$$

3 (자연수) × (진분수)

분수의 분모는 그대로 두고 자연수와 분수의 분자를 곱하여 계산합니다.

방법 1 $8 \times \dfrac{5}{6} = \dfrac{8 \times 5}{6} = \dfrac{\overset{20}{\cancel{40}}}{\underset{3}{\cancel{6}}} = \dfrac{20}{3} = 6\dfrac{2}{3}$

방법 2 $8 \times \dfrac{5}{6} = \dfrac{\overset{4}{\cancel{8}} \times 5}{\underset{3}{\cancel{6}}} = \dfrac{20}{3} = 6\dfrac{2}{3}$

방법 3 $\overset{4}{\cancel{8}} \times \dfrac{5}{\underset{3}{\cancel{6}}} = \dfrac{4 \times 5}{3} = \dfrac{20}{3} = 6\dfrac{2}{3}$

---

1 그림을 보고 ☐ 안에 알맞은 수를 써넣으세요.

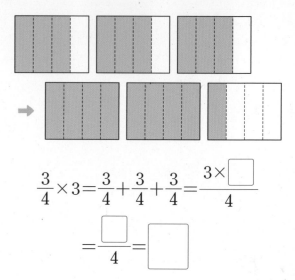

$$\dfrac{3}{4} \times 3 = \dfrac{3}{4} + \dfrac{3}{4} + \dfrac{3}{4} = \dfrac{3 \times \boxed{}}{4}$$
$$= \dfrac{\boxed{}}{4} = \boxed{}$$

2 ☐ 안에 알맞은 수를 써넣으세요.

(1) $1\dfrac{5}{9} \times 3 = \dfrac{14}{9} \times \overset{\boxed{}}{3} = \dfrac{14}{\boxed{}} = \boxed{}$

(2) $1\dfrac{1}{5} \times 3 = (1 \times 3) + \left(\dfrac{\boxed{}}{\boxed{}} \times 3\right)$
$$= \boxed{} + \dfrac{3}{\boxed{}} = \boxed{}$$

3 그림에 알맞게 색칠하고, $9 \times \dfrac{2}{3}$ 를 계산해 보세요.

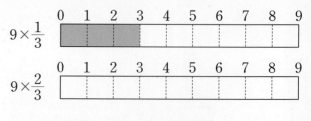

$$9 \times \dfrac{1}{3} = \boxed{} \quad \Rightarrow \quad 9 \times \dfrac{2}{3} = \boxed{}$$

4 **(자연수) × (대분수)**

방법 1 대분수를 가분수로 바꾼 후 계산하기

$$8 \times 2\frac{5}{6} = \overset{4}{8} \times \frac{17}{\underset{3}{6}} = \frac{68}{3} = 22\frac{2}{3}$$

방법 2 대분수를 자연수와 진분수의 합으로 바꾸어 계산하기

$$8 \times 2\frac{5}{6} = (8 \times 2) + \left(\overset{4}{8} \times \frac{5}{\underset{3}{6}}\right)$$

$$= 16 + \frac{20}{3} = 16 + 6\frac{2}{3} = 22\frac{2}{3}$$

5 **진분수의 곱셈**

• **(단위분수) × (단위분수)**
분자는 그대로 두고 분모끼리 곱합니다.

$$\frac{1}{5} \times \frac{1}{3} = \frac{1}{5 \times 3} = \frac{1}{15}$$

• **(진분수) × (진분수)**
분자는 분자끼리, 분모는 분모끼리 곱합니다.

방법 1 $$\frac{4}{7} \times \frac{5}{8} = \frac{4 \times 5}{7 \times 8} = \frac{\overset{5}{20}}{\underset{14}{56}} = \frac{5}{14}$$

방법 2 $$\frac{\overset{1}{4}}{7} \times \frac{5}{\underset{2}{8}} = \frac{1 \times 5}{7 \times 2} = \frac{5}{14}$$

• **세 분수의 곱셈**
분자는 분자끼리, 분모는 분모끼리 곱합니다.

$$\frac{2}{3} \times \frac{3}{5} \times \frac{1}{4} = \frac{2 \times 3 \times 1}{3 \times 5 \times 4} = \frac{\overset{1}{6}}{\underset{10}{60}} = \frac{1}{10}$$

6 **여러 가지 분수의 곱셈**

• **(대분수) × (대분수)**
대분수를 가분수로 바꾼 후 분자는 분자끼리, 분모는 분모끼리 곱합니다.

$$1\frac{3}{4} \times 1\frac{3}{7} = \frac{7}{\underset{2}{4}} \times \frac{\overset{5}{10}}{\underset{1}{7}} = \frac{5}{2} = 2\frac{1}{2}$$

---

4 $3 \times 1\frac{1}{4}$ 을 두 가지 방법으로 계산해 보세요.

(1) $3 \times 1\frac{1}{4} = 3 \times \dfrac{\Box}{4} = \dfrac{\Box}{4} = \Box$

(2) $3 \times 1\frac{1}{4} = (3 \times 1) + \left(3 \times \dfrac{\Box}{4}\right)$

$= \Box + \dfrac{\Box}{4} = \Box$

5 그림을 보고 $\Box$ 안에 알맞은 수를 써넣으세요.

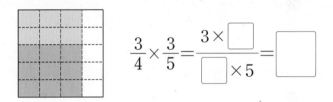

$$\frac{3}{4} \times \frac{3}{5} = \frac{3 \times \Box}{\Box \times 5} = \Box$$

6 $\Box$ 안에 알맞은 수를 써넣으세요.

(1) $\dfrac{2}{3} \times \dfrac{9}{13} \times \dfrac{7}{10} = \dfrac{2 \times \overset{\Box}{9} \times 7}{\underset{1}{3} \times 13 \times 10} = \dfrac{\Box}{\Box}$

(2) $1\dfrac{2}{7} \times 1\dfrac{1}{2} = \dfrac{\Box}{7} \times \dfrac{\Box}{2} = \dfrac{\Box}{\Box} = \Box\dfrac{\Box}{\Box}$

(3) $2\dfrac{3}{5} \times \dfrac{5}{7} = \dfrac{\Box}{\underset{\Box}{5}} \times \dfrac{\overset{\Box}{5}}{7} = \dfrac{\Box}{\Box} = \Box\dfrac{\Box}{\Box}$

교과서 ⊕ 익힘책 유형

1 **(진분수) × (자연수)**

1 계산해 보세요.

(1) $\dfrac{1}{6} \times 7$

(2) $\dfrac{2}{9} \times 15$

2 빈칸에 알맞은 수를 써넣으세요.

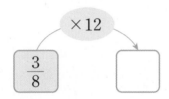

3 $\dfrac{3}{13} \times 3$과 관계없는 것을 찾아 기호를 써 보세요.

$$\bigcirc\ \dfrac{3}{13}+\dfrac{3}{13}+\dfrac{3}{13} \quad \bigcirc\ \dfrac{3\times3}{13} \quad \bigcirc\ \dfrac{1}{13}$$

( )

4 $\dfrac{8}{21}$이 14개인 수는 얼마일까요?

( )

분모와 분자를 공약수로 나누어 봐.

준비 분수를 약분해 보세요.

(1) $\dfrac{7}{35}$ ➡ $\dfrac{1}{\boxed{}}$

(2) $\dfrac{20}{24}$ ➡ $\dfrac{10}{\boxed{}}$, $\dfrac{5}{\boxed{}}$

5 바르게 약분한 것을 모두 찾아 ○표 하세요.

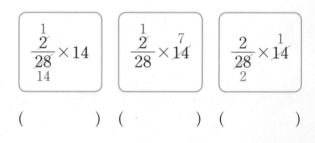

( ) ( ) ( )

6 한 명이 피자 한 판의 $\dfrac{3}{8}$씩 먹으려고 합니다. 24명이 먹으려면 피자는 모두 몇 판 필요할까요?

( )

😊 내가 만드는 문제

7 3장의 수 카드를 한 번씩만 사용하여 자유롭게 (진분수) × (자연수)를 만들고 계산해 보세요.

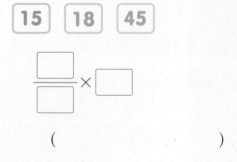

( )

8 계산 결과가 자연수인 것을 모두 찾아 기호를 써 보세요.

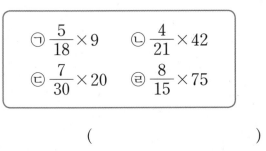

$$\bigcirc \ \frac{5}{18} \times 9 \qquad \bigcirc \ \frac{4}{21} \times 42$$
$$\bigcirc \ \frac{7}{30} \times 20 \qquad ② \ \frac{8}{15} \times 75$$

(   )

9 한 바퀴가 $\frac{5}{8}$ km인 운동장을 현준이가 걸어서 12바퀴 돌았습니다. 현준이가 걸은 거리는 모두 몇 km일까요?

(   )

서술형
10 하루에 $\frac{2}{3}$ 분씩 일정하게 빨라지는 시계가 있습니다. 가람이는 이 시계를 오늘 오후 2시에 정확하게 맞추었다면 15일 후 오후 2시에 이 시계가 가리키는 시각은 오후 몇 시 몇 분인지 풀이 과정을 쓰고 답을 구해 보세요.

풀이

답

2 (대분수)×(자연수)

11 그림을 보고 ☐ 안에 알맞은 수를 써넣으세요.

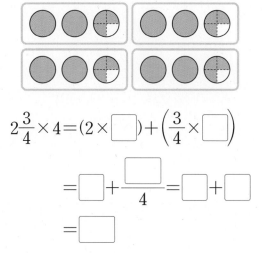

$$2\frac{3}{4} \times 4 = (2 \times \boxed{}) + \left(\frac{3}{4} \times \boxed{}\right)$$
$$= \boxed{} + \frac{\boxed{}}{4} = \boxed{} + \boxed{}$$
$$= \boxed{}$$

12 계산해 보세요.

(1) $1\frac{2}{7} \times 3$

(2) $4\frac{1}{6} \times 4$

13 계산 결과가 $2\frac{3}{10} \times 2$와 <u>다른</u> 하나를 찾아 기호를 써 보세요.

$$\bigcirc \ 2\frac{3}{10} + 2\frac{3}{10} \qquad \bigcirc \ (2 \times 2) + \left(\frac{3}{10} \times 2\right)$$
$$\bigcirc \ 4 + \frac{3}{5} \qquad\qquad ② \ \frac{13}{10} \times 2$$

(   )

14 계산 결과를 비교하여 ○ 안에 >, =, <를 알맞게 써넣으세요.

$$6\frac{5}{6} \times 4 \bigcirc 8\frac{2}{9} \times 3$$

 두 분수를 통분한 다음 분자의 크기를 비교해.

준비 분수의 크기를 비교하여 ○ 안에 >, =, <를 알맞게 써넣으세요.

(1) $\frac{7}{15} \bigcirc \frac{4}{9}$ (2) $3\frac{2}{5} \bigcirc 3\frac{3}{7}$

15 가장 작은 수와 가장 큰 수의 곱을 구해 보세요.

$$1\frac{8}{9} \qquad 12 \qquad 9 \qquad 1\frac{7}{8}$$

(   )

16 1분에 $1\frac{1}{4}$ L씩 일정하게 물이 나오는 수도꼭지가 있습니다. 이 수도꼭지로 8분 동안 받은 물은 모두 몇 L일까요?

(   )

17 잘못 계산한 사람의 이름을 쓰고 바르게 계산해 보세요.

$$4\frac{2}{9} \times 6 = 9\frac{1}{3}$$
은수

$$3\frac{1}{6} \times 3 = 9\frac{1}{2}$$
현우

(   ), (   )

서술형
18 지유네 고양이는 태어난 지 3개월이 되었을 때 무게가 $1\frac{3}{8}$ kg이었고 1년이 되었을 때 3개월 때 무게의 4배가 되었습니다. 지유네 고양이가 태어난 지 1년이 되었을 때의 무게는 몇 kg인지 풀이 과정을 쓰고 답을 구해 보세요.

풀이 _____

_____

답 _____

😊 내가 만드는 문제
19 가★나=가×나+5라고 약속할 때, ☐ 안에 3의 배수를 자유롭게 써넣고 계산해 보세요.

$$5\frac{1}{3} ★ \boxed{}$$

(   )

3 (자연수)×(진분수)

20 ☐ 안에 알맞은 수를 써넣으세요.

(1) $2 \times \dfrac{3}{8} = \dfrac{2 \times \boxed{}}{8} = \dfrac{6}{8} = \dfrac{\boxed{}}{\boxed{}}$

(2) $3 \times \dfrac{4}{9} = \dfrac{\boxed{} \times 4}{9} = \dfrac{\boxed{}}{\boxed{}} = \boxed{} \dfrac{\boxed{}}{\boxed{}}$

(3) $\dfrac{\boxed{}}{4} \times \dfrac{5}{12} = \dfrac{\boxed{}}{\boxed{}} = \boxed{} \dfrac{\boxed{}}{\boxed{}}$

21 관계있는 것끼리 이어 보세요.

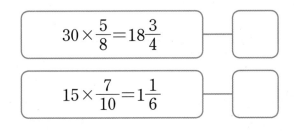

$6 \times \dfrac{2}{9}$ ·

$14 \times \dfrac{4}{21}$ ·

· $1\dfrac{1}{3}$

· $1\dfrac{2}{3}$

· $2\dfrac{2}{3}$

22 바르게 계산한 것에 ○표 하세요.

$30 \times \dfrac{5}{8} = 18\dfrac{3}{4}$ ☐

$15 \times \dfrac{7}{10} = 1\dfrac{1}{6}$ ☐

23 계산 결과가 가장 큰 것을 찾아 ○표 하세요.

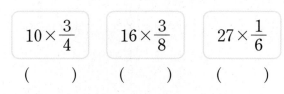

$10 \times \dfrac{3}{4}$ $16 \times \dfrac{3}{8}$ $27 \times \dfrac{1}{6}$

(   )   (   )   (   )

서술형
24 정연이는 가로가 42 cm인 태극기를 그리려고 합니다. 태극기를 그리는 방법을 보고 태극기의 세로와 태극의 지름은 몇 cm로 그려야 하는지 차례로 쓰려고 합니다. 풀이 과정을 쓰고 답을 구해 보세요.

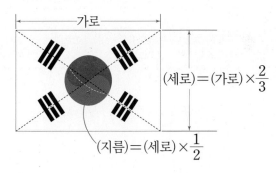

(세로)=(가로)×$\dfrac{2}{3}$

(지름)=(세로)×$\dfrac{1}{2}$

풀이 _____

_____

_____

답 _____ , _____

25 어느 놀이공원 입장료는 5500원입니다. 할인 기간에는 전체 입장료의 $\dfrac{2}{5}$만큼만 내면 된다고 합니다. 할인 기간에 입장권 2장을 사려면 내야 하는 금액은 얼마일까요?

(   )

4 (자연수) × (대분수)

26 직사각형의 넓이를 두 부분으로 나누어 구하려고 합니다. ☐ 안에 알맞은 수를 써넣으세요.

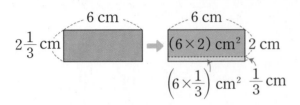

$$6 \times 2\frac{1}{3} = \left(6 \times \boxed{}\right) + \left(6 \times \frac{1}{\boxed{}}\right)$$

$$= \boxed{} + \boxed{} = \boxed{} \ (cm^2)$$

27 계산해 보세요.

(1) $2 \times 1\frac{2}{3}$

(2) $4 \times 3\frac{1}{10}$

28 다음이 나타내는 수는 얼마인지 구해 보세요.

$24의 \ 2\frac{1}{16}$ 배인 수

( )

29 계산 결과가 3보다 큰 식에 ○표, 3보다 작은 식에 △표 하세요.

$3 \times \frac{1}{2}$	3×1	$3 \times 2\frac{1}{5}$
$3 \times 4\frac{1}{7}$	$3 \times \frac{9}{7}$	$3 \times \frac{5}{8}$

밑변의 길이와 높이를 찾아봐.

준비 평행사변형의 넓이를 구해 보세요.

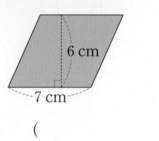

( )

30 평행사변형의 넓이는 몇 cm^2일까요?

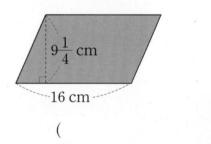

( )

31 준영이의 몸무게는 42 kg이고 아버지의 몸무게는 준영이 몸무게의 $1\frac{5}{6}$배입니다. 아버지의 몸무게는 몇 kg일까요?

( )

 내가 만드는 문제

32 (자연수) × (대분수)에 알맞은 문제를 만들고, 계산해 보세요.

문제 굵기가 일정한 철근 1 m의 무게가 ☐ kg입니다. 이 철근 ☐ m의 무게는 몇 kg일까요?

( )

5 진분수의 곱셈

33 계산해 보세요.

(1) $\dfrac{1}{3} \times \dfrac{1}{5}$

(2) $\dfrac{5}{9} \times \dfrac{1}{8}$

(3) $\dfrac{2}{3} \times \dfrac{4}{7}$

(4) $\dfrac{5}{6} \times \dfrac{2}{9}$

34 그림을 보고 □ 안에 알맞은 수를 써넣으세요.

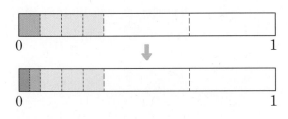

$$\dfrac{1}{3} \times \dfrac{1}{4} \times \dfrac{1}{2} = \dfrac{\boxed{}}{\boxed{}} \times \dfrac{1}{2} = \dfrac{\boxed{}}{\boxed{}}$$

35 한 변이 1 m인 정사각형 모양의 종이를 그림과 같이 가로, 세로를 각각 똑같이 나누었습니다. □ 안에 알맞은 수를 써넣고, 색칠한 부분의 넓이를 구해 보세요.

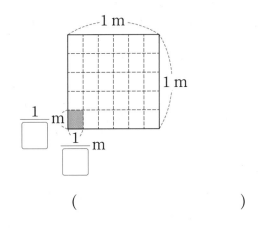

( )

36 ○ 안에 >, =, <를 알맞게 써넣으세요.

$$\dfrac{4}{7} \times \dfrac{1}{3} \bigcirc \dfrac{4}{7}$$

37 ㉠과 ㉡에 알맞은 수를 구해 보세요.

$$\dfrac{1}{8} \times \dfrac{1}{\text{㉠}} = \dfrac{1}{40} \qquad \dfrac{1}{\text{㉡}} \times \dfrac{1}{7} = \dfrac{1}{28}$$

㉠ ( ), ㉡ ( )

☺ 내가 만드는 문제

38 □ 안에 자유롭게 진분수를 써넣고, 빈칸에 알맞은 분수를 써넣으세요.

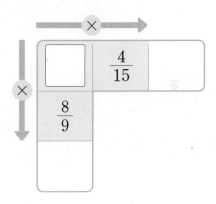

39 세 수의 곱을 구해 보세요.

$\dfrac{5}{16}$	$\dfrac{8}{21}$	$\dfrac{7}{10}$

( )

2

40 윤서는 책을 어제는 전체의 $\frac{1}{3}$ 만큼 읽었고 오늘은 어제 읽은 책의 $\frac{1}{2}$ 만큼 읽었습니다. 윤서가 오늘 읽은 책은 전체의 몇 분의 몇일까요?

(   )

41 계산 결과가 같은 것을 찾아 기호를 써 보세요.

㉠ $\frac{3}{4} \times \frac{5}{6}$ ㉡ $\frac{8}{15} \times \frac{5}{6}$

㉢ $\frac{6}{11} \times \frac{22}{27}$ ㉣ $\frac{7}{8} \times \frac{4}{21}$

(   )

서술형
42 설탕이 $\frac{7}{11}$ kg 있었습니다. 잼을 만드는 데 설탕의 $\frac{6}{7}$ 을 사용했다면 잼을 만드는 데 사용한 설탕은 몇 kg인지 풀이 과정을 쓰고 답을 구해 보세요.

풀이

답

43 ㉮와 ㉯를 계산한 값의 곱을 구해 보세요.

㉮ $\frac{2}{5} \times \frac{4}{7}$ ㉯ $\frac{4}{7} \times \frac{5}{6}$

(   )

44 지아네 반 학생의 $\frac{2}{5}$ 는 여학생이고 여학생 중에서 $\frac{3}{8}$ 은 안경을 썼습니다. 지아네 반에서 안경을 쓴 여학생은 전체의 몇 분의 몇일까요?

(   )

45 $\frac{8}{9} \times \frac{2}{5} \times \frac{5}{6}$ 를 두 가지 방법으로 계산해 보세요.

방법 1

방법 2

46 지훈이네 반 학생의 $\frac{1}{2}$ 은 남학생입니다. 남학생 중에서 $\frac{5}{6}$ 는 체육을 좋아하고, 그중에서 $\frac{2}{5}$ 는 태권도장을 다닙니다. 지훈이네 반에서 체육을 좋아하면서 태권도장을 다니는 남학생은 전체의 몇 분의 몇일까요?

(   )

6 여러 가지 분수의 곱셈

47 계산해 보세요.

(1) $2\frac{1}{5} \times 1\frac{2}{7}$

(2) $3\frac{3}{4} \times 2\frac{1}{10}$

48 보기 와 같이 계산해 보세요.

> 보기
>
> $$1\frac{2}{3} \times \frac{9}{10} \times \frac{5}{12} = \frac{\overset{1}{\cancel{5}}}{\cancel{3}} \times \frac{\overset{3}{\cancel{9}}}{\cancel{10}} \times \frac{5}{\cancel{12}} = \frac{5}{8}$$

$$2\frac{2}{5} \times \frac{3}{10} \times \frac{7}{6} = \underline{\hspace{3cm}}$$

😊 내가 만드는 문제

49 □ 안에 대분수를 자유롭게 써넣고 계산해 보세요.

$$3\frac{1}{5} \times \boxed{}$$

( )

50 지혁이가 한 시간 동안 $4\frac{1}{6}$ km를 가는 빠르기로 걷는다면 $2\frac{2}{5}$시간 동안 갈 수 있는 거리는 몇 km일까요?

( )

빼지는 분수에서 1만큼을 가분수로 바꿔 봐.

준비 계산해 보세요.

$$9\frac{11}{15} - 3\frac{13}{15}$$

51 ㉠과 ㉡을 계산한 값의 차를 구해 보세요.

> $$㉠ \; 4\frac{4}{9} \times 2\frac{2}{5} \qquad ㉡ \; 6\frac{2}{9} \times 3\frac{3}{4}$$

( )

서술형
52 우리 몸을 구성하는 성분 중 가장 많은 부분을 차지하는 것은 물입니다. 몸의 $\frac{7}{10}$만큼은 물이고, 몸속 물의 $\frac{1}{13}$만큼은 혈액입니다. 다솜이의 몸무게가 52 kg일 때 혈액은 몇 kg인지 풀이 과정을 쓰고 답을 구해 보세요.

풀이 _____

_____

답 _____

1 잘못 계산한 곳을 찾아 바르게 계산하기

53 잘못 계산한 곳을 찾아 바르게 계산해 보세요.

$$3\frac{3}{8}\times\overset{3}{\cancel{6}}=\frac{15}{4}\times3=\frac{45}{4}=11\frac{1}{4}$$

$$\implies 3\frac{3}{8}\times6=\underline{\hspace{4cm}}$$

대분수를 가분수로 바꾼 후 약분해야 한다는 것에 주의해.

$$\overset{3}{\cancel{6}}\times2\frac{3}{4}=3\times\frac{7}{2}$$
$$\underset{2}{}$$
$$=\frac{21}{2}=10\frac{1}{2}$$

×

$$6\times2\frac{3}{4}=\overset{3}{\cancel{6}}\times\frac{11}{\underset{2}{\cancel{4}}}$$
$$=\frac{33}{2}=16\frac{1}{2}$$

○

54 잘못 계산한 곳을 찾아 바르게 계산해 보세요.

$$6\times4\frac{3}{4}=\overset{3}{\cancel{6}}\times\frac{19}{\underset{2}{\cancel{4}}}=\frac{19}{3\times2}=\frac{19}{6}=3\frac{1}{6}$$

$$\implies 6\times4\frac{3}{4}=\underline{\hspace{4cm}}$$

55 잘못 계산한 곳을 찾아 바르게 계산해 보세요.

$$2\frac{5}{8}\times\frac{\overset{3}{\cancel{6}}}{7}\times\frac{1}{3}=\frac{13}{4}\times\frac{\overset{3}{\cancel{3}}}{7}\times\frac{1}{\underset{1}{\cancel{3}}}=\frac{13}{28}$$
$$\underset{4}{}$$

$$\implies 2\frac{5}{8}\times\frac{6}{7}\times\frac{1}{3}=\underline{\hspace{3cm}}$$

2 정다각형의 둘레 구하기

56 정삼각형의 둘레는 몇 cm일까요?

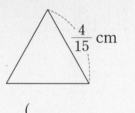

(   )

정다각형은 변의 길이가 모두 같음을 기억해.

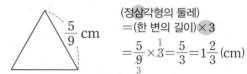

(정삼각형의 둘레)
=(한 변의 길이)×3
$$=\frac{5}{\underset{3}{\cancel{9}}}\times\overset{1}{\cancel{3}}=\frac{5}{3}=1\frac{2}{3}\text{ (cm)}$$

57 정사각형의 둘레는 몇 cm일까요?

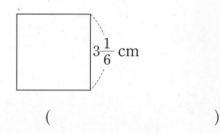

$3\frac{1}{6}$ cm

(   )

58 한 변의 길이가 $2\frac{5}{8}$ cm인 정육각형의 둘레는 몇 cm일까요?

(   )

3 단위분수의 곱셈에서 크기 비교하기

59 ○ 안에 >, =, <를 알맞게 써넣으세요.

$$\frac{1}{9} \times \frac{1}{2} \bigcirc \frac{1}{9}$$

단위분수는 분모가 작을수록 큰 수야.

$$\frac{1}{5} \times \frac{1}{4} = \frac{1}{20} \qquad \frac{1}{6} \times \frac{1}{5} = \frac{1}{30}$$

$$20 < 30$$

$$\Rightarrow \frac{1}{5} \times \frac{1}{4} > \frac{1}{6} \times \frac{1}{5}$$

60 곱이 가장 큰 것을 찾아 기호를 써 보세요.

ㄱ $\frac{1}{11} \times \frac{1}{2}$ ㄴ $\frac{1}{8} \times \frac{1}{3}$ ㄷ $\frac{1}{3} \times \frac{1}{7}$

( )

61 □ 안에 들어갈 수 있는 자연수는 모두 몇 개인지 구해 보세요.

$$\frac{1}{7} \times \frac{1}{\square} > \frac{1}{40}$$

( )

4 분수의 곱셈으로 단위 바꾸기

62 설명 중 틀린 것을 찾아 기호를 써 보세요.

ㄱ 1 km의 $\frac{1}{4}$은 250 m입니다.

ㄴ 1시간의 $\frac{5}{6}$는 40분입니다.

ㄷ 1 L의 $\frac{1}{2}$은 500 mL입니다.

( )

시간, 거리, 무게, 들이 등의 단위 사이의 관계를 생각해 봐.

1시간의 $\frac{1}{4}$은 몇 분? ➡ 1시간=60분

➡ $60 \times \frac{1}{4} = 15$(분)

63 1 kg의 $\frac{4}{5}$는 몇 g일까요?

( )

64 바르게 말한 친구를 찾아 이름을 써 보세요.

신영: 1시간의 $1\frac{1}{3}$은 1시간 30분이야.

성수: 1 m의 $1\frac{1}{5}$은 125 cm야.

종민: 1 L의 $2\frac{1}{2}$은 2500 mL야.

( )

5 전체의 얼마인지 구하기

65 현주가 피자 한 판의 $\frac{3}{8}$을 먹고 나머지의 $\frac{2}{3}$를 동생이 먹었습니다. 동생이 먹은 피자는 전체의 몇 분의 몇일까요?

(   )

전체에서 사용한 부분이 아닌 사용하고 남은 부분을 생각해 봐.

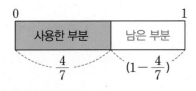

66 하린이네 학교 전체 학생 수의 $\frac{19}{40}$는 여학생입니다. 하린이네 학교 전체 남학생의 $\frac{1}{7}$이 안경을 썼다면 안경을 쓴 남학생은 전체의 몇 분의 몇일까요?

(   )

67 주원이는 한 달 용돈의 $\frac{3}{7}$을 학용품을 사는 데 쓰고, 남은 돈의 $\frac{3}{4}$을 저금하였습니다. 주원이의 한 달 용돈이 14000원이라면 저금한 돈은 얼마일까요?

(   )

6 직사각형의 넓이 구하기

68 직사각형의 넓이는 몇 cm^2일까요?

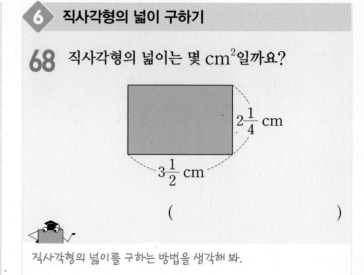

(   )

직사각형의 넓이를 구하는 방법을 생각해 봐.

$4\frac{2}{3}$ cm

$2\frac{1}{7}$ cm

(직사각형의 넓이)
=(가로)×(세로)

$=4\frac{2}{3} \times 2\frac{1}{7} = \frac{\overset{2}{\cancel{14}}}{\underset{1}{\cancel{3}}} \times \frac{\overset{5}{\cancel{15}}}{\underset{1}{\cancel{7}}} = 10 \,(cm^2)$

69 직사각형 가와 정사각형 나가 있습니다. 가의 넓이는 나의 넓이보다 몇 cm^2 더 넓을까요?

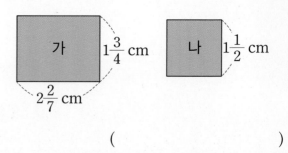

(   )

70 색칠한 부분의 넓이는 몇 cm^2일까요?

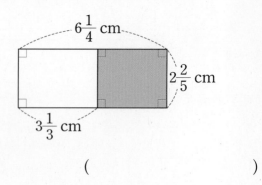

(   )

1 □ 안에 들어갈 수 있는 자연수 구하기

71 □ 안에 들어갈 수 있는 자연수는 모두 몇 개일까요?

$$\square < \frac{4}{21} \times 24$$

(   )

72 □ 안에 들어갈 수 있는 자연수는 모두 몇 개인지 구해 보세요.

$$1\frac{3}{5} \times 2\frac{3}{4} > \square\frac{4}{5}$$

(   )

73 □ 안에 들어갈 수 있는 자연수는 모두 몇 개일까요?

$$3\frac{3}{5} \times 2\frac{2}{9} < \square < 5\frac{1}{4} \times 3\frac{1}{7}$$

(   )

2 수 카드로 만든 진분수의 곱 구하기

74 수 카드 중 2장을 사용하여 분수의 곱셈식을 만들려고 합니다. 계산 결과가 가장 큰 식을 만들고 계산해 보세요.

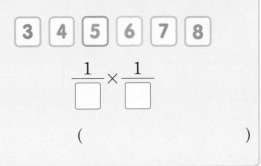

$$\frac{1}{\square} \times \frac{1}{\square}$$

(   )

75 3장의 수 카드 ②, ⑤, ⑦ 중 2장을 사용하여 만들 수 있는 모든 진분수의 곱을 구해 보세요.

(   )

2

76 수 카드 중 6장을 한 번씩 모두 사용하여 3개의 진분수를 만들어 곱할 때 가장 작은 곱을 구해 보세요.

1 2 3 4 5 6 7 8

(   )

🔑 개념 KEY

진분수는 분모가 클수록,
분자가 작을수록 작은 수가 됩니다.

3 수 카드로 만든 대분수의 곱 구하기

77 수 카드 2, 3, 4 를 한 번씩만 사용하여 만들 수 있는 가장 큰 대분수와 가장 작은 대분수의 곱을 구해 보세요.

( )

78 수 카드 1, 3, 5 를 한 번씩만 사용하여 만들 수 있는 가장 큰 대분수와 가장 작은 대분수의 곱을 구해 보세요.

( )

79 수 카드를 한 번씩만 사용하여 만들 수 있는 가장 큰 대분수와 두 번째로 큰 대분수의 곱을 구해 보세요.

1 2 6

( )

🔑 **개념 KEY**

■ < ▲ < ● 일 때

가장 큰 대분수: ●$\frac{■}{▲}$, 가장 작은 대분수: ■$\frac{▲}{●}$

4 이어 붙인 색 테이프의 전체 길이 구하기

80 길이가 $\frac{5}{8}$ m인 색 테이프 4장을 $\frac{1}{12}$ m씩 겹치게 이어 붙였습니다. 이어 붙인 색 테이프의 전체 길이는 몇 m일까요?

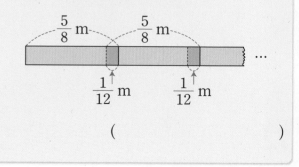

( )

81 길이가 $1\frac{2}{3}$ m인 색 테이프 6장을 $\frac{1}{4}$ m씩 겹치게 이어 붙였습니다. 이어 붙인 색 테이프의 전체 길이는 몇 m일까요?

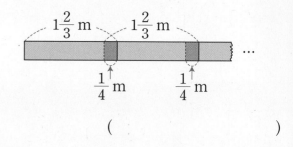

( )

82 길이가 $2\frac{2}{5}$ m인 색 테이프 10장을 $\frac{1}{6}$ m씩 겹치게 이어 붙였습니다. 이어 붙인 색 테이프의 전체 길이는 몇 m일까요?

( )

🔑 **개념 KEY**

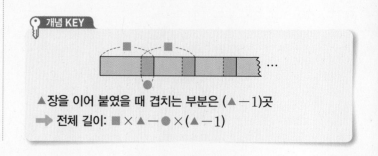

▲장을 이어 붙였을 때 겹치는 부분은 (▲−1)곳
➡ 전체 길이: ■ × ▲ − ● × (▲−1)

5 시간을 분수로 나타내어 곱 구하기

83 어느 자동차는 한 시간에 70 km를 달립니다. 이 자동차가 같은 빠르기로 1시간 15분 동안 달린 거리는 몇 km일까요?

( )

84 하루에 3분 20초씩 빨라지는 시계가 있습니다. 이 시계를 오늘 정오에 정확하게 맞추었다면 6일 후 정오에 이 시계가 가리키는 시각은 몇 시 몇 분일까요?

( )

85 하루에 1분 50초씩 늦어지는 시계가 있습니다. 이 시계를 오늘 정오에 정확하게 맞추었다면 30일 후 정오에 이 시계가 가리키는 시각은 몇 시 몇 분일까요?

( )

🔑 **개념 KEY**

■시간 ▲분=■$\frac{\blacktriangle}{60}$시간

★분 ♥초=★$\frac{\blacktriangledown}{60}$분

6 공이 움직인 거리 구하기

86 떨어진 높이의 $\frac{2}{3}$만큼 튀어 오르는 공이 있습니다. 이 공을 75 cm 높이에서 떨어뜨렸다면 처음 튀어 오른 높이는 몇 cm일까요?

( )

87 떨어진 높이의 $\frac{3}{5}$만큼 튀어 오르는 공이 있습니다. 이 공을 250 cm 높이에서 떨어뜨렸을 때 공이 땅에 두 번 닿았다가 튀어 오른 높이는 몇 cm일까요?

( )

88 떨어진 높이의 $\frac{5}{7}$만큼 튀어 오르는 공이 있습니다. 이 공을 119 cm 높이에서 수직으로 떨어뜨렸을 때 땅에 한 번 닿았다가 수직으로 튀어 오를 때까지 움직인 거리는 모두 몇 cm일까요?

( )

🔑 **개념 KEY**

떨어진 높이의 $\frac{\blacktriangle}{\blacksquare}$만큼 튀어 오르는 공을 ● cm 높이에서 떨어뜨렸을 때

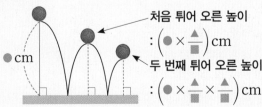

처음 튀어 오른 높이
: $\left(● × \frac{\blacktriangle}{\blacksquare}\right)$ cm

두 번째 튀어 오른 높이
: $\left(● × \frac{\blacktriangle}{\blacksquare} × \frac{\blacktriangle}{\blacksquare}\right)$ cm

7 바르게 계산한 값 구하기

89 어떤 수에 $\frac{5}{6}$를 곱해야 할 것을 잘못하여 더했더니 $1\frac{17}{30}$이 되었습니다. 바르게 계산한 값은 얼마일까요?

( )

90 어떤 수에 $\frac{11}{12}$을 곱해야 할 것을 잘못하여 뺐더니 $1\frac{1}{3}$이 되었습니다. 바르게 계산한 값은 얼마일까요?

( )

91 어떤 수에 $4\frac{1}{2}$을 곱해야 할 것을 잘못하여 더했더니 $7\frac{7}{10}$이 되었습니다. 바르게 계산한 값은 얼마일까요?

( )

8 남은 양 구하기

92 예준이는 가지고 있는 쿠키의 $\frac{3}{8}$을 먹었고, 동생은 예준이가 먹고 남은 쿠키의 $\frac{7}{10}$을 먹었습니다. 예준이와 동생이 먹고 남은 쿠키는 예준이가 처음에 가지고 있던 쿠키의 몇 분의 몇일까요?

( )

93 솔이는 가지고 있는 연필의 $\frac{2}{5}$를 형에게 주고 나머지의 $\frac{2}{9}$를 누나에게 주었습니다. 솔이가 처음에 가지고 있던 연필이 60자루일 때 솔이에게 남은 연필은 몇 자루일까요?

( )

94 은비는 가로가 36 cm, 세로가 32 cm인 도화지의 $\frac{7}{16}$을 배를 접는 데 사용하고 나머지의 $\frac{5}{12}$를 비행기를 접는 데 사용했습니다. 은비가 배와 비행기를 접는 데 사용하고 남은 도화지의 넓이는 몇 cm²일까요?

( )

개념 KEY
① 어떤 수를 □라 하여 잘못 계산한 식 세우기
② 어떤 수 구하기
③ 바르게 계산한 값 구하기

개념 KEY
전체의 $\frac{■}{▲}$를 사용하고 남은 양 ➡ 전체의 $\left(1-\frac{■}{▲}\right)$

기출 단원 평가

1 그림을 보고 □ 안에 알맞은 수를 써넣으세요.

$$\frac{2}{3} \times 4 = \frac{\square}{3} + \frac{\square}{3} + \frac{\square}{3} + \frac{\square}{3}$$

$$= \frac{2 \times \square}{3} = \frac{\square}{3} = \square \frac{\square}{3}$$

2 계산해 보세요.

(1) $\frac{1}{8} \times \frac{1}{2}$

(2) $\frac{5}{9} \times \frac{1}{4}$

(3) $\frac{14}{15} \times \frac{6}{7}$

(4) $\frac{5}{7} \times \frac{3}{5}$

3 보기 와 같이 계산해 보세요.

보기

$$\frac{2}{3} \times \frac{7}{11} \times \frac{9}{16} = \frac{\overset{1}{2} \times 7 \times \overset{3}{9}}{\underset{1}{3} \times 11 \times \underset{8}{16}} = \frac{21}{88}$$

$$\frac{4}{5} \times \frac{3}{10} \times \frac{5}{9} =$$

4 ○ 안에 >, =, <를 알맞게 써넣으세요.

$$4 \times \frac{3}{5} \ \bigcirc \ 4$$

5 $\frac{2}{7} \times 4$와 다른 하나를 찾아 기호를 써 보세요.

ㄱ $\frac{2}{7} + \frac{2}{7} + \frac{2}{7} + \frac{2}{7}$ ㄴ $\frac{2 \times 4}{7}$

ㄷ $\frac{2}{7 \times 4}$ ㄹ $1\frac{1}{7}$

(   )

6 빈칸에 알맞은 수를 써넣으세요.

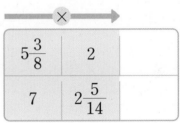

7 세 수의 곱을 구해 보세요.

$$1\frac{2}{7} \quad 5\frac{1}{4} \quad \frac{5}{12}$$

(   )

8 잘못 계산한 곳을 찾아 바르게 계산해 보세요.

$$3\frac{3}{5} \times 1\frac{1}{6} = \frac{16}{5} \times \frac{\overset{8}{3}}{\underset{2}{\cancel{6}}} \cdot \frac{3}{\underset{1}{\cancel{2}}} = \frac{24}{5} = 4\frac{4}{5}$$

➡ $3\frac{3}{5} \times 1\frac{1}{6} =$

9 계산 결과가 <u>다른</u> 하나를 찾아 기호를 써 보세요.

$$⊙ \frac{1}{2} \times \frac{1}{18} \qquad ⓒ \frac{1}{3} \times \frac{1}{12}$$
$$ⓒ \frac{1}{4} \times \frac{1}{9} \qquad ⓔ \frac{1}{5} \times \frac{1}{7}$$

( )

10 계산 결과가 자연수가 <u>아닌</u> 것을 찾아 기호를 써 보세요.

$$⊙ 1\frac{4}{7} \times 1\frac{3}{11} \qquad ⓒ 1\frac{1}{2} \times 2\frac{2}{9}$$

( )

11 가장 큰 수와 가장 작은 수의 곱을 구해 보세요.

$$15 \qquad 8 \qquad 3\frac{5}{9} \qquad 2\frac{3}{10}$$

( )

12 현서는 물을 하루에 $1\frac{5}{14}$ L씩 일주일 동안 마셨습니다. 현서가 일주일 동안 마신 물은 모두 몇 L일까요?

( )

13 계산 결과가 큰 것부터 차례로 기호를 써 보세요.

$$⊙ 8 \times 2\frac{3}{4} \qquad ⓒ 8 \times \frac{1}{7} \qquad ⓒ 8 \times 1$$

( )

14 ⊙과 ⓒ의 차를 구해 보세요.

$$⊙ 18의 \frac{1}{10} \qquad ⓒ 21의 \frac{2}{15}$$

( )

15 길이가 $\frac{3}{4}$ m인 색 테이프를 똑같이 7도막으로 나누어 잘랐습니다. 자른 색 테이프 한 도막의 길이는 몇 m일까요?

( )

16 토끼의 무게는 $3\frac{3}{8}$ kg이고 강아지의 무게는 토끼 무게의 $1\frac{2}{3}$배, 고양이의 무게는 강아지 무게의 $\frac{9}{10}$배입니다. 고양이의 무게는 몇 kg 일까요?

(　　　　　　　)

17 ☐ 안에 들어갈 수 있는 자연수는 모두 몇 개일까요?

$$\frac{1}{3} \times \frac{1}{\square} > \frac{1}{18}$$

(　　　　　　　)

18 정수는 자전거를 타고 한 시간에 12 km를 달립니다. 같은 빠르기로 정수가 자전거를 타고 1시간 40분 동안 달린 거리는 몇 km일까요?

(　　　　　　　)

19 수 카드를 한 번씩만 사용하여 만들 수 있는 가장 큰 대분수와 가장 작은 대분수의 곱을 구하려고 합니다. 풀이 과정을 쓰고 답을 구해 보세요.

2　3　5

풀이 _____

_____

_____

_____

답 _____

20 지우네 밭의 넓이는 $31\frac{2}{3}$ m²입니다. 이 중 $\frac{3}{4}$ 에는 양파를 심고, 양파를 심고 남은 밭의 $\frac{3}{5}$에는 당근을 심었습니다. 당근을 심은 밭의 넓이는 몇 m²인지 풀이 과정을 쓰고 답을 구해 보세요.

풀이 _____

_____

_____

_____

답 _____

3 합동과 대칭

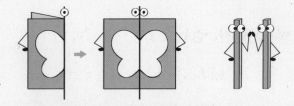

우리 집에서, 교실에서, 합동과 대칭을 발견할 수 있어요.
젓가락 두 짝은 모양과 크기가 완전히 똑같아요. 합동이라고 할 수 있죠.
색종이를 반으로 접어 나비 날개 한 쪽을 그린 후, 오려서 펼치면
두 날개의 모양이 완전히 똑같아져요. 이런 경우는 선대칭도형이에요.
지금부터 합동과 대칭이 무엇인지 구체적으로 알아볼까요?

도형을 밀거나, 접거나, 돌려봐!

● 합동

● 선대칭도형

● 점대칭도형

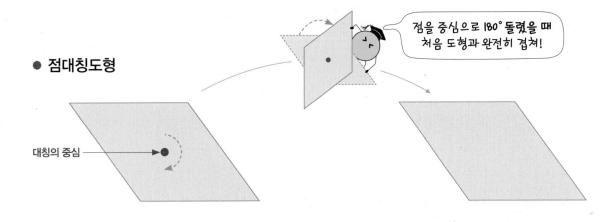

교과서 개념

3 합동과 대칭

1 도형의 합동

모양과 크기가 같아서 포개었을 때 완전히 겹치는 두 도형을 서로 합동이라고 합니다.

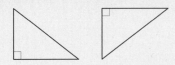

2 합동인 도형의 성질

• 서로 합동인 두 도형을 포개었을 때 완전히 겹치는 점을 대응점, 겹치는 변을 대응변, 겹치는 각을 대응각이라고 합니다.

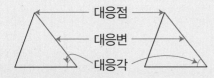

• 서로 합동인 도형의 성질
① 각각의 대응변의 길이가 서로 같습니다.
② 각각의 대응각의 크기가 서로 같습니다.

3 선대칭도형

• 한 직선을 따라 접었을 때 완전히 겹치는 도형을 선대칭도형이라고 합니다. 이때 그 직선을 대칭축이라고 합니다.
• 대칭축을 따라 접었을 때 겹치는 점을 대응점, 겹치는 변을 대응변, 겹치는 각을 대응각이라고 합니다.

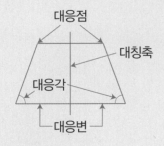

1 그림을 보고 □ 안에 알맞게 써넣으세요.

(1) 도형 가와 포개었을 때 완전히 겹치는 도형은 □입니다.

(2) (1)과 같은 도형들을 서로 □이라고 합니다.

2 서로 합동인 두 도형을 포개었을 때 완전히 겹치는 곳을 알아보려고 합니다. □ 안에 알맞게 써넣으세요.

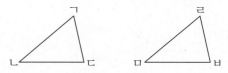

(1) 점 ㄱ과 겹치는 꼭짓점은 점 □입니다.

(2) 변 ㄱㄴ과 겹치는 변은 변 □입니다.

(3) 각 ㄱㄷㄴ과 겹치는 각은 각 □입니다.

3 한 직선을 따라 접었을 때 완전히 겹치는 도형을 모두 찾아 ○표 하세요.

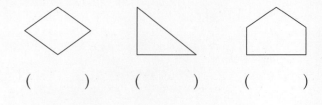

( ) ( ) ( )

4 선대칭도형의 성질

• 선대칭도형의 성질

① 각각의 대응변의 길이가 서로 같습니다.

② 각각의 대응각의 크기가 서로 같습니다.

③ 대응점끼리 이은 선분은 대칭축과 수직으로 만납니다.

④ 대칭축은 대응점끼리 이은 선분을 둘로 똑같이 나눕니다. ─ 각각의 대응점에서 대칭축까지의 거리가 서로 같습니다.

• 선대칭도형 그리기

① 각 점에서 대칭축까지의 거리가 같도록 대응점을 찾아 표시합니다. ─대칭축에 수선을 그어 대응점을 찾습니다.

② 대응점을 차례로 이어 선대칭도형이 되도록 그립니다.

5 점대칭도형

• 한 도형을 어떤 점을 중심으로 180° 돌렸을 때 처음 도형과 완전히 겹치는 도형을 점대칭도형이라고 합니다.

대칭의 중심

이때 그 점을 대칭의 중심이라고 합니다.

• 대칭의 중심을 중심으로 180° 돌렸을 때 겹치는 점을 대응점, 겹치는 변을 대응변, 겹치는 각을 대응각이라고 합니다.

6 점대칭도형의 성질

• 점대칭도형의 성질

① 각각의 대응변의 길이가 서로 같습니다.

② 각각의 대응각의 크기가 서로 같습니다.

③ 대칭의 중심은 대응점끼리 이은 선분을 둘로 똑같이 나눕니다. ─ 각각의 대응점에서 대칭의 중심까지의 거리가 서로 같습니다.

• 점대칭도형 그리기

① 각 점에서 대칭의 중심까지의 길이와 같도록 대응점을 찾아 표시합니다. ─대칭의 중심을 지나는 직선을 그어 대응점을 찾습니다.

② 대응점을 차례로 이어 점대칭도형이 되도록 그립니다.

---

4 오른쪽은 선대칭도형입니다. ☐ 안에 알맞게 써넣으세요.

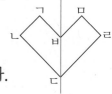

(1) 점 ㄱ의 대응점은 점 ☐ 입니다.

(2) 변 ㄴㄷ의 대응변은 변 ☐ 입니다.

(3) 각 ㄱㄴㄷ의 대응각은 각 ☐ 입니다.

5 어떤 점을 중심으로 180° 돌렸을 때 처음 도형과 완전히 겹치는 도형을 찾아 ○표 하세요.

(   )   (   )   (   )

6 오른쪽은 점대칭도형입니다. ☐ 안에 알맞게 써넣으세요.

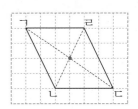

(1) 점 ㄱ의 대응점은 점 ☐ 입니다.

(2) 변 ㄱㄴ의 대응변은 변 ☐ 입니다.

(3) 각 ㄱㄴㄷ의 대응각은 각 ☐ 입니다.

3

STEP 1 교과서◑익힘책 유형

1 도형의 합동

1 서로 합동인 도형을 모두 찾아 써 보세요.

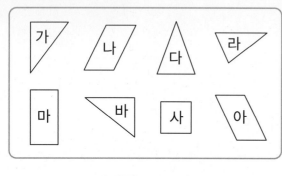

가와 ☐ , ☐ 와 아

서술형
2 준서네 현관의 깨진 타일을 새 타일로 바꾸려고 합니다. 바꾸어 붙일 수 있는 타일이 **아닌** 것의 기호를 쓰려고 합니다. 풀이 과정을 쓰고 답을 구해 보세요.

가　　나　　다

풀이 ....

....

....

답 ....

3 점선을 따라 잘랐을 때 잘린 두 도형이 서로 합동이 되는 점선을 찾아 기호를 써 보세요.

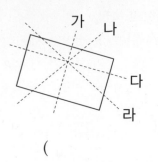

(　　　　　　)

4 점선을 따라 잘랐을 때 잘린 두 도형이 서로 합동이 되는 것을 모두 찾아 기호를 써 보세요.

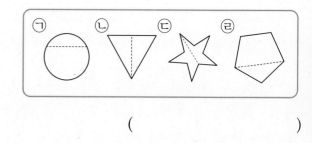

(　　　　　　)

5 왼쪽 도형과 서로 합동인 도형을 그려 보세요.

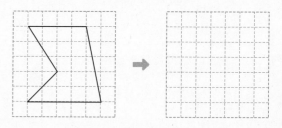

6 다음 직사각형을 점선을 따라 자르면 몇 쌍의 합동인 도형이 만들어질까요?

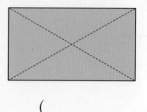

(　　　　　　)

7 도로에는 여러 가지 교통 표지판이 있습니다. 모양이 서로 합동인 두 표지판을 찾아 기호를 써 보세요. (단, 표지판의 색깔과 표지판 안의 그림은 생각하지 않습니다.)

( )

준비 ☐ 안에 알맞은 기호를 써넣으세요.

┌─────────────────────────────┐
│ ㉠ 평행사변형   ㉡ 마름모   │
│ ㉢ 직사각형   ㉣ 정사각형   │
└─────────────────────────────┘

(1) 두 대각선이 서로 수직으로 만나는 사각형은 ☐, ☐ 입니다.

(2) 두 대각선의 길이가 서로 같은 사각형은 ☐, ☐ 입니다.

내가 만드는 문제

8 왼쪽에는 주어진 한 변을 이용하여 다각형을 그리고 오른쪽에는 그린 다각형과 합동인 도형을 그리려고 합니다. 나머지 부분을 자유롭게 그려 보세요.

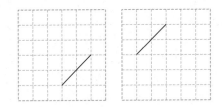

10 사각형에 두 대각선을 그어 모두 잘랐을 때 잘린 네 도형이 서로 합동이 되는 것을 모두 찾아 기호를 써 보세요.

┌─────────────────────────────┐
│ ㉠ 사다리꼴   ㉡ 평행사변형   │
│ ㉢ 마름모   ㉣ 정사각형   │
└─────────────────────────────┘

( )

9 항상 합동이 되는 도형이 <u>아닌</u> 것을 찾아 기호를 써 보세요.

┌─────────────────────────────┐
│ ㉠ 넓이가 같은 두 정삼각형   │
│ ㉡ 둘레가 같은 두 정사각형   │
│ ㉢ 지름이 같은 두 원   │
│ ㉣ 넓이가 같은 두 평행사변형   │
└─────────────────────────────┘

( )

11 오른쪽은 지후가 만든 마름모 모양의 딱지입니다. 딱지에서 찾을 수 있는 크고 작은 삼각형 중에서 서로 합동인 삼각형은 모두 몇 쌍일까요?

( )

3

12 두 사각형은 서로 합동입니다. 물음에 답하세요.

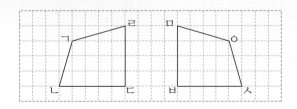

(1) 변 ㄱㄴ의 대응변을 써 보세요.

( )

(2) 각 ㄱㄹㄷ의 대응각을 써 보세요.

( )

13 두 사각형은 서로 합동입니다. 대응점, 대응변, 대응각은 각각 몇 쌍 있을까요?

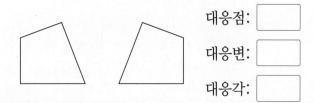

대응점: [ ]

대응변: [ ]

대응각: [ ]

☺ 내가 만드는 문제

14 두 삼각형은 서로 합동입니다. ☐ 안에 기호를 자유롭게 써넣고 각 ㄱㄴㄷ의 대응각을 써 보세요.

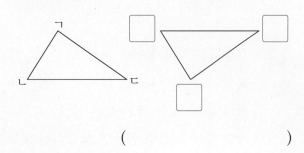

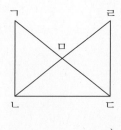

( )

15 오른쪽 그림에서 삼각형 ㄱㄴㄷ과 삼각형 ㄹㄷㄴ은 서로 합동입니다. 변 ㄱㄴ의 대응변을 써 보세요.

( )

16 두 삼각형은 서로 합동입니다. ☐ 안에 알맞은 수를 써넣으세요.

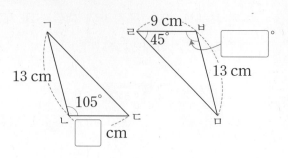

17 두 사각형은 서로 합동입니다. 물음에 답하세요.

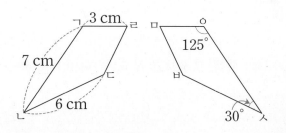

(1) 변 ㅅㅇ은 몇 cm일까요?

( )

(2) 각 ㄴㄱㄹ은 몇 도일까요?

( )

18 삼각형 ㄱㄴㄷ과 삼각형 ㄷㄹㅁ은 서로 합동입니다. 선분 ㄴㄹ은 몇 cm일까요?

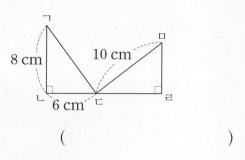

( )

19 두 삼각형은 서로 합동입니다. 각 ㄹㅂㅁ은 몇
도일까요?

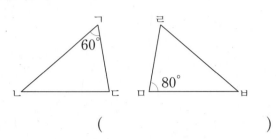

(   )

20 두 사각형은 서로 합동입니다. 각 ㅁㅇㅅ은 몇
도일까요?

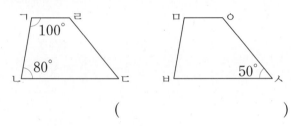

(   )

21 두 삼각형은 서로 합동입니다. 삼각형 ㄹㅁㅂ
의 둘레는 몇 cm일까요?

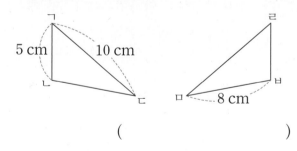

(   )

22 두 직사각형은 서로 합동입니다. 직사각형
ㄱㄴㄷㄹ의 넓이는 몇 cm²일까요?

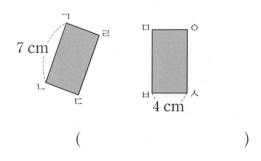

(   )

이등변삼각형의 두 각의 크기는 같아.

준비 오른쪽은 이등변삼각형
입니다. ☐ 안에 알맞
은 수를 써넣으세요.

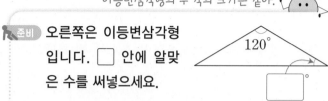

23 두 삼각형은 서로 합동인 이등변삼각형입니
다. 각 ㄹㅁㅂ은 몇 도일까요?

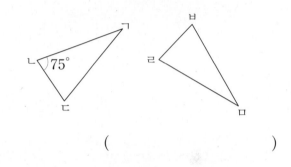

(   )

서술형
24 그림과 같은 사각형 모양의 땅이 있습니다. 사
각형 ㄱㄴㄷㄹ의 둘레에 울타리를 치려고 합
니다. 울타리를 몇 m 쳐야 하는지 풀이 과정
을 쓰고 답을 구해 보세요. (단, 삼각형 ㅁㄱㄴ과
삼각형 ㄷㄹㅁ은 서로 합동입니다.)

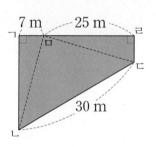

풀이 ....

....

....

....

답 ....

25 선대칭도형을 모두 찾아 기호를 써 보세요.

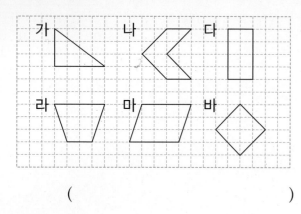

(   )

[26~27] 도형은 선대칭도형입니다. 물음에 답하세요.

26 직선 가를 대칭축으로 할 때 빈칸에 알맞게 써 넣으세요.

대응변		대응각	
변 ㄱㄴ		각 ㄱㅁㄹ	
변 ㅁㄹ		각 ㄴㄷㄹ	

27 직선 나를 대칭축으로 할 때 빈칸에 알맞게 써 넣으세요.

대응변		대응각	
변 ㄱㅁ		각 ㄱㄴㄷ	
변 ㅁㄹ		각 ㄱㅁㄹ	

28 선대칭도형의 대칭축을 모두 그리고, 몇 개인지 써 보세요.

(1)

(2)

☐개   ☐개

29 선대칭도형을 모두 찾아 기호를 써 보세요.

> ㉠ 마름모   ㉡ 사각형
> ㉢ 오각형   ㉣ 정삼각형

(   )

서술형
30 선대칭도형인 알파벳은 모두 몇 개인지 풀이 과정을 쓰고 답을 구해 보세요.

A Z H F Y

풀이 _____

_____

_____

_____

답 _____

4 선대칭도형의 성질

31 직선 ㅂㅅ을 대칭축으로 하는 선대칭도형입니다. ☐ 안에 알맞은 수를 써넣으세요.

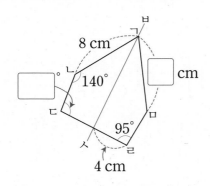

34 선대칭도형이 되도록 그림을 완성해 보세요.

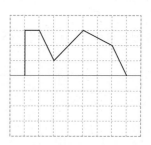

32 선대칭도형을 보고 물음에 답하세요.

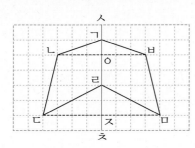

(1) 선분 ㄴㅂ이 대칭축과 만나서 이루는 각은 몇 도일까요?

(   )

(2) 선분 ㄷㅈ과 길이가 같은 선분을 써 보세요.

(   )

서술형
35 직선 ㅁㅂ을 대칭축으로 하는 선대칭도형입니다. 각 ㄱㄹㄷ의 크기는 몇 도인지 풀이 과정을 쓰고 답을 구해 보세요.

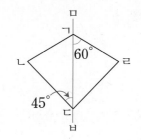

풀이 _____

_____

답 _____

33 직선 ㅊㅋ을 대칭축으로 하는 선대칭도형입니다. 선분 ㅅㅁ은 몇 cm일까요?

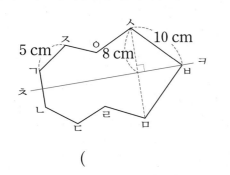

(   )

😊 내가 만드는 문제
36 주어진 선을 대칭축으로 할 때 선대칭도형이 되는 두 글자 이상의 단어를 자유롭게 써 보세요.

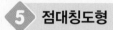
37 점대칭도형을 모두 찾아 기호를 써 보세요.

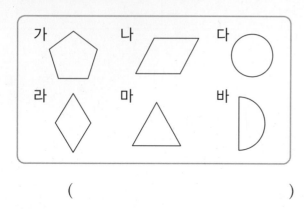

( )

38 오른쪽 점대칭도형을 보고 물음에 답하세요.

(1) 점 ㄴ의 대응점을 써 보세요.
( )

(2) 변 ㄴㄷ의 대응변을 써 보세요.
( )

(3) 각 ㅁㄹㄷ의 대응각을 써 보세요.
( )

39 점대칭도형에서 대칭의 중심을 찾아 점 ㅇ으로 표시해 보세요.

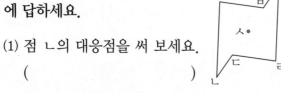

(1)   (2)

40 점대칭도형인 글자를 모두 찾아 ○표 하세요.

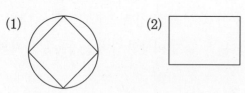

41 점대칭도형이 <u>아닌</u> 것을 찾아 기호를 써 보세요.

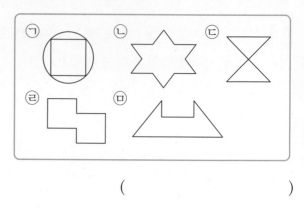

( )

42 점대칭도형을 모두 찾아 기호를 써 보세요.

ㄱ 평행사변형   ㄴ 정사각형
ㄷ 정삼각형   ㄹ 사다리꼴

( )

서술형
43 지아와 정우는 각각 다음과 같은 카드를 골랐습니다. 각자 고른 카드에서 점대칭도형인 숫자가 더 많은 사람은 누구인지 풀이 과정을 쓰고 답을 구해 보세요.

| 2 | 4 | 6 | 8 | | 3 | 5 | 7 | 9 |
지아   정우

풀이

답

6 점대칭도형의 성질

44 점 ㅇ을 대칭의 중심으로 하는 점대칭도형입니다. ☐ 안에 알맞은 수를 써넣으세요.

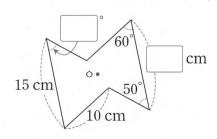

[45~46] 오른쪽은 점 ㅇ을 대칭의 중심으로 하는 점대칭도형입니다. 물음에 답하세요.

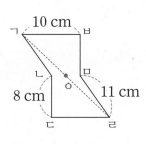

45 점대칭도형의 둘레는 몇 cm일까요?

( )

46 선분 ㅇㄹ의 길이가 12 cm라면 선분 ㄱㄹ은 몇 cm일까요?

( )

47 오른쪽은 점 ㅇ을 대칭의 중심으로 하는 점대칭도형입니다. 선분 ㄱㄹ의 길이가 16 cm라면 선분 ㅇㄹ은 몇 cm일까요?

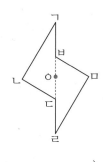

( )

180°만큼 돌리면 도형의 위쪽이 아래쪽으로 이동해.

준비 도형을 시계 방향으로 180°만큼 돌렸을 때의 도형을 그려 보세요.

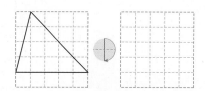

48 점대칭도형이 되도록 그림을 완성해 보세요.

(1)   (2)

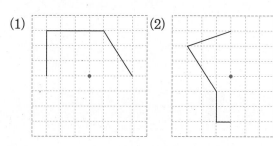

😊 내가 만드는 문제

49 점 ㅇ을 대칭의 중심으로 하는 점대칭도형 1개를 자유롭게 그려 보세요.

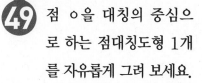

서술형

50 오른쪽은 점 ㅇ을 대칭의 중심으로 하는 점대칭도형입니다. 각 ㄴㄱㄹ은 몇 도인지 풀이 과정을 쓰고 답을 구해 보세요.

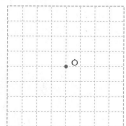
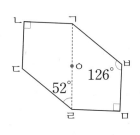

풀이 _____

_____

_____

답 _____

1 합동인 도형 만들기

51 정사각형을 나누어 합동인 도형 4개를 만들어 보세요.

선을 그어서 모양과 크기가 같은 도형을 만들 수 있는 방법은 다양해.

합동인 삼각형 3개	합동인 삼각형 4개
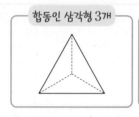	

52 정육각형을 나누어 합동인 도형 3개를 만들어 보세요.

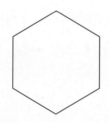

53 직각삼각형에 선을 3개 그어서 서로 합동인 삼각형 4개를 만들어 보세요.

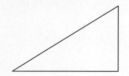

2 합동인 도형에서 각의 크기 구하기

54 삼각형 ㄱㄴㄷ과 삼각형 ㄹㄷㄴ은 서로 합동입니다. 각 ㄴㄷㄹ은 몇 도일까요?

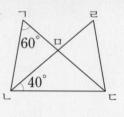

(   )

대응각의 크기가 서로 같고 삼각형의 세 각의 크기의 합이 180°임을 이용해.

삼각형 ㄱㄴㄷ과 삼각형 ㄹㄷㄴ이 합동일 때

① 각 ㄴㄱㄷ의 대응각을 찾아 크기 구하기
➡ (각 ㄴㄱㄷ)=(각 ㄷㄹㄴ)=50°
② 삼각형의 세 각의 크기의 합이 180°임을 이용하여 각 ㄱㄷㄴ의 크기 구하기
➡ 180°−90°−50°=40°

55 삼각형 ㄱㄴㄷ과 삼각형 ㄷㄹㅁ은 서로 합동입니다. 각 ㄱㄷㅁ은 몇 도일까요?

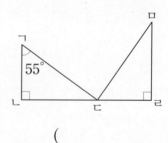

(   )

56 삼각형 ㄱㄹㅁ과 삼각형 ㄷㅂㅁ은 서로 합동입니다. 각 ㄴㅂㄱ은 몇 도일까요?

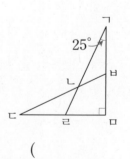

(   )

3 대칭축의 수 구하기

57 선대칭도형 가와 나의 대칭축의 수의 차는 몇 개일까요?

가   나

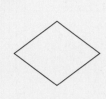

( )

여러 방향에서 살펴보면서 대칭축을 찾아봐.

 6개의 직선 모두 직선을 따라 접었을 때 도형이 완전히 겹칩니다.
➡ 대칭축은 6개입니다.

58 선대칭도형인 글자를 모두 찾아 대칭축의 수의 합은 몇 개인지 구해 보세요.

( )

59 선대칭도형을 보고 대칭축이 많은 것부터 차례로 기호를 써 보세요.

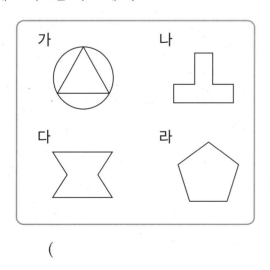

( )

4 선대칭도형에서 각의 크기 구하기

60 직선 ㅁㅂ을 대칭축으로 하는 선대칭도형입니다. 각 ㄴㄱㄹ은 몇 도일까요?

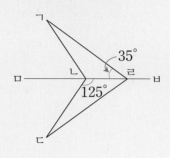

( )

각각의 대응각의 크기가 같다는 성질을 이용해.

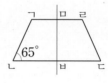 대응점끼리 이은 선분은 대칭축과 수직으로 만나므로
(각 ㄱㅁㅂ)=(각 ㄴㅂㅁ)=90°
➡ (각 ㅁㄹㄷ)=(각 ㅁㄱㄴ)
=360°-65°-90°-90°=115°

61 오른쪽은 직선 ㅁㅂ을 대칭축으로 하는 선대칭도형입니다. 각 ㄹㄱㄴ은 몇 도일까요?

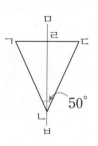

( )

62 오른쪽은 직선 ㅅㅇ을 대칭축으로 하는 선대칭도형입니다. 각 ㄱㄴㄷ은 몇 도일까요?

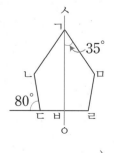

( )

5 선대칭도형도 되고 점대칭도형도 되는 것

63 선대칭도형이면서 점대칭도형인 것을 찾아 기호를 써 보세요.

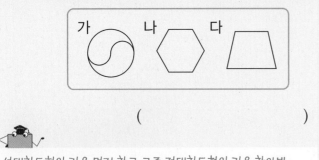

( )

선대칭도형인 것을 먼저 찾고 그중 점대칭도형인 것을 찾아봐.

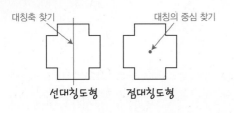

대칭축 찾기 / 대칭의 중심 찾기
선대칭도형 / 점대칭도형

64 선대칭도형이면서 점대칭도형인 알파벳을 모두 찾아 ○표 하세요.

A B H S X

65 크기가 같은 정사각형 5개를 이어 붙여 만든 펜토미노입니다. 다음 중 선대칭도형도 되고 점대칭도형도 되는 것은 모두 몇 개일까요?

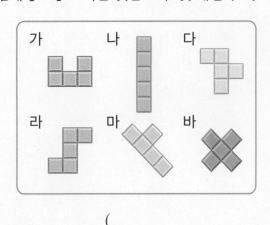

( )

6 점대칭도형에서 선분의 길이 구하기

66 점 ㅇ을 대칭의 중심으로 하는 점대칭도형입니다. 선분 ㄷㅁ은 몇 cm일까요?

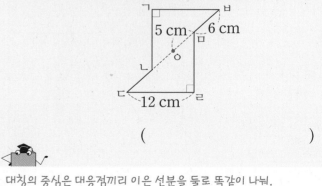

( )

대칭의 중심은 대응점끼리 이은 선분을 둘로 똑같이 나눠.

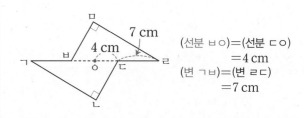

(선분 ㅂㅇ)=(선분 ㄷㅇ)
=4 cm
(변 ㄱㅂ)=(변 ㄹㄷ)
=7 cm

67 점 ㅇ을 대칭의 중심으로 하는 점대칭도형입니다. 선분 ㅂㅇ은 몇 cm일까요?

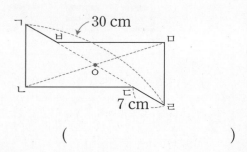

( )

68 오른쪽은 점 ㅇ을 대칭의 중심으로 하는 점대칭도형입니다. 두 대각선의 길이의 합이 38 cm일 때 선분 ㄷㅇ은 몇 cm일까요?

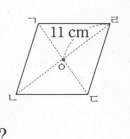

( )

1 합동인 도형의 둘레를 이용하여 길이 구하기

69 두 삼각형은 서로 합동인 이등변삼각형입니다. 삼각형 ㄱㄴㄷ의 둘레가 19 cm라면 변 ㄹㅁ은 몇 cm일까요?

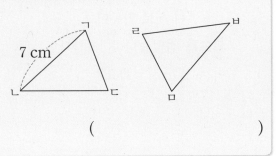

( )

70 두 사각형은 서로 합동입니다. 사각형 ㄱㄴㄷㄹ의 둘레가 28 cm일 때 변 ㅁㅂ은 몇 cm일까요?

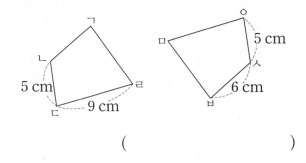

( )

71 삼각형 ㄱㄴㄷ과 삼각형 ㄹㄷㄴ은 서로 합동입니다. 삼각형 ㄱㄴㄷ의 둘레가 24 cm일 때 변 ㄴㄷ은 몇 cm일까요?

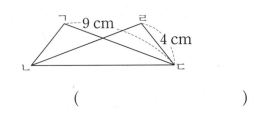

( )

2 합동인 도형에서 넓이 구하기

72 두 직사각형은 서로 합동입니다. 직사각형 ㄱㄴㄷㄹ의 넓이는 몇 cm²일까요?

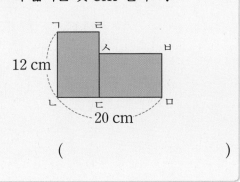

( )

73 합동인 두 직사각형을 겹쳐 놓은 것입니다. 겹쳐진 부분인 사각형 ㄱㄴㅁㅇ의 넓이는 몇 cm²일까요?

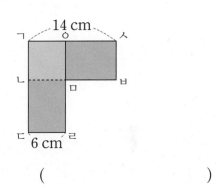

( )

74 삼각형 ㄱㄴㄷ과 삼각형 ㄹㅁㄷ은 서로 합동입니다. 삼각형 ㄹㅁㄷ의 넓이는 몇 cm²일까요?

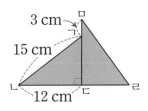

( )

3 종이를 접은 모양에서 각도 구하기

75 그림과 같이 직사각형 모양의 종이를 접었습니다. ㉠의 각도는 몇 도일까요?

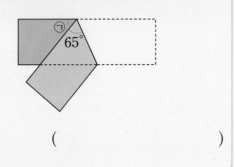

65°

(   )

76 오른쪽과 같이 삼각형 모양의 종이를 접었습니다. 각 ㄱㅂㄹ은 몇 도일까요?

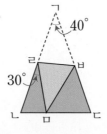

40°
30°

(   )

77 오른쪽과 같이 정사각형 모양의 종이를 접었습니다. ㉠과 ㉡의 각도의 차는 몇 도일까요?

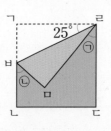

25°

(   )

4 종이를 접은 모양에서 넓이 구하기

78 오른쪽과 같이 직사각형 모양의 종이를 삼각형 ㄱㄴㅁ과 삼각형 ㄷㅂㅁ이 서로 합동이 되도록 접었습니다. 직사각형 ㄱㄴㄷㄹ의 넓이는 몇 cm²일까요?

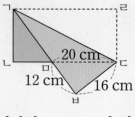

20 cm
12 cm   16 cm

(   )

79 오른쪽과 같이 직사각형 모양의 종이를 삼각형 ㄱㄴㅁ과 삼각형 ㄷㅂㅁ이 서로 합동이 되도록 접었습니다. 직사각형 ㄱㄴㄷㄹ의 넓이는 몇 cm²일까요?

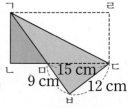

15 cm
9 cm   12 cm

(   )

80 오른쪽과 같이 직사각형 모양의 종이를 삼각형 ㄱㄴㅁ과 삼각형 ㅂㄹㅁ이 서로 합동이 되도록 접었습니다. 삼각형 ㄱㄴㄹ의 넓이는 몇 cm²일까요?

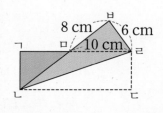

8 cm   6 cm
10 cm

(   )

5 선대칭도형의 둘레 구하기

81 오른쪽은 직선 ㅅㅇ을 대칭축으로 하는 선대칭도형입니다. 선대칭도형의 둘레는 몇 cm일까요?

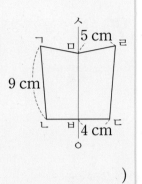

(   )

82 직선 ㅅㅇ을 대칭축으로 하는 선대칭도형입니다. 사각형 ㄱㄴㅂㅁ이 평행사변형일 때 선대칭도형의 둘레는 몇 cm일까요?

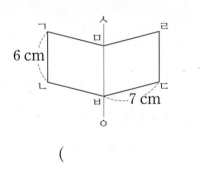

(   )

83 선분 ㅂㄷ을 대칭축으로 하는 선대칭도형의 둘레가 82 cm일 때 선분 ㅂㅁ은 몇 cm일까요?

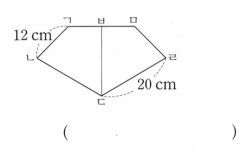

(   )

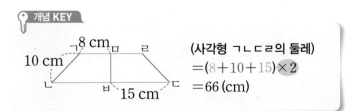
6 선대칭도형의 넓이 구하기

84 직선 ㅁㅂ을 대칭축으로 하는 선대칭도형을 완성했을 때 선대칭도형의 넓이는 몇 cm²일까요?

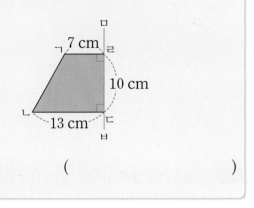

(   )

85 오른쪽은 선분 ㄱㄹ을 대칭축으로 하는 선대칭도형입니다. 삼각형 ㄱㄴㄷ의 넓이가 36 cm²일 때 선분 ㄴㄹ은 몇 cm일까요?

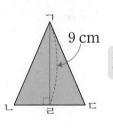

(   )

86 오른쪽 직사각형 ㄱㄴㄷㄹ은 선분 ㅁㅂ을 대칭축으로 하는 선대칭도형입니다. 사각형 ㄱㄴㅂㅁ의 둘레가 96 cm일 때 직사각형 ㄱㄴㄷㄹ의 넓이는 몇 cm²일까요?

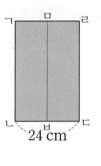

(   )

7 점대칭도형의 둘레 구하기

87 점 ㅇ을 대칭의 중심으로 하는 점대칭도형입니다. 점대칭도형의 둘레는 몇 cm일까요?

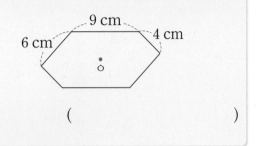

( )

88 점 ㅇ을 대칭의 중심으로 하는 점대칭도형을 완성했을 때 점대칭도형의 둘레는 몇 cm일까요?

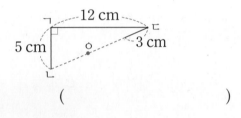

( )

89 점 ㅇ을 대칭의 중심으로 하는 점대칭도형입니다. 점대칭도형의 둘레가 126 cm일 때 변 ㄴㄷ은 몇 cm일까요?

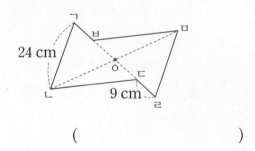

( )

8 점대칭도형의 넓이 구하기

90 점 ㅇ을 대칭의 중심으로 하는 점대칭도형을 완성했을 때 점대칭도형의 넓이는 몇 cm^2일까요?

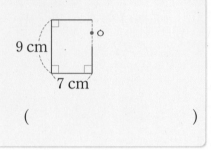

( )

91 점 ㅇ을 대칭의 중심으로 하는 점대칭도형을 완성했을 때 점대칭도형의 넓이는 몇 cm^2일까요?

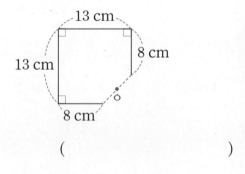

( )

🔑 개념 KEY

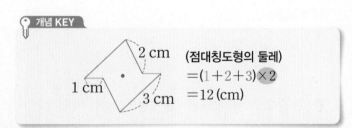

(점대칭도형의 둘레)
$= (1+2+3) \times 2$
$= 12 \,(cm)$

🔑 개념 KEY

대응점끼리 이은 선분으로 나누어진 양쪽의 넓이가 같습니다.

완성한 점대칭도형의 넓이는 처음 도형의 넓이의 2배입니다.

기출 단원 평가

점수

확인

1 서로 합동인 두 도형을 찾아 기호를 써 보세요.

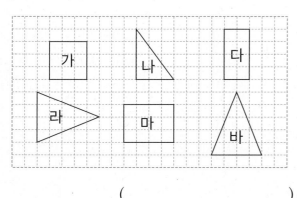

( )

2 오른쪽 정육각형을 점선을 따라 잘랐을 때 잘린 두 도형이 서로 합동이 되는 점선을 찾아 기호를 써 보세요.

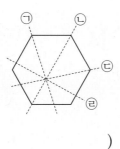

( )

3 두 삼각형은 서로 합동입니다. 각 ㄱㄴㄷ의 대응각을 찾아 써 보세요.

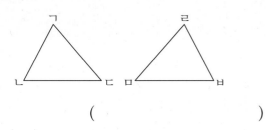

( )

4 선대칭도형의 대칭축은 모두 몇 개일까요?

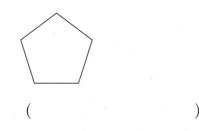

( )

5 점대칭도형이 되도록 그림을 완성해 보세요.

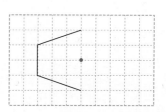

6 두 삼각형은 서로 합동입니다. □ 안에 알맞은 수를 써넣으세요.

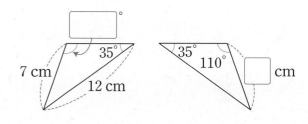

7 선분 ㅅㅇ을 대칭축으로 하는 선대칭도형입니다. 변 ㅂㅁ은 몇 cm일까요?

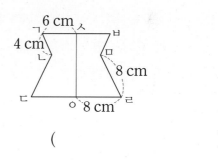

( )

8 두 도형의 넓이가 같으면 항상 서로 합동인 도형에 ○표 하세요.

직사각형   마름모   정사각형

9 선대칭도형이면서 점대칭도형인 것을 모두 찾아 기호를 써 보세요.

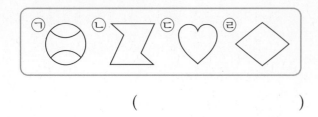

(   )

10 삼각형 ㄱㄴㅁ과 삼각형 ㅁㄷㄹ은 서로 합동입니다. 선분 ㄴㄷ은 몇 cm일까요?

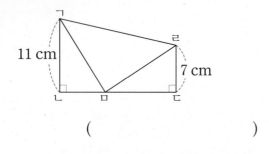

(   )

11 두 사각형은 서로 합동입니다. 각 ㅁㅂㅅ은 몇 도일까요?

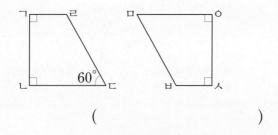

(   )

12 두 삼각형은 서로 합동입니다. 삼각형 ㄹㅁㅂ의 둘레가 30 cm일 때 변 ㅁㅂ은 몇 cm일까요?

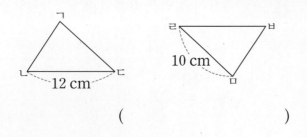

(   )

13 직선 ㅅㅇ을 대칭축으로 하는 선대칭도형입니다. 각 ㄱㅂㅁ은 몇 도일까요?

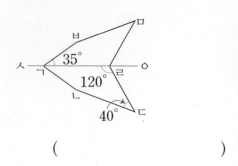

(   )

14 점 ㅇ을 대칭의 중심으로 하는 점대칭도형입니다. 선분 ㅂㄷ은 몇 cm일까요?

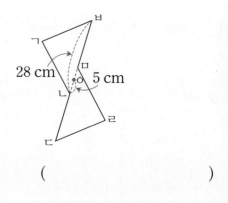

(   )

15 삼각형 ㄱㄴㄷ과 삼각형 ㅁㄹㄷ은 서로 합동입니다. 각 ㄱㄷㅁ은 몇 도일까요?

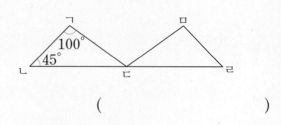

(   )

16 사각형 ㄱㄴㄷㄹ은 점 ㅇ을 대칭의 중심으로 하는 점대칭도형입니다. 두 대각선의 길이의 합이 42 cm일 때 선분 ㄴㅇ은 몇 cm일까요?

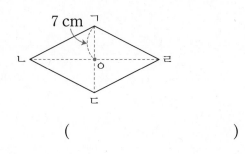

(   )

17 오른쪽은 선분 ㄱㄷ을 대칭축으로 하는 선대칭도형입니다. 선대칭도형의 넓이는 몇 cm²일까요?

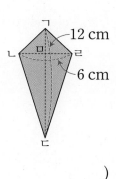

(   )

18 점 ㅈ을 대칭의 중심으로 하는 점대칭도형입니다. 점대칭도형의 둘레가 32 cm일 때 변 ㄴㄷ은 몇 cm일까요?

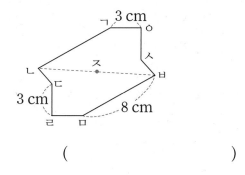

(   )

19 9116은 점대칭도형이 되는 네 자리 수입니다. 다음 수를 사용하여 점대칭도형이 되는 네 자리 수를 만들려고 합니다. 9116보다 큰 수는 모두 몇 개인지 풀이 과정을 쓰고 답을 구해 보세요. (단, 같은 수를 여러 번 사용할 수 있습니다.)

0 1 6 8 9

풀이 _____

_____

_____

_____

답 _____

20 직사각형 모양의 종이를 삼각형 ㄱㄴㅁ과 삼각형 ㅂㄹㅁ이 서로 합동이 되도록 접었습니다. 직사각형 ㄱㄴㄷㄹ의 둘레는 몇 cm인지 풀이 과정을 쓰고 답을 구해 보세요.

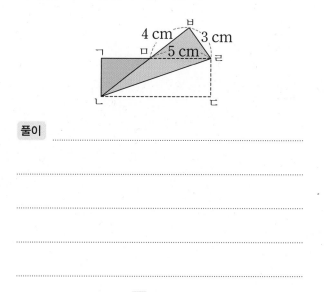

풀이 _____

_____

_____

_____

답 _____

소수의 곱셈

자연수의 곱셈 4×9는 이제 자신있게 계산할 수 있어요.

그렇다면 0.4×9처럼 자연수가 소수로 바뀌면 어떻게 계산해야 할까요?

0.4를 9번 더해서 계산할 수도 있지만 조금 더 간단하게 계산하고 싶다고요?

0.4×9는 자연수의 곱셈 4×9와 수의 배열이 같으니 '소수점'만 잘 찍으면 돼요!

소수의 곱셈도 어려울 것 없답니다.

자연수의 곱셈처럼 계산하고 소수점을 찍어!

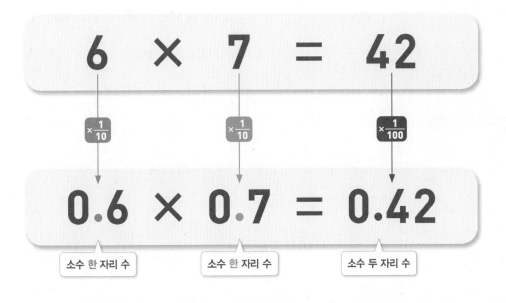

$$6 \times 7 = 42$$

$\times\frac{1}{10}$ $\times\frac{1}{10}$ $\times\frac{1}{100}$

$$0.6 \times 0.7 = 0.42$$

소수 한 자리 수   소수 한 자리 수   소수 두 자리 수

$$
\begin{array}{r}
6 \\
\times\ 7 \\
\hline
4\,2
\end{array}
$$

$\times\frac{1}{10} \rightarrow$ $\times\frac{1}{10} \rightarrow$ $\times\frac{1}{100} \rightarrow$

$$
\begin{array}{r}
0.6 \\
\times\ 0.7 \\
\hline
0.4\,2
\end{array}
$$

자연수처럼 계산하고 소수의 크기를
생각하여 소수점을 찍으면 끝!

4 소수의 곱셈

1 (소수) × (자연수)(1) —(1보다 작은 소수) × (자연수)

방법 1 덧셈식으로 계산하기

$$0.5 \times 3 = 0.5 + 0.5 + 0.5 = 1.5$$

방법 2 0.1의 개수로 계산하기

$$0.5 \times 3 = 0.1 \times \boxed{5 \times 3} = 0.1 \times 15$$

➡ 0.1이 모두 15개이므로

$$0.5 \times 3 = 1.5입니다.$$

방법 3 분수의 곱셈으로 계산하기

$$0.5 \times 3 = \frac{5}{10} \times 3 = \frac{5 \times 3}{10} = \frac{15}{10} = 1.5$$

2 (소수) × (자연수)(2) —(1보다 큰 소수) × (자연수)

방법 1 덧셈식으로 계산하기

$$3.1 \times 4 = 3.1 + 3.1 + 3.1 + 3.1 = 12.4$$

방법 2 0.1의 개수로 계산하기

$$3.1 \times 4 = 0.1 \times \boxed{31 \times 4} = 0.1 \times 124$$

➡ 0.1이 모두 124개이므로

$$3.1 \times 4 = 12.4입니다.$$

방법 3 분수의 곱셈으로 계산하기

$$3.1 \times 4 = \frac{31}{10} \times 4 = \frac{31 \times 4}{10}$$

$$= \frac{124}{10} = 12.4$$

3 (자연수) × (소수)(1) —(자연수) × (1보다 작은 소수)

방법 1 분수의 곱셈으로 계산하기

$$6 \times 0.8 = 6 \times \frac{8}{10} = \frac{6 \times 8}{10} = \frac{48}{10} = 4.8$$

방법 2 자연수의 곱셈으로 계산하기

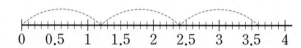

$$6 \times 8 = 48$$

곱하는 수가 $\frac{1}{10}$배가 되면

계산 결과도 $\frac{1}{10}$배가 됩니다.

$$6 \times 0.8 = 4.8$$

---

1 0.8 × 4를 여러 가지 방법으로 계산한 것입니다. ☐ 안에 알맞은 수를 써넣으세요.

(1) $0.8 \times 4 = 0.8 + \boxed{} + \boxed{} + \boxed{} = \boxed{}$

(2) $0.8 \times 4 = 0.1 \times 8 \times \boxed{} = 0.1 \times \boxed{}$

➡ 0.1이 모두 $\boxed{}$개이므로 $0.8 \times 4 = \boxed{}$

입니다.

(3) $0.8 \times 4 = \dfrac{\boxed{}}{10} \times 4 = \dfrac{\boxed{} \times 4}{10} = \dfrac{\boxed{}}{10}$

$$= \boxed{}$$

2 수직선을 보고 ☐ 안에 알맞은 수를 써넣으세요.

```
0   0.5   1   1.5   2   2.5   3   3.5   4
```

(1) 1.2씩 3묶음이면 $\boxed{}$입니다.

(2) $1.2 + 1.2 + 1.2 = \boxed{}$

(3) $1.2 \times 3 = \boxed{}$

3 13 × 0.7을 여러 가지 방법으로 계산한 것입니다. ☐ 안에 알맞은 수를 써넣으세요.

(1) $13 \times 0.7 = 13 \times \dfrac{\boxed{}}{10} = \dfrac{13 \times \boxed{}}{10} = \dfrac{\boxed{}}{10}$

$$= \boxed{}$$

(2) $13 \times 7 = \boxed{}$

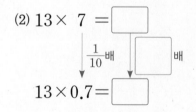

$$13 \times 0.7 = \boxed{}$$

(자연수)×(소수)(2) —(자연수)×(1보다 큰 소수)

방법 1 분수의 곱셈으로 계산하기

$$3 \times 1.24 = 3 \times \frac{124}{100} = \frac{3 \times 124}{100} = \frac{372}{100}$$
$$= 3.72$$

방법 2 자연수의 곱셈으로 계산하기

$$3 \times \boxed{124} = \boxed{372}$$

곱하는 수가 $\frac{1}{100}$배가 되면 계산 결과도 $\frac{1}{100}$배가 됩니다.

$$3 \times \boxed{1.24} = \boxed{3.72}$$

5 **(소수)×(소수)**

방법 1 분수의 곱셈으로 계산하기

$$0.9 \times 0.4 = \frac{9}{10} \times \frac{4}{10} = \frac{36}{100} = 0.36$$

방법 2 자연수의 곱셈으로 계산하기

$$\boxed{9} \times \boxed{4} = \boxed{36}$$

곱해지는 수와 곱하는 수가 각각 $\frac{1}{10}$배가 되면 계산 결과는 $\frac{1}{100}$배가 됩니다.

$$\boxed{0.9} \times 0.4 = \boxed{0.36}$$

방법 3 소수의 크기를 생각하여 계산하기

9×4=36인데 0.9에 0.4를 곱하면
0.9보다 작은 값이 나와야 하므로
0.9×0.4=0.36입니다.

6 곱의 소수점 위치

• 소수와 자연수의 곱셈에서 곱의 소수점 위치

3.45×10=34.5	345×0.1=34.5
3.45×100=345	345×0.01=3.45
3.45×1000=3450	345×0.001=0.345

곱하는 수의 0의 개수만큼 소수점이 오른쪽으로 옮겨집니다.

곱하는 소수의 소수점 아래 자리 수만큼 소수점이 왼쪽으로 옮겨집니다.

• 소수와 소수의 곱셈에서 곱의 소수점 위치

$$0.7 \times 0.05 = 0.035$$

소수 한 자리 수 ┘ └ 소수 두 자리 수 ┘ 소수 세 자리 수

곱하는 두 수의 소수점 아래 자리 수를 더한 것과
결괏값의 소수점 아래 자리 수가 같습니다.

---

4 보기 와 같은 방법으로 계산해 보세요.

> **보기**
>
> $$6 \times 1.3 = 6 \times \frac{13}{10} = \frac{6 \times 13}{10} = \frac{78}{10} = 7.8$$

$5 \times 4.1 = $ ....

5 2.3×4.5를 여러 가지 방법으로 계산한 것입니다.
☐ 안에 알맞은 수를 써넣으세요.

(1) $2.3 \times 4.5 = \dfrac{\boxed{}}{10} \times \dfrac{\boxed{}}{10} = \dfrac{\boxed{}}{100}$

$\qquad = \boxed{}$

(2)

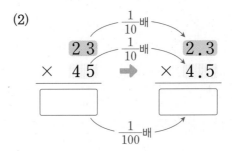

6 소수점의 위치를 생각하여 계산해 보세요.

(1) $3.216 \times 10 = \boxed{}$

$\quad 3.216 \times 100 = \boxed{}$

$\quad 3.216 \times 1000 = \boxed{}$

(2) $820 \times 0.1 = \boxed{}$

$\quad 820 \times 0.01 = \boxed{}$

$\quad 820 \times 0.001 = \boxed{}$

교과서 ➕ 익힘책 유형

1 (소수) × (자연수)(1)

1 수직선을 보고 □ 안에 알맞은 수를 써넣으세요.

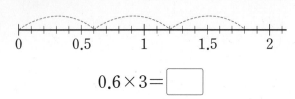

$$0.6 \times 3 = \boxed{}$$

소수는 분모가 10, 100, 1000, ...인 분수로 나타내!

준비 소수를 분수로, 분수를 소수로 나타내어 보세요.

(1) 0.9   (2) $\dfrac{31}{100}$

2 **보기** 와 같은 방법으로 계산해 보세요.

> **보기**
> $$0.7 \times 9 = \dfrac{7}{10} \times 9 = \dfrac{7 \times 9}{10} = \dfrac{63}{10} = 6.3$$

(1) $0.4 \times 7 =$ _____

(2) $0.27 \times 6 =$ _____

3 계산해 보세요.

(1) 0.8×7 (2) 0.39×3

4 빈칸에 알맞은 수를 써넣으세요.

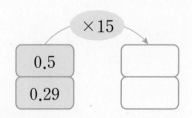

😊 내가 만드는 문제

5 수 카드를 빨간색 상자와 파란색 상자에서 각각 한 장씩 뽑아 두 수의 곱을 구해 보세요.

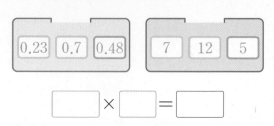

$$\boxed{} \times \boxed{} = \boxed{}$$

6 양팔 저울의 오른쪽에 상자를 올려놓고 왼쪽에 0.7 kg짜리 추 3개를 올려놓았을 때 저울이 수평을 이루었습니다. 상자의 무게는 몇 kg일까요?

(   )

서술형

7 연수가 <u>잘못</u> 말한 부분을 바르게 고쳐 보세요.

> 0.45 × 6의 계산에서 45와 6의 곱은 약 300이니까 0.45와 6의 곱은 30 정도예요.

연수

잘못 말한 부분

_____

바르게 고치기

_____

8 이번 주 승우의 미술 학원 준비물입니다. 이번 주에 사용할 재료를 준비하려면 1 kg짜리 찰흙을 적어도 몇 개 사야 하는지 구해 보세요.

준비물

월요일	화요일	수요일	목요일	금요일
찰흙 0.4 kg, 철사 1 m	지점토 0.3 kg, 노끈 0.5 m	찰흙 0.4 kg, 노끈 2 m	찰흙 0.4 kg, 철사 3 m	지점토 0.3 kg, 노끈 1 m

(   )

2 **(소수)×(자연수)**(2)

9 그림을 보고 ☐ 안에 알맞은 수를 써넣으세요.

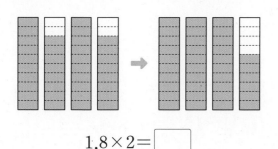

$$1.8 \times 2 = \boxed{}$$

10 1.7×4를 여러 가지 방법으로 계산하려고 합니다. ☐ 안에 알맞은 수를 써넣으세요.

(1) $1.7 \times 4 = \dfrac{\boxed{}}{10} \times 4 = \dfrac{\boxed{} \times 4}{10}$

$= \dfrac{\boxed{}}{10} = \boxed{}$

(2) $17 \quad \times \quad 4 \quad = \boxed{}$

$\downarrow \frac{1}{10}$배 $\frac{1}{10}$배

$1.7 \quad \times \quad 4 \quad = \boxed{}$

11 계산해 보세요.

(1) 1.4×6 (2) 2.06×8

12 관계있는 것끼리 이어 보세요.

$\boxed{2.4 \times 7}$ •

$\boxed{4.16 \times 5}$ •

• $\boxed{21.8}$

• $\boxed{20.8}$

• $\boxed{16.8}$

13 계산이 틀린 사람은 누구인지 쓰고, 바르게 계산한 값을 구해 보세요.

> • 민아: $4.65 \times 8 = 37.2$
> • 은우: $2.08 \times 9 = 17.72$

(   ), (   )

14 정사각형의 둘레는 몇 cm일까요?

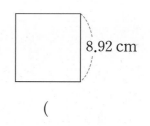

8.92 cm

(   )

서술형
15 어느 날 튀르키예 돈 1리라는 우리나라 돈 77.88원입니다. 이 날 5000원을 내고 튀르키예 돈 50리라로 바꾼다면 바꾸고 남은 우리나라 돈은 얼마인지 풀이 과정을 쓰고 답을 구해 보세요.

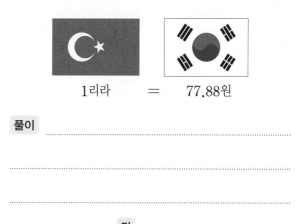

1리라   =   77.88원

풀이 _____

_____

_____

답 _____

3 **(자연수)×(소수)⑴**

16 그림을 보고 ☐ 안에 알맞은 수를 써넣으세요.

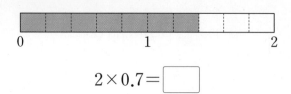

$$2 \times 0.7 = \boxed{}$$

17 보기 와 같은 방법으로 계산해 보세요.

보기

$$7 \times 0.8 = 7 \times \frac{8}{10} = \frac{7 \times 8}{10} = \frac{56}{10} = 5.6$$

⑴ $12 \times 0.6 =$

⑵ $9 \times 0.54 =$

18 계산해 보세요.

⑴ 4×0.27 ⑵ 51×0.09

19 빈칸에 알맞은 수를 써넣으세요.

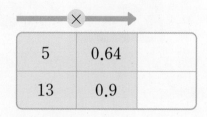

×化		
5	0.64	
13	0.9	

곱셈과 나눗셈의 관계를 이용해.
■÷▲=● ➡ ■=●×▲

19 준비 ☐ 안에 알맞은 수를 써넣으세요.

$$\boxed{} \div 8 = 13$$

20 빈칸에 알맞은 수를 써넣으세요.

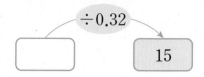

21 계산 결과가 자연수인 것을 찾아 기호를 써 보세요.

ㄱ 8×0.15 ㄴ 5×0.62
ㄷ 12×0.5 ㄹ 14×0.25

( )

22 아버지의 몸무게는 72 kg이고 은주의 몸무게는 아버지의 몸무게의 0.5배입니다. 동생의 몸무게는 은주의 몸무게의 0.8배일 때 동생의 몸무게는 몇 kg인지 구해 보세요.

( )

4 (자연수) × (소수) ⑵

23 그림을 보고 ☐ 안에 알맞은 수를 써넣으세요.

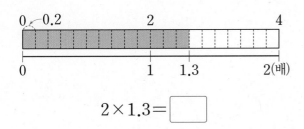

$$2 \times 1.3 = \boxed{}$$

24 4 × 2.16을 여러 가지 방법으로 계산하려고 합니다. ☐ 안에 알맞은 수를 써넣으세요.

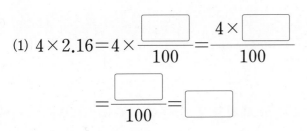

(1) $4 \times 2.16 = 4 \times \dfrac{\boxed{}}{100} = \dfrac{4 \times \boxed{}}{100}$

$= \dfrac{\boxed{}}{100} = \boxed{}$

(2) $4 \times 216 = \boxed{}$

$\downarrow \frac{1}{100}$배 $\downarrow \frac{1}{100}$배

$4 \times \boxed{} = \boxed{}$

25 계산해 보세요.

(1) 23×4.1 (2) 40×1.06

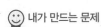 내가 만드는 문제

26 왼쪽 ☐ 안에 두 자리 자연수를 자유롭게 써넣고, 오른쪽 ☐ 안에 계산 결과를 알맞게 써넣으세요.

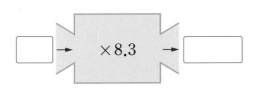

27 두 식의 계산 결과의 차를 구해 보세요.

$$18 \times 3.3 \qquad 21 \times 1.5$$

(   )

28 연비는 자동차가 연료 1 L로 갈 수 있는 거리(km)를 말합니다. 어느 자동차의 연비가 11.24일 때 이 자동차가 연료 50 L로 갈 수 있는 거리는 몇 km인지 구해 보세요.

연비: 11.24 km/L

(   )

서술형

29 민수는 3700원으로 과자를 사려고 합니다. 사려는 과자의 가격이 다음과 같이 찢어져 있을 때 가진 돈으로 과자를 살 수 있을지 알아보고, 그 이유를 써 보세요.

00원
1g당 8.5원
감자 맛 과자 400 g

과자를 살 수 (있습니다 , 없습니다).

이유 _____

_____

_____

5 (소수)×(소수)

30 보기 와 같은 방법으로 계산해 보세요.

> **보기**
> $$0.3 \times 0.5 = \frac{3}{10} \times \frac{5}{10} = \frac{15}{100} = 0.15$$

$0.7 \times 0.12 =$ ....

31 계산해 보세요.

(1) 0.14×0.8

(2) 0.6×0.32

32 빈칸에 알맞은 수를 써넣으세요.

×

0.5	0.36	
0.12	0.45	

33 사다리를 따라 내려가서 만나는 빈칸에 계산 결과를 써넣으세요.

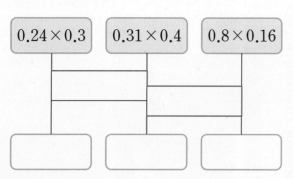

0.24×0.3	0.31×0.4	0.8×0.16

준비 소수의 크기를 비교하여 ◯ 안에 >, =, <를 알맞게 써넣으세요.

$$0.7 \bigcirc 0.09$$

34 가장 큰 수와 가장 작은 수의 곱을 구해 보세요.

0.04	0.5	0.2	0.06

( )

35 돼지고기 한 근은 0.6 kg입니다. 어머니께서 돼지고기 세 근 반을 사 오셨습니다. 어머니께서 사 오신 돼지고기는 모두 몇 kg일까요?

( )

서술형

36 ○○ 밀가루 한 봉지의 0.74만큼은 탄수화물 성분입니다. 같은 밀가루 3봉지에 들어 있는 탄수화물 성분은 모두 몇 kg인지 풀이 과정을 쓰고 답을 구해 보세요.

풀이 ....

....

....

답 ....

37 계산해 보세요.

(1) 1.18×2.4

(2) 1.9×32.7

38 계산에서 잘못된 곳을 찾아 바르게 계산해 보세요.

$$0.14 \times 0.3 = \frac{14}{10} \times \frac{3}{10} = \frac{42}{100} = 0.42$$

$0.14 \times 0.3 =$ _____

😊 내가 만드는 문제

39 수 카드 3 , 8 , 1 , 6 을 □ 안에 자유롭게 한 번씩만 써넣어 곱셈식을 만든 다음 계산해 보세요.

$$\boxed{}.\boxed{} \times \boxed{}.\boxed{}$$

(_____)

40 빈칸에 알맞은 수를 써넣으세요.

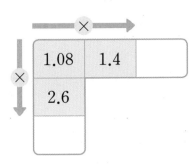

41 주성이가 다음과 같은 순서로 오른쪽 계산기를 눌렀습니다. 주성이의 계산 결과는 얼마인지 풀이 과정을 쓰고 답을 구해 보세요.

1 . 6 × 4 . 3 7 =

풀이 _____

답 _____

42 가장 큰 수와 두 번째로 작은 수의 곱을 구해 보세요.

| 2.76 | 1.8 | 4.25 | 3.2 |

(_____)

43 인선이가 태어났을 때의 몸무게는 $3.3\,\mathrm{kg}$이었습니다. 인선이가 태어난 지 1년 후의 몸무게는 태어났을 때 몸무게의 2.8배였습니다. 인선이가 태어난 지 1년 후의 몸무게는 몇 kg인지 구해 보세요.

(_____)

6 곱의 소수점 위치

44 빈칸에 알맞은 수를 써넣으세요.

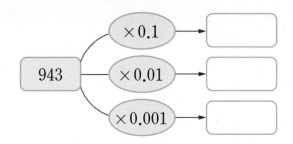

45 ☐ 안에 알맞은 수가 더 큰 것에 ○표 하세요.

$20.8 \times ☐ = 208$ ( )

$0.079 \times ☐ = 7.9$ ( )

46 계산 결과가 <u>다른</u> 것을 찾아 기호를 써 보세요.

> ㉠ 59의 0.1 ㉡ 590의 0.001배
> ㉢ 0.59×10 ㉣ 0.0059의 1000배

( )

☺ 내가 만드는 문제

47 보기 와 같이 곱하는 두 수에 자유롭게 소수점을 찍은 다음, 계산 결과에 알맞게 소수점을 찍어 보세요.

> **보기**
> $0.28 \times 0.17 = 0.0476$

☐ 2 8 × ☐ 1 7 = ☐ 4 7 6

48 ☐ 안에 알맞은 수를 써넣으세요.

(1) ☐ $\times 10 = 5.4$

(2) $604 \times$ ☐ $= 6.04$

49 계산 결과의 소수점 아래 자리 수가 많은 것부터 차례로 기호를 써 보세요.

> ㉠ 2.33×1.87 ㉡ 23.3×1.87
> ㉢ 2.33×187 ㉣ 233×18.7

( )

50 계산 결과를 비교하여 ○ 안에 >, =, <를 알맞게 써넣으세요.

3.7×14.6 ○ 0.037×146

서술형
51 은서는 52.48 g짜리 막대사탕 10개를, 지호는 9.4 g짜리 초콜릿 100개를 각각 포장했습니다. 두 사람이 포장한 간식은 모두 몇 g인지 풀이 과정을 쓰고 답을 구해 보세요.

풀이

답

2 자주 틀리는 유형

1 세 소수의 곱셈 계산하기

52 다음을 계산하면 얼마일까요?

$$0.8 \times 3.9 \times 1.15$$

(   )

세 소수의 곱셈은 세 자연수의 곱셈처럼 두 수씩 차례로 계산해.

$$0.2 \times 0.6 \times 1.8 = 0.12 \times 1.8 = 0.216$$

53 빈칸에 알맞은 수를 써넣으세요.

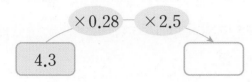

54 ㉠과 ㉡의 계산 결과의 합을 구해 보세요.

㉠ $3.6 \times 5.2 \times 0.45$
㉡ $2.05 \times 4.6 \times 1.2$

(   )

2 계산 결과의 크기 비교하기

55 계산 결과를 비교하여 ◯ 안에 >, =, < 를 알맞게 써넣으세요.

$$0.369 \times 0.04 \bigcirc 36.9 \times 0.004$$

소수의 곱셈에서 수의 배열이 같고 자리 수가 다를 때에는 곱의 소수점 아래 자리 수를 비교해.

$$\underset{\text{(곱은 소수 두 자리 수)}}{0.8 \times 0.3} > \underset{\text{(곱은 소수 세 자리 수)}}{0.08 \times 0.3}$$

56 계산 결과가 가장 큰 것을 찾아 기호를 써 보세요.

㉠ 2.7×4.3 ㉡ 0.27×430
㉢ 27×0.043 ㉣ 0.0027×4.3

(   )

57 계산 결과가 작은 것부터 차례로 기호를 써 보세요.

㉠ $1.2 \times 0.036 \times 58$
㉡ $0.12 \times 3.6 \times 0.58$
㉢ $120 \times 0.036 \times 5.8$

(   )

58 직사각형의 넓이는 몇 cm²일까요?

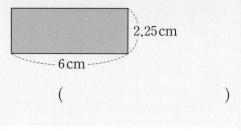

( )

도형의 넓이를 구하는 식 잊지 않았지?

(직사각형의 넓이)=(가로)×(세로)
(평행사변형의 넓이)=(밑변의 길이)×(높이)

59 오른쪽 평행사변형의 넓이
는 몇 m²일까요?

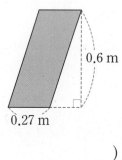

( )

60 직사각형과 평행사변형의 넓이의 차는 몇 cm²
일까요?

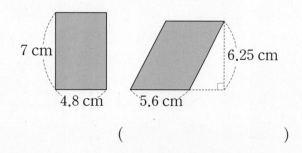

( )

61 어머니께서 쌀 4.7 kg의 0.4만큼을 떡을 만
드는 데 사용하셨습니다. 떡을 만드는 데 사
용한 쌀은 몇 kg일까요?

( )

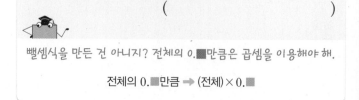

빽셈식을 만든 건 아니지? 전체의 0.■만큼은 곱셈을 이용해야 해.

전체의 0.■만큼 ➡ (전체)×0.■

62 지영이는 모빌을 만드는 데 철사 6.8 m의 0.9
만큼을 사용하였습니다. 모빌을 만드는 데 사
용한 철사는 몇 m일까요?

( )

63 아버지의 키는 180 cm입니다. 어머니의 키
는 아버지의 키의 0.9만큼이고 수현이의 키는
어머니의 키의 0.85만큼입니다. 수현이의 키
는 몇 cm일까요?

( )

5 계산 결과를 어림하기

64 어림하여 계산 결과가 1보다 작은 것의 기호를 써 보세요.

> ㉠ 0.21×8   ㉡ 0.27×3   ㉢ 0.33×4

(   )

소수점 아래 자리 수를 줄여서 어림하면 쉽게 어림할 수 있어.

$0.88×6$ ➡ $0.9×6=5.4$ ➡ $0.88×6<5.4$

0.88을 0.9로 어림

65 어림하여 계산 결과가 12보다 작은 것을 찾아 ○표 하세요.

> 4.1×4.6　　5.8×1.9　　2.3×7.2

66 어림하여 계산 결과가 15보다 큰 것을 모두 찾아 기호를 써 보세요.

> ㉠ 5×0.95　　㉡ 8×2.3
> ㉢ 6×1.84　　㉣ 4×4.62

(   )

6 ☐ 안에 들어갈 수 있는 수 구하기

67 ☐ 안에 들어갈 수 있는 가장 큰 자연수를 구해 보세요.

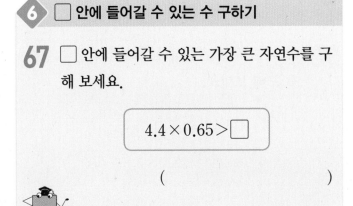

> 4.4×0.65 > ☐

(   )

소수 ■.▲보다 작은 자연수에는 ■가 포함되고, ■.▲보다 큰 자연수에는 ■가 포함되지 않아.

3.6보다 작은 자연수 ➡ 3, 2, 1
3.6보다 큰 자연수 ➡ 4, 5, 6, …

68 ☐ 안에 들어갈 수 있는 가장 작은 자연수를 구해 보세요.

> 2.8×1.05 < ☐

(   )

69 ☐ 안에 들어갈 수 있는 자연수를 모두 구해 보세요.

> 4.5×9 < ☐ < 25×1.7

(   )

4

7 곱의 소수점 위치 활용하기

70 $32 \times 18 = 576$입니다. ☐ 안에 알맞은 수를 구해 보세요.

$$320 \times \boxed{} = 5.76$$

(   )

곱하는 두 수의 소수점 아래 자리 수의 합은 결괏값의 소수점 아래 자리 수와 같아.

(소수 ■ 자리 수)×(소수 ▲ 자리 수)
➡ 곱은 소수 (■+▲) 자리 수

71 $26 \times 43 = 1118$입니다. ☐ 안에 알맞은 수를 구해 보세요.

$$0.26 \times \boxed{} = 0.1118$$

(   )

72 두 식의 계산 결과가 같을 때 ㉠에 알맞은 수를 구해 보세요.

59×2.6	$0.59 \times ㉠$

(   )

8 ㉠은 ㉡의 몇 배인지 구하기

73 ㉠은 ㉡의 몇 배일까요?

㉠ 4.9×2.3
㉡ 0.49×0.023

(   )

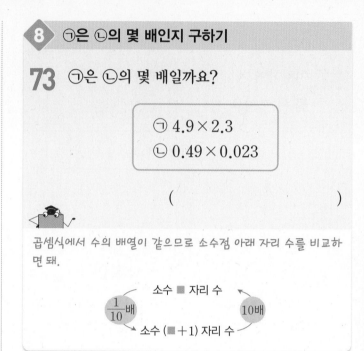

곱셈식에서 수의 배열이 같으므로 소수점 아래 자리 수를 비교하면 돼.

74 ㉠은 ㉡의 몇 배일까요?

㉠ 0.019×5.7
㉡ 1.9×0.57

(   )

75 ㉠은 ㉡의 몇 배일까요?

㉠ $1.6 \times 0.37 \times 2.4$
㉡ $0.016 \times 3.7 \times 0.24$

(   )

1 직사각형의 둘레 구하기

76 직사각형의 세로는 가로의 0.8배입니다. 이 직사각형의 둘레는 몇 cm일까요?

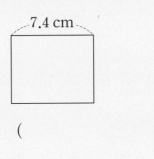

7.4 cm

(   )

77 직사각형의 가로는 세로의 1.4배입니다. 이 직사각형의 둘레는 몇 cm일까요?

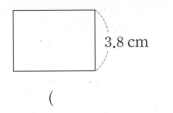

3.8 cm

(   )

78 정사각형의 가로는 0.8배로 줄이고, 세로는 1.5배로 늘여 새로운 직사각형을 만들려고 합니다. 새로운 직사각형의 둘레는 몇 cm일까요?

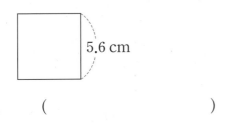

5.6 cm

(   )

🔑 개념 KEY

(직사각형의 둘레)＝(가로＋세로)×2

2 바르게 계산한 값 구하기

79 어떤 수에 0.7을 곱해야 할 것을 잘못하여 더했더니 2.7이 되었습니다. 바르게 계산하면 얼마인지 구해 보세요.

(   )

80 어떤 수에 2.4를 곱해야 할 것을 잘못하여 어떤 수에서 2.4를 뺐더니 5.2가 되었습니다. 바르게 계산하면 얼마인지 구해 보세요.

(   )

81 어떤 수에 0.75를 곱해야 할 것을 잘못하여 어떤 수를 0.75로 나누었더니 0.8이 되었습니다. 바르게 계산하면 얼마인지 구해 보세요.

(   )

🔑 개념 KEY

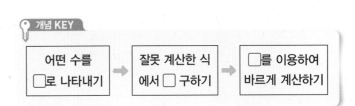

어떤 수를 □로 나타내기 → 잘못 계산한 식에서 □ 구하기 → □를 이용하여 바르게 계산하기

3 튀어 오른 공의 높이 구하기

82 떨어진 높이의 0.6배만큼 튀어 오르는 공이 있습니다. 이 공을 12 m 높이에서 떨어뜨렸다면 두 번째로 튀어 오른 공의 높이는 몇 m 일까요?

( )

83 떨어진 높이의 0.75배만큼 튀어 오르는 공이 있습니다. 이 공을 8 m 높이에서 떨어뜨렸다면 세 번째로 튀어 오른 공의 높이는 몇 m일까요?

( )

84 떨어진 높이의 0.5배만큼 튀어 오르는 공이 있습니다. 이 공을 18 m 높이에서 떨어뜨렸을 때, 첫 번째로 튀어 오른 공의 높이와 세 번째로 튀어 오른 공의 높이의 차는 몇 m일까요?

( )

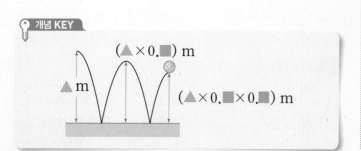

4 수 카드로 곱셈식을 만들어 계산하기

85 4장의 수 카드를 한 번씩만 사용하여 곱이 가장 큰 곱셈식을 만들고 계산해 보세요.

6 5 3 9

□.□ × □.□ = □

86 4장의 수 카드를 한 번씩만 사용하여 곱이 가장 작은 곱셈식을 만들고 계산해 보세요.

2 7 8 4

□.□ × □.□ = □

87 4장의 수 카드를 한 번씩만 사용하여 곱이 가장 큰 곱셈식을 만들고 계산해 보세요.

2 5 7 9

0.□□ × 0.□□ = □

개념 KEY

곱이 가장 큰 곱셈식	곱이 가장 작은 곱셈식
➡ 높은 자리에 큰 수 놓기	➡ 높은 자리에 작은 수 놓기

5 시간의 단위를 바꾸어 구하기

88 1시간에 87.5 km를 갈 수 있는 자동차가 있습니다. 같은 빠르기로 이 자동차가 4시간 24분 동안 갈 수 있는 거리는 몇 km일까요?

(   )

89 1시간에 물 0.36 L를 사용하는 가습기가 있습니다. 이 가습기를 3시간 45분 동안 사용했다면 사용된 물의 양은 몇 L일까요?

(   )

90 어떤 승용차가 1 km를 달리는 데 휘발유를 0.08 L 사용한다고 합니다. 이 승용차가 한 시간에 90 km를 가는 빠르기로 2시간 36분 동안 달리면 휘발유를 몇 L 사용하게 될까요?

(   )

6 이어 붙인 색 테이프의 전체 길이 구하기

91 색 테이프 15장을 그림과 같이 겹치게 이어 붙였습니다. 이어 붙인 색 테이프의 전체 길이는 몇 cm일까요?

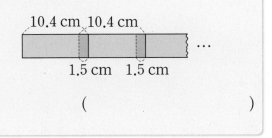

(   )

92 색 테이프 20장을 그림과 같이 겹치게 이어 붙였습니다. 이어 붙인 색 테이프의 전체 길이는 몇 cm일까요?

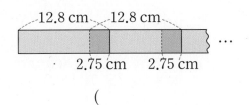

(   )

93 직사각형 모양의 종이 5장을 그림과 같이 겹치게 이어 붙였습니다. 이어 붙여서 만든 직사각형의 둘레는 몇 cm일까요?

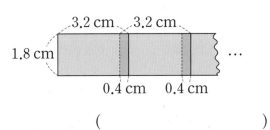

(   )

🔑 **개념 KEY**

■시간 ▲분＝■$\frac{▲}{60}$시간

➡ 1시간 15분＝$1\frac{15}{60}$시간＝$1\frac{1}{4}$시간＝1.25시간

🔑 **개념 KEY**

(이어 붙인 색 테이프의 전체 길이)
＝(색 테이프의 길이의 합)－(겹친 부분의 길이의 합)

기출 단원 평가

점수

확인

1 □ 안에 알맞은 수를 써넣으세요.

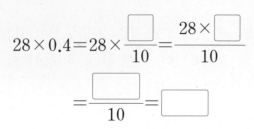

$$28 \times 0.4 = 28 \times \dfrac{\square}{10} = \dfrac{28 \times \square}{10}$$

$$= \dfrac{\square}{10} = \square$$

2 1.95×2.3을 자연수의 곱셈으로 계산하려고 합니다. □ 안에 알맞은 수를 써넣으세요.

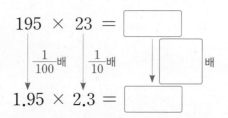

3 계산해 보세요.

(1) 1.6×8 (2) 9×0.38

4 빈칸에 알맞은 수를 써넣으세요.

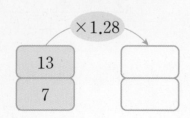

5 두 수의 곱을 구해 보세요.

| 7.2   0.38 |

(   )

6 계산 결과를 비교하여 ○ 안에 >, =, <를 알맞게 써넣으세요.

$$5.1 \times 9 \bigcirc 8.36 \times 5$$

7 계산 결과가 <u>다른</u> 하나를 찾아 기호를 써 보세요.

㉠ 7.28×10
㉡ 7.28×100
㉢ 0.728×1000

(   )

8 곱의 소수점 아래 자리 수가 <u>다른</u> 하나를 찾아 ○표 하세요.

$$0.8 \times 0.9 \quad 1.5 \times 0.6 \quad 0.7 \times 2.4$$

9 계산 결과가 같은 것끼리 이어 보세요.

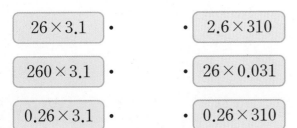

26 × 3.1 •	• 2.6 × 310
260 × 3.1 •	• 26 × 0.031
0.26 × 3.1 •	• 0.26 × 310

10 빈칸에 알맞은 수를 써넣으세요.

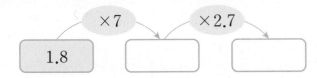

1.8 —×7→ ☐ —×2.7→ ☐

11 정사각형의 넓이는 몇 m²일까요?

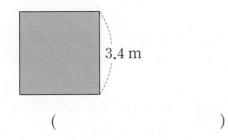

3.4 m

( )

12 ☐ 안에 알맞은 수가 가장 작은 것의 기호를 써 보세요.

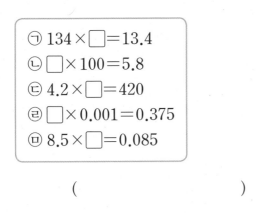

㉠ 134 × ☐ = 13.4
㉡ ☐ × 100 = 5.8
㉢ 4.2 × ☐ = 420
㉣ ☐ × 0.001 = 0.375
㉤ 8.5 × ☐ = 0.085

( )

13 두부 한 모는 0.6 kg이고, 두부 한 모의 0.095만큼이 단백질 성분입니다. 두부 한 모에 들어 있는 단백질 성분은 몇 kg일까요?

( )

14 하은이가 계산기로 0.6 × 0.45를 계산하려고 하는데 0.6과 0.45 중 하나의 소수점 위치를 잘못 눌러서 2.7이 되었습니다. 계산기에 누른 두 수를 써 보세요.

( )

15 ☐ 안에 들어갈 수 있는 가장 큰 자연수를 구해 보세요.

2.8 × 3.15 > ☐

( )

16 상우는 1분에 43.2 m를 걸어갈 수 있습니다. 같은 빠르기로 상우가 5분 48초 동안 갈 수 있는 거리는 몇 m일까요?

（　　　　　　　　）

17 물을 주성이는 3 L의 0.38만큼 마셨고, 서진이는 1.3 L를 마셨습니다. 물을 누가 몇 L 더 많이 마셨을까요?

（　　　　　　）, （　　　　　　）

18 4장의 수 카드를 한 번씩만 사용하여 곱이 가장 작은 곱셈식을 만들고 계산해 보세요.

19 직사각형의 가로는 0.8배로 줄이고, 세로는 1.5배로 늘여서 새로운 직사각형을 만들려고 합니다. 새로운 직사각형의 넓이는 몇 cm²인지 풀이 과정을 쓰고 답을 구해 보세요.

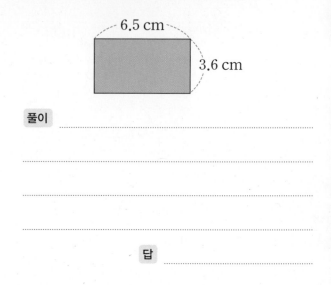

풀이 _____

_____

_____

_____

답 _____

20 어떤 수에 0.5를 곱해야 할 것을 잘못하여 어떤 수를 0.5로 나누었더니 1.84가 되었습니다. 바르게 계산하면 얼마인지 풀이 과정을 쓰고 답을 구해 보세요.

풀이 _____

_____

_____

답 _____

사고력이 반짝

● 미션 내용

❶ 숫자의 개수만큼 주변(위, 아래, 옆, 대각선)에 보물이 숨겨져 있어요.
❷ 보물이 있는 칸에 ○표, 보물이 없는 칸에 ×표 하세요.

| 예시 문제 | 8개의 보물을 찾아라! |

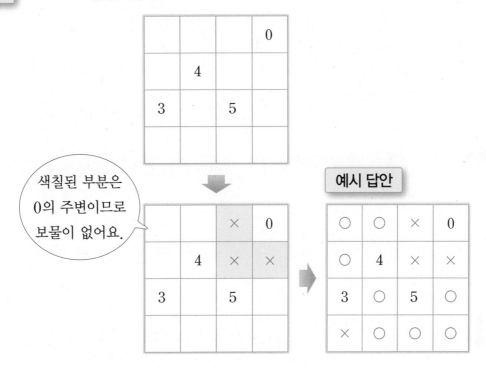

색칠된 부분은 0의 주변이므로 보물이 없어요.

예시 답안

● 미션 내용

첫 번째		두 번째

7개의 보물을 찾아라!

0			
		6	
1		4	

9개의 보물을 찾아라!

0		2	
			3
	5	2	
	5	2	

5 직육면체

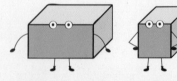

삼각형, 오각형처럼 평면 위에 납작하게 붙어 있는 도형은 이미 배워서 알고 있지요?
그렇다면 과일 상자, 선물 상자처럼 공간에서 입체적으로 자리를 차지하고 있는
도형은 무엇이라고 할까요? 바로 입체도형이라고 해요.
그중 단면이 직사각형 모양으로 각져있는 상자 모양은 직육면체라고 불러요.
직육면체 모양 상자를 잘라서 펼치면 어떤 모양이 될까요?

직육면체, 직사각형 모양의 면이 6개인 도형

● 직육면체의 겨냥도

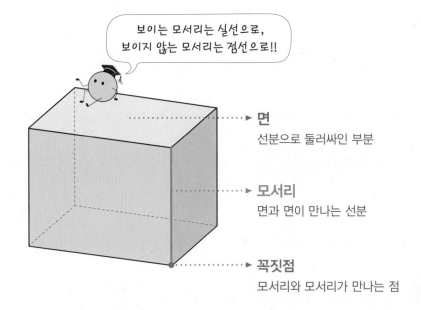

● 직육면체의 전개도

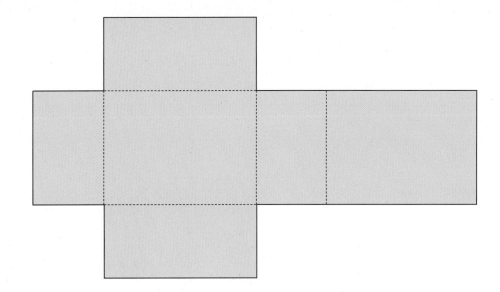

직육면체

1 직육면체

- **직육면체**: 직사각형 6개로 둘러싸인 도형
- **직육면체의 구성 요소**

  면: 선분으로 둘러싸인 부분

  모서리: 면과 면이 만나는 선분

  꼭짓점: 모서리와 모서리가 만나는 점

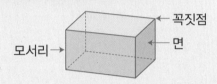

면의 수(개)	모서리의 수(개)	꼭짓점의 수(개)
6	12	8

2 정육면체

- **정육면체**: 정사각형 6개로 둘러싸인 도형

- **직육면체와 정육면체의 비교**

도형	공통점			차이점	
	면의 수(개)	모서리의 수(개)	꼭짓점의 수(개)	면의 모양	모서리의 길이
직육면체	6	12	8	직사각형	같거나 다름.
정육면체				정사각형	모두 같음.

3 직육면체의 성질 — 직육면체에서 서로 평행한 면은 각각 밑면이 될 수 있습니다.

- **직육면체의 밑면**: 직육면체에서 평행한 두 면 —3쌍
- **직육면체의 옆면**: 직육면체에서 밑면과 수직인 면 —4개

밑면에 따라 달라집니다.

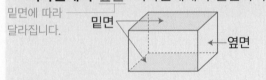

---

1 오른쪽 그림을 보고 ☐ 안에 알맞은 수나 말을 써넣으세요.

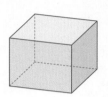

직사각형 ☐개로 둘러싸인 도형을 ☐라고 합니다.

2 정육면체를 찾아 ○표 하세요.

3 직육면체를 보고 알맞은 것에 ○표 하세요.

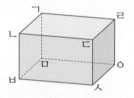

(1) 직육면체에서 면 ㄱㄴㄷㄹ과 평행한 면은 (면 ㄴㅂㅁㄱ , 면 ㅁㅂㅅㅇ)입니다.

(2) 직육면체에서 면 ㄱㄴㄷㄹ과 면 ㄴㅂㅅㄷ은 서로 (수직입니다 , 평행합니다).

○ 정답과 풀이 **33**쪽

4 직육면체의 겨냥도

• **직육면체의 겨냥도**: 직육면체 모양을 잘 알 수 있도록 나타낸 그림

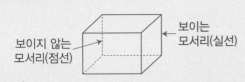

	보이는 부분	보이지 않는 부분
면의 수(개)	3	3
모서리의 수(개)	9	3
꼭짓점의 수(개)	7	1

5 정육면체의 전개도

• **정육면체의 전개도**: 정육면체의 모서리를 잘라서 펼친 그림

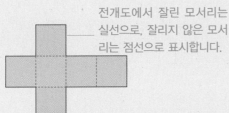

전개도에서 잘린 모서리는 실선으로, 잘리지 않은 모서리는 점선으로 표시합니다.

 직육면체의 전개도

• **직육면체의 전개도**

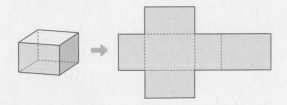

• **직육면체의 전개도 그리기**
① 잘린 모서리는 실선으로, 잘리지 않은 모서리는 점선으로 그립니다.
② 접었을 때 서로 마주 보는 면은 모양과 크기가 서로 같게 그리고, 서로 겹치는 면이 없도록 그립니다.
③ 접었을 때 겹치는 모서리의 길이는 같게 그립니다.

4 ☐ 안에 알맞은 말을 써넣으세요.

> 직육면체 모양을 잘 알 수 있도록 하기 위해 보이는 모서리는 ☐ 으로, 보이지 않는 모서리는 ☐ 으로 그린 그림을 직육면체의 ☐ 라고 합니다.

5 정육면체의 전개도에 ○표 하세요.

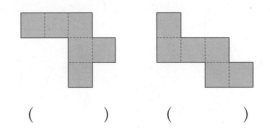

(   )   (   )

6 그림을 보고 ☐ 안에 알맞은 수나 말을 써넣으세요.

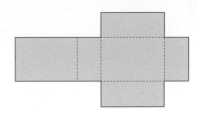

(1) 직육면체의 모서리를 잘라서 펼친 그림을 직육면체의 ☐ 라고 합니다.

(2) 직육면체를 펼쳐서 잘린 모서리는 ☐ 으로, 잘리지 않은 모서리는 ☐ 으로 나타낸 것입니다.

(3) 모양과 크기가 같은 면은 모두 ☐ 쌍입니다.

5

1 직육면체

1 직육면체를 모두 찾아 기호를 써 보세요.

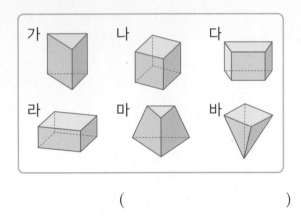

(   )

2 직육면체의 각 부분의 이름을 ☐ 안에 알맞게 써넣으세요.

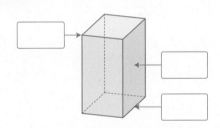

직사각형은 네 각의 크기가 모두 같아.

🎓 준비 직사각형을 모두 찾아 ○표 하세요.

(   ) (   ) (   ) (   )

3 직육면체의 면이 될 수 있는 도형을 모두 찾아 기호를 써 보세요.

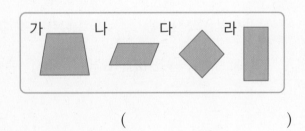

(   )

4 직육면체를 보고 빈칸에 알맞은 수를 써넣으세요.

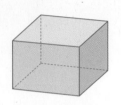

면의 수(개)	모서리의 수(개)	꼭짓점의 수(개)

서술형
5 준서가 미술 시간에 만든 모양입니다. 준서가 만든 모양이 직육면체가 <u>아닌</u> 이유를 써 보세요.

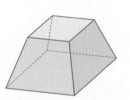

이유 ....

....

6 직육면체에서 면 ㄴㅂㅅㄷ의 모서리의 길이의 합은 몇 cm일까요?

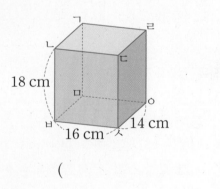

(   )

② 정육면체

7 정육면체를 모두 찾아 기호를 써 보세요.

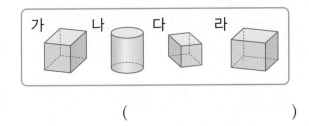

가   나   다   라

(   )

8 정육면체에서 면 ㉮를 본뜬 모양은 어떤 도형 인지 써 보세요.

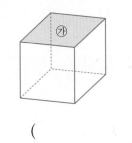

(   )

9 정육면체를 보고 □ 안에 알맞은 수를 써넣으 세요.

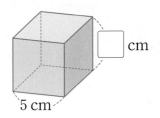

5 cm

□ cm

10 정육면체에 대한 설명으로 <u>틀린</u> 것을 찾아 기호를 써 보세요.

㉠ 모서리의 길이가 모두 같습니다.
㉡ 면의 모양과 크기가 다릅니다.
㉢ 꼭짓점은 8개입니다.

(   )

11 직육면체와 정육면체에 대하여 바르게 설명한 사람은 누구인지 써 보세요.

직육면체는 정육면체라고 말할 수 있어.

미서

정육면체는 직육면체라고 말할 수 있어.

정호

(   )

12 직육면체와 정육면체의 <u>다른</u> 점을 모두 찾아 기호를 써 보세요.

㉠ 모서리의 길이   ㉡ 면의 수
㉢ 면의 모양   ㉣ 꼭짓점의 수
㉤ 모서리의 수

(   )

☺ 내가 만드는 문제

13 주변에서 정육면체 모양의 물건을 찾아 쓰고, 찾은 물건의 면과 꼭짓점의 수의 합은 몇 개인 지 구해 보세요.

(   ), (   )

14 정육면체에서 보이는 모서리와 보이는 꼭짓점 의 수의 합은 몇 개일까요?

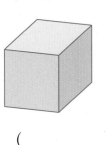

(   )

15 오른쪽 직육면체에서 색칠한 면과 수직인 면을 <u>잘못</u> 색칠한 것을 찾아 기호를 써 보세요.

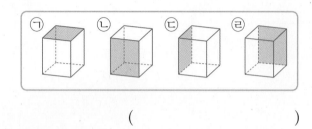

( )

계속 늘여도 만나지 않는 두 직선을 평행하다고 해.

준비 서로 평행한 두 직선을 찾아 써 보세요.

( )

😊 내가 만드는 문제

16 직육면체에서 한 면을 골라 색칠하고 색칠한 면과 평행한 면에 빗금을 그어 보세요.

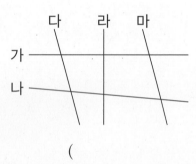

17 오른쪽 직육면체를 보고 □ 안에 알맞은 수를 써넣으세요.

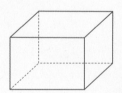

(1) 직육면체에서 평행한 면은 모두 □ 쌍입니다.

(2) 직육면체에서 한 면과 수직인 면은 모두 □ 개입니다.

[18~20] 직육면체를 보고 물음에 답하세요.

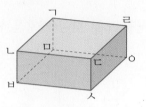

18 면 ㄴㅂㅅㄷ과 평행한 면을 찾아 써 보세요.

( )

19 면 ㄴㅂㅁㄱ과 수직인 면을 모두 찾아 써 보세요.

( )

20 꼭짓점 ㅂ에서 만나는 면은 모두 몇 개일까요?

( )

서술형
21 주사위에서 서로 평행한 두 면의 눈의 수의 합은 7입니다. 5의 눈이 그려진 면과 수직인 면들의 눈의 수의 합은 얼마인지 풀이 과정을 쓰고 답을 구해 보세요.

풀이

답

4 직육면체의 겨냥도

22 직육면체의 겨냥도를 바르게 그린 것을 찾아 기호를 써 보세요.

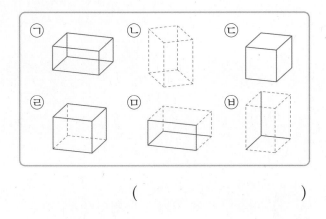

( )

23 직육면체에서 보이지 않는 모서리를 점선으로 그려 넣으세요.

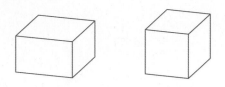

24 정육면체의 겨냥도를 보고 빈칸에 알맞은 수를 써넣으세요.

보이는 면의 수(개)	
보이지 않는 면의 수(개)	
보이는 꼭짓점의 수(개)	
보이지 않는 꼭짓점의 수(개)	

25 직육면체의 겨냥도를 잘못 그린 것입니다. 그 이유를 써 보세요.

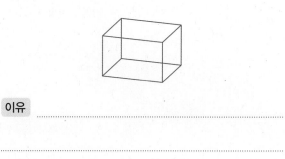

이유 _____

_____

26 그림에서 빠진 부분을 그려 넣어 직육면체의 겨냥도를 완성하려고 합니다. 더 그려야 하는 실선과 점선은 각각 몇 개일까요?

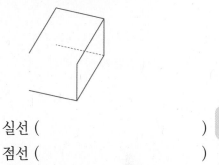

실선 ( )
점선 ( )

5

😊 내가 만드는 문제
27 주변에서 직육면체 모양의 물건을 찾아 그 물건의 겨냥도를 그려 보세요.

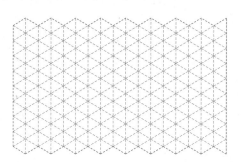

28 정육면체의 전개도가 <u>아닌</u> 것을 모두 찾아 기호를 써 보세요.

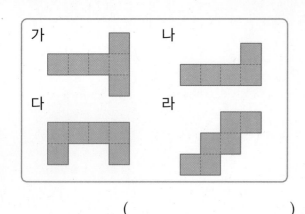

( )

두 직선이 만나서 이루는 각이 직각일 때
두 직선을 서로 수직이라고 해.

준비 서로 수직인 두 직선이 만나서 이루는 각도는 몇 도일까요?

( )

[29~30] 전개도를 접어 정육면체를 만들었습니다. 물음에 답하세요.

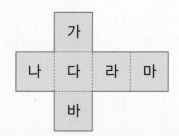

29 면 마와 평행한 면을 찾아 써 보세요.

( )

30 면 라와 수직인 면을 모두 찾아 써 보세요.

( )

31 정육면체의 모서리를 잘라 정육면체의 전개도를 만들었습니다. ☐ 안에 알맞은 기호를 써넣으세요.

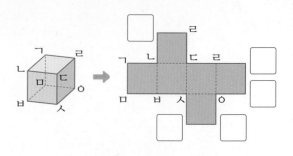

😊 내가 만드는 문제

32 정육면체의 전개도를 접었을 때 서로 평행한 두 면에 같은 모양을 그려 넣으려고 합니다. 자유롭게 모양을 정하여 서로 평행한 두 면에 모양을 그려 보세요.

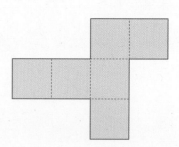

33 한 모서리의 길이가 2 cm인 정육면체의 전개도를 그려 보세요.

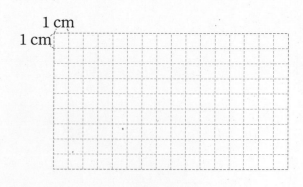

34 직육면체의 전개도를 모두 찾아 기호를 써 보세요.

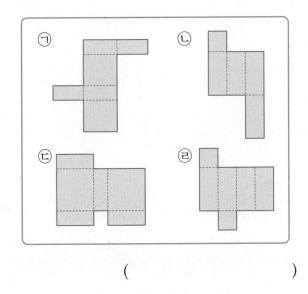

( )

35 직육면체의 전개도를 그린 것입니다. □ 안에 알맞은 수를 써넣으세요.

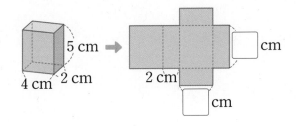

서술형
36 다음은 직육면체의 전개도가 아닙니다. 그 이유를 써 보세요.

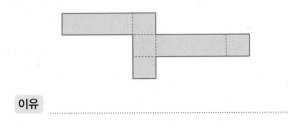

이유 _____

[37~38] 전개도를 접어 직육면체를 만들었습니다. 물음에 답하세요.

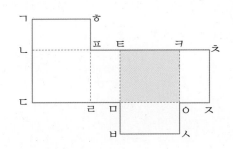

37 색칠한 면과 마주 보는 면을 찾아 써 보세요.

( )

38 색칠한 면과 수직인 면을 모두 찾아 써 보세요.

( )

39 직육면체의 전개도를 완성해 보세요.

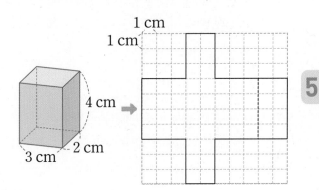

40 직육면체의 전개도를 그려 보세요.

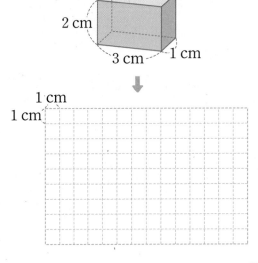

① 직육면체의 모서리의 길이

41 직육면체에서 모서리 ㄷㅅ의 길이는 몇 cm 일까요?

( )

직육면체에서 같은 색으로 표시한 모서리끼리 길이가 같아.

42 직육면체에서 길이가 4 cm인 모서리는 모두 몇 개일까요?

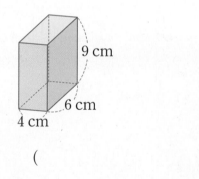

( )

43 직육면체에서 면 ㄱㅁㅇㄹ과 평행한 면의 모 서리 길이의 합은 몇 cm일까요?

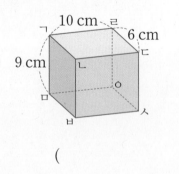

( )

② 두 면에 공통으로 수직인 면

44 직육면체에서 색칠한 두 면에 공통으로 수직 인 면을 모두 찾아 ○표 하세요.

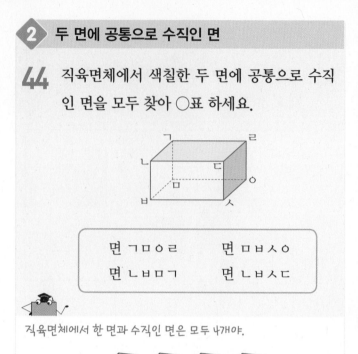

| 면 ㄱㅁㅇㄹ | 면 ㅁㅂㅅㅇ |
| 면 ㄴㅂㅁㄱ | 면 ㄴㅂㅅㄷ |

직육면체에서 한 면과 수직인 면은 모두 4개야.

45 직육면체에서 면 ㅁㅂㅅㅇ과 면 ㄴㅂㅁㄱ에 공통으로 수직인 면을 모두 찾아 써 보세요.

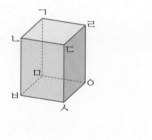

( )

46 주사위에서 서로 평행한 두 면의 눈의 수의 합 은 7입니다. 눈의 수가 1인 면과 3인 면에 공 통으로 수직인 면에 쓰여진 눈의 수를 모두 구 해 보세요.

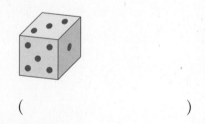

( )

3 겨냥도에서 보이지 않는 모서리의 길이

47 직육면체의 겨냥도에서 보이지 않는 모서리의 길이의 합은 몇 cm일까요?

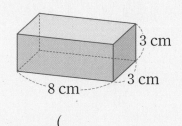

(   )

직육면체의 겨냥도에서 보이는 모서리는 실선으로, 보이지 않는 모서리는 점선으로 그려져 있어.

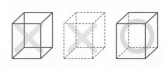

48 오른쪽 직육면체의 겨냥도에서 보이지 않는 모서리의 길이의 합은 몇 cm일까요?

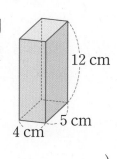

(   )

49 직육면체의 겨냥도에서 보이지 않는 모서리의 길이의 합이 19 cm일 때 모서리 ㄴㅂ의 길이는 몇 cm일까요?

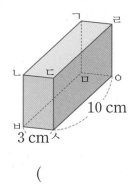

(   )

4 모든 모서리의 길이의 합

50 정육면체의 모든 모서리의 길이의 합은 몇 cm일까요?

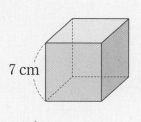

(   )

직육면체에는 길이가 같은 모서리가 4개씩 3쌍 있고, 정육면체는 모든 모서리의 길이가 같아.

(직육면체의 모든 모서리의 길이의 합)
$= ㉠ × 4 + ㉡ × 4 + ㉢ × 4$
$= (㉠ + ㉡ + ㉢) × 4$

(정육면체의 모든 모서리의 길이의 합)
$= ㉠ × 12$

51 한 모서리의 길이가 12 cm인 정육면체의 모든 모서리의 길이의 합은 몇 cm일까요?

(   )

52 직육면체의 모든 모서리의 길이의 합은 몇 cm일까요?

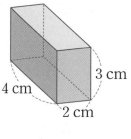

(   )

5 전개도를 접었을 때 겹치는 부분

53 전개도를 접어서 직육면체를 만들었을 때 선분 ㅌㅋ과 겹치는 선분을 찾아 써 보세요.

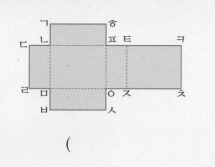

(   )

전개도를 접었을 때 만나는 점끼리 선으로 이어 보면 겹치는 선분을 정확히 알 수 있어.

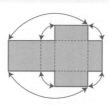

54 전개도를 접어서 정육면체를 만들었을 때 선분 ㅊㅋ과 겹치는 선분을 찾아 써 보세요.

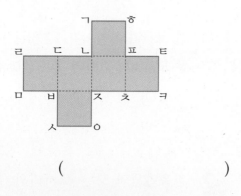

(   )

55 전개도를 접어서 직육면체를 만들었을 때 점 ㅋ과 만나는 점을 모두 찾아 써 보세요.

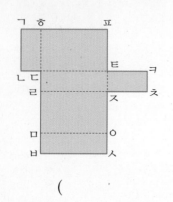

(   )

6 주사위의 전개도에서 눈의 수의 합

56 전개도를 접어서 만든 주사위에서 서로 평행한 두 면의 눈의 수의 합은 7입니다. 정육면체 전개도의 빈 곳에 주사위의 눈을 알맞게 그려 넣으세요.

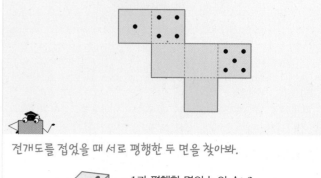

전개도를 접었을 때 서로 평행한 두 면을 찾아봐.

· 1과 평행한 면의 눈의 수: 6
· 2와 평행한 면의 눈의 수: 5
· 3과 평행한 면의 눈의 수: 4

57 전개도를 접어서 만든 주사위에서 서로 평행한 두 면의 눈의 수의 합은 7입니다. 정육면체 전개도의 빈 곳에 주사위의 눈을 알맞게 그려 넣으세요.

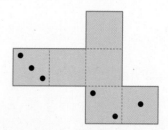

58 전개도를 접어서 만든 정육면체에서 서로 평행한 두 면의 눈의 수의 합이 모두 같습니다. ㉠과 ㉡의 눈의 수의 합을 구해 보세요.

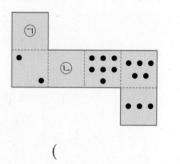

(   )

1 한 모서리의 길이 구하기

59 직육면체의 모든 모서리의 길이의 합은 52 cm 입니다. 모서리 ㅅㅇ의 길이는 몇 cm일까요?

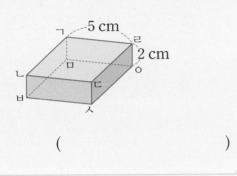

( )

60 직육면체의 모든 모서리의 길이의 합은 80 cm 입니다. 모서리 ㄴㅂ의 길이는 몇 cm일까요?

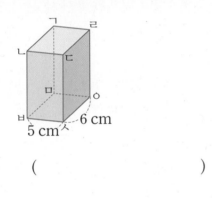

( )

61 모든 모서리의 길이의 합이 120 cm인 정육면체가 있습니다. 이 정육면체의 한 면의 둘레는 몇 cm일까요?

( )

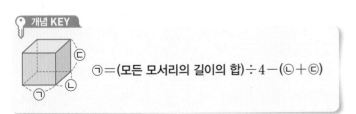
2 평행한 면 찾기

62 각 면에 서로 다른 색을 칠한 정육면체를 세 방향에서 본 모양을 나타낸 것입니다. 주황색 면과 평행한 면은 무슨 색인지 구해 보세요.

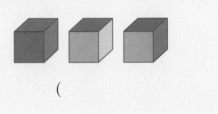

( )

63 각 면에 서로 다른 색을 칠한 정육면체를 세 방향에서 본 모양을 나타낸 것입니다. 초록색 면과 평행한 면은 무슨 색인지 구해 보세요.

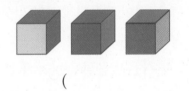

( )

64 각 면에 서로 다른 수가 쓰여진 정육면체를 세 방향에서 본 모양을 나타낸 것입니다. 5가 쓰여진 면과 평행한 면에 쓰여진 수는 얼마인지 구해 보세요.

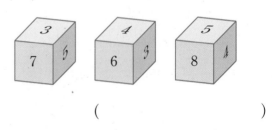

( )

3 상자를 묶은 끈의 길이 구하기

65 그림과 같이 정육면체 모양의 상자를 끈으로 묶었습니다. 매듭으로 사용한 끈의 길이가 15 cm일 때 사용한 끈의 길이는 몇 cm일까요?

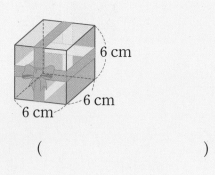

( )

66 그림과 같이 직육면체 모양의 상자를 끈으로 묶었습니다. 매듭으로 사용한 끈의 길이가 20 cm 일 때 사용한 끈의 길이는 몇 cm일까요?

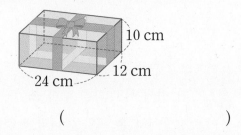

( )

67 그림과 같이 직육면체 모양의 상자에 색 테이프를 겹치지 않게 붙였습니다. 사용한 색 테이프의 길이는 몇 cm일까요?

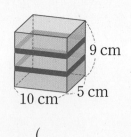

( )

4 면의 모양을 보고 직육면체 한 면의 둘레 구하기

68 어떤 직육면체를 앞과 옆에서 본 모양입니다. 직육면체를 위에서 본 모양의 둘레는 몇 cm 일까요?

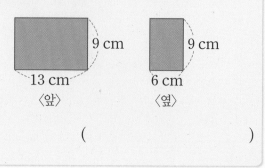

( )

69 어떤 직육면체를 앞과 옆에서 본 모양입니다. 직육면체를 위에서 본 모양의 둘레는 몇 cm 일까요?

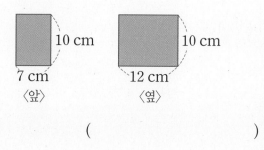

( )

70 어떤 직육면체를 위와 앞에서 본 모양입니다. 직육면체를 옆에서 본 모양의 둘레는 몇 cm 일까요?

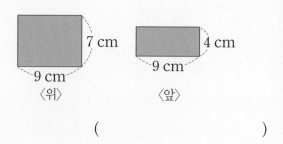

( )

🔑 개념 KEY

위에서 본 모양을 구하려면 앞과 옆에서 본 모양이 만나는 모서리를 찾습니다.

5 전개도에 선이 지나간 자리 그리기

71 왼쪽과 같이 정육면체에 색 테이프를 붙였습니다. 정육면체의 전개도가 오른쪽과 같을 때 색 테이프가 지나간 자리를 바르게 그려 넣으세요.

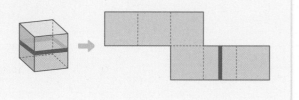

72 왼쪽과 같이 직육면체에 색 테이프를 붙였습니다. 직육면체의 전개도가 오른쪽과 같을 때 색 테이프가 지나간 자리를 바르게 그려 넣으세요.

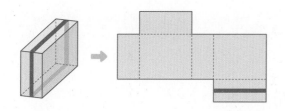

73 왼쪽과 같이 정육면체의 면에 선을 그었습니다. 정육면체의 전개도가 오른쪽과 같을 때 선이 지나간 자리를 바르게 그려 넣으세요.

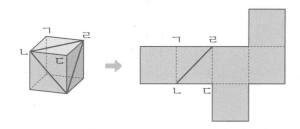

6 전개도의 둘레 구하기

74 직육면체의 전개도입니다. 전개도의 둘레는 몇 cm일까요?

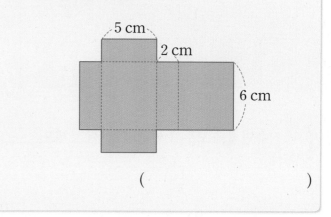

(   )

75 한 면의 둘레가 28 cm인 정육면체의 전개도입니다. 전개도의 둘레는 몇 cm일까요?

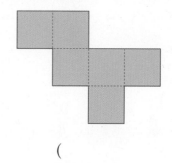

(   )

76 직육면체의 전개도입니다. 전개도의 둘레는 몇 cm일까요?

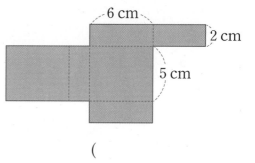

(   )

🔑 **개념 KEY**

전개도를 접었을 때 서로 겹치는 모서리의 길이는 각각 같습니다.

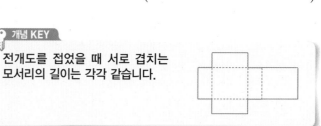

기출 단원 평가

[1~2] 도형을 보고 물음에 답하세요.

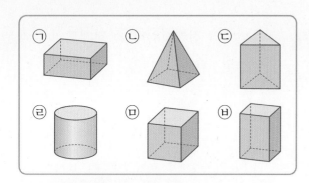

1 직육면체를 모두 찾아 기호를 써 보세요.

( )

2 정육면체를 찾아 기호를 써 보세요.

( )

3 직육면체를 보고 ☐ 안에 알맞은 수를 써넣으세요.

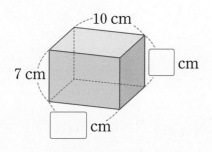

4 정육면체에 대한 설명으로 옳은 것을 모두 찾아 기호를 써 보세요.

> ㉠ 모서리의 길이가 다릅니다.
> ㉡ 꼭짓점은 6개입니다.
> ㉢ 직육면체라고 할 수 있습니다.
> ㉣ 정사각형 8개로 둘러싸여 있습니다.
> ㉤ 모든 면의 모양과 크기가 같습니다.

( )

5 수가 가장 많은 것을 찾아 기호를 써 보세요.

> ㉠ 직육면체에서 한 면과 수직인 면의 수
> ㉡ 정육면체의 모서리의 수
> ㉢ 직육면체의 꼭짓점의 수

( )

[6~7] 직육면체를 보고 물음에 답하세요.

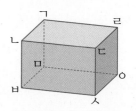

6 면 ㄷㅅㅇㄹ과 평행한 면을 찾아 써 보세요.

( )

7 면 ㄴㅂㅅㄷ과 수직인 면을 모두 찾아 써 보세요.

( )

8 오른쪽 정육면체의 모든 모서리의 길이의 합은 몇 cm일까요?

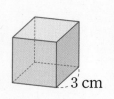

( )

9 그림에서 빠진 부분을 그려 넣어 직육면체의 겨냥도를 완성해 보세요.

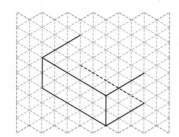

10 직육면체의 겨냥도를 보고 보이는 모서리의 수와 보이지 않는 면의 수의 합은 몇 개인지 구해 보세요.

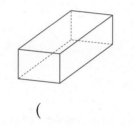

( )

[**11~12**] 전개도를 접어서 직육면체를 만들었습니다. 물음에 답하세요.

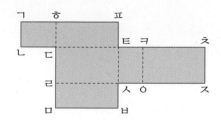

11 면 ㄱㄴㄷㅎ과 평행한 면을 찾아 써 보세요.

( )

12 선분 ㅁㅂ과 겹치는 선분을 찾아 써 보세요.

( )

13 전개도를 접어서 정육면체를 만들었습니다. 색칠한 면을 밑면이라고 할 때 옆면을 모두 찾아 색칠해 보세요.

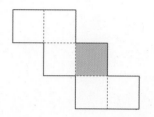

14 직육면체에서 색칠한 두 면에 공통으로 수직인 면을 모두 찾아 써 보세요.

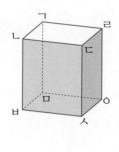

( )

15 주사위에서 서로 평행한 두 면의 눈의 수의 합은 7입니다. 눈의 수가 4인 면과 수직인 면의 눈의 수 중 가장 큰 수와 가장 작은 수의 차를 구해 보세요.

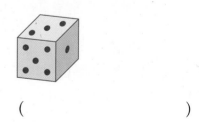

( )

16 오른쪽 직육면체를 보고 전개도를 그려 보세요.

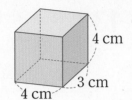

4 cm

4 cm 3 cm

1 cm
1 cm

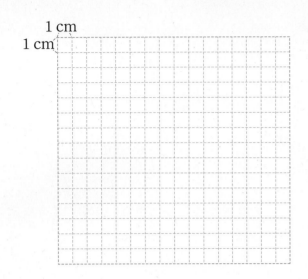

17 그림과 같이 직육면체 모양의 상자에 색 테이프를 둘렀습니다. 사용한 색 테이프의 길이는 몇 cm일까요?

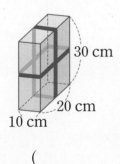

30 cm

20 cm

10 cm

(   )

18 직육면체의 모든 모서리의 길이의 합이 76 cm 일 때 ☐ 안에 알맞은 수를 구해 보세요.

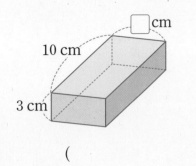

☐ cm

10 cm

3 cm

(   )

19 직육면체의 겨냥도에서 보이지 않는 모서리의 길이의 합은 몇 cm인지 풀이 과정을 쓰고 답을 구해 보세요.

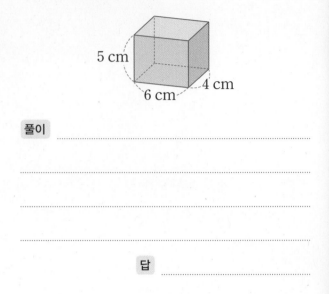

5 cm

6 cm 4 cm

풀이

답

20 직육면체의 전개도입니다. 전개도의 둘레는 몇 cm인지 풀이 과정을 쓰고 답을 구해 보세요.

4 cm

6 cm

10 cm

풀이

답

사고력이 반짝

● 암호란 당사자끼리만 알 수 있도록 꾸민 약속 기호를 말해요. 문자를 일정한 규칙에 따라 새로운 기호로 바꾸어 원래 메시지를 알아볼 수 없도록 한 다음 규칙을 알고 있는 사람끼리만 이해할 수 있도록 하는 것이죠.

　다음은 남순이가 흥수에게 보낸 쪽지예요. 암호표를 이용하여 남순이와 흥수가 만날 시각과 장소를 알아보세요.

〈암호표〉

암호	해독	암호	해독	암호	해독	암호	해독
00000	A	00111	H	01110	O	10101	V
00001	B	01000	I	01111	P	10110	W
00010	C	01001	J	10000	Q	10111	X
00011	D	01010	K	10001	R	11000	Y
00100	E	01011	L	10010	S	11001	Z
00101	F	01100	M	10011	T		
00110	G	01101	N	10100	U		

흥수에게

중요하게 할 말이 있으니 아래의 시각과 장소에서 만나자.

　시각: 오후 l00lll0ll00lll0시

　장소: ll00l0lll00lll0

답 ....

6 평균과 가능성

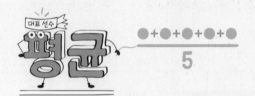

운동회 100 m 달리기에 나갈 우리 반 대표 선수를 뽑아야 해요.
공평하게 대표를 뽑으려고 친구들이 각자 5번씩 100 m 달리기를 해서 기록을 재었어요.
친구들의 5번의 100 m 달리기 기록을 대표하는 값을 구해야
가장 기록이 좋은 한 명을 뽑을 수 있을 것 같아요.
이때 필요한 것이 바로 평균이에요.

자료를 대표하는 값을 평균이라고 해!

지우네 모둠의 제기차기 기록

이름	지우	슬아	민해	유준
횟수(번)	4	3	5	4

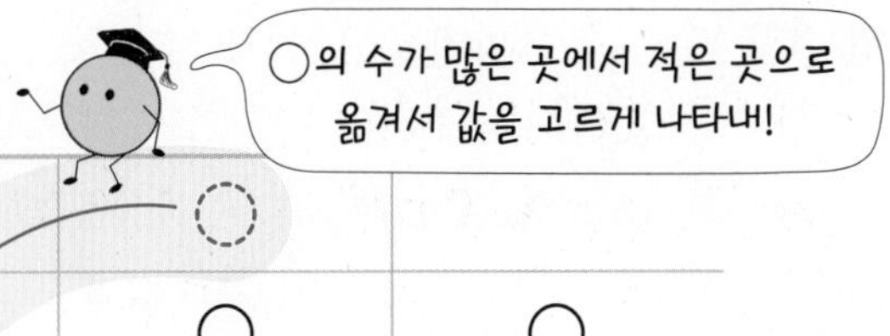

○의 수가 많은 곳에서 적은 곳으로 옮겨서 값을 고르게 나타내!

횟수(번) / 이름	지우	슬아	민해	유준
5			○	
4	○	○	○	○
3	○	○	○	○
2	○	○	○	○
1	○	○	○	○
이름	지우	슬아	민해	유준

$$(\text{평균}) = (4 + 3 + 5 + 4) \div 4 = 4(\text{번})$$

$$(\text{평균}) = (\text{자료 값을 모두 더한 수}) \div (\text{자료의 수})$$

제기차기 횟수의 합   사람 수

1 평균

자료를 대표하는 값

- 평균: 자료의 값을 모두 더해 자료의 수로 나눈 값

$$(평균) = (자료값의 합) \div (자료의 수)$$

- 평균 구하기

예 5개의 수 7, 6, 5, 8, 4의 평균 구하기

방법 1 자료의 값을 고르게 하여 구하기

평균을 6으로 예상한 후 (7, 5), 6, (8, 4)로 수를 옮기고 짝 지어 자료의 값을 고르게 하여 구한 평균은 6입니다.

방법 2 자료값의 합을 자료의 수로 나누어 구하기

$$(평균) = (7 + 6 + 5 + 8 + 4) \div 5 = 6$$

2 평균을 이용하여 문제 해결하기

- 평균 비교하기

예 1인당 가진 연필 수가 더 많은 모둠 찾기

모둠 친구 수와 연필 수

모둠	모둠 1	모둠 2
모둠 친구 수(명)	5	6
연필 수(자루)	25	36

(모둠 1의 연필 수의 평균) = 25 ÷ 5 = 5(자루)

(모둠 2의 연필 수의 평균) = 36 ÷ 6 = 6(자루)

➡ 1인당 가진 연필 수가 더 많은 모둠은 모둠 2입니다.

- 평균을 이용하여 모르는 자료의 값 구하기

예 연주의 윗몸 말아 올리기 기록의 평균이 30번일 때 2회 기록 구하기

연주의 윗몸 말아 올리기 기록

회	1회	2회	3회	4회
기록(번)	36		24	40

(1회부터 4회까지의 기록의 합) = 30 × 4 = 120(번)

➡ (2회 기록) = 120 - (36 + 24 + 40) = 20(번)

---

1 선아네 모둠의 한 달 동안 도서 대출 책 수를 나타낸 표입니다. 물음에 답하세요.

도서 대출 책 수

이름	선아	재석	미주	명수
책 수(권)	22	20	22	24

(1) 평균을 예상하고 자료의 값을 고르게 하여 평균을 구해 보세요.

평균을 ☐ 권으로 예상한 후 (22, ☐), (20, ☐)로 수를 옮기고 짝 지어 자료의 값을 고르게 하여 구한 평균은 ☐ 권입니다.

(2) 자료의 값을 모두 더해 자료의 수로 나누어 평균을 구해 보세요.

$$(평균) = (☐ + ☐ + ☐ + ☐) \div ☐$$
$$= ☐ (권)$$

2 지호의 수학 점수를 나타낸 표입니다. 수학 점수의 평균이 86점일 때 물음에 답하세요.

지호의 수학 점수

회	1회	2회	3회	4회
점수(점)	88		84	90

(1) 지호의 수학 점수의 합을 구해 보세요.

$$(점수의 합) = 86 × ☐ = ☐ (점)$$

(2) 지호의 2회의 수학 점수를 구해 보세요.

$$☐ - (88 + 84 + 90) = ☐ (점)$$

3 일이 일어날 가능성을 말로 표현하기

• **가능성:** 어떠한 상황에서 특정한 일이 일어나길 기대할 수 있는 정도
• 가능성의 정도는 불가능하다, ~ 아닐 것 같다, 반반이다, ~일 것 같다, 확실하다 등으로 표현할 수 있습니다.

4 일이 일어날 가능성을 비교하기

• **회전판에서 화살이 빨간색에 멈출 가능성 비교하기**

가   나   다

가: 화살이 빨간색에 멈출 가능성 ➡ 불가능하다
나: 화살이 빨간색에 멈출 가능성 ➡ 반반이다
다: 화살이 빨간색에 멈출 가능성 ➡ 확실하다
➡ 화살이 빨간색에 멈출 가능성이 큰 회전판부터 차례로 기호를 쓰면 다, 나, 가입니다.

5 일이 일어날 가능성을 수로 표현하기

• 일이 일어날 가능성을 0, $\frac{1}{2}$, 1과 같은 수로 표현할 수 있습니다.

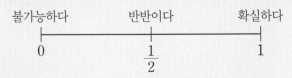

3 일이 일어날 가능성을 생각해 보고, 알맞게 표현한 곳에 ○표 하세요.

> 은행에서 뽑은 대기 번호표의 번호가 홀수일 것입니다.

불가능하다	반반이다	확실하다

4 회전판을 돌릴 때 화살이 노란색에 멈출 가능성이 가장 높은 것에 ○표 하세요.

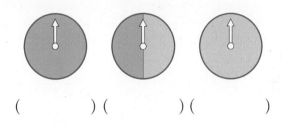

(   ) (   ) (   )

5 검은색 바둑돌이 2개 들어 있는 주머니에서 바둑돌 1개를 꺼냈습니다. 알맞은 수에 ○표 하세요.

(1) 꺼낸 바둑돌이 흰색일 가능성을 수로 표현하면 $\left(0 , \frac{1}{2} , 1 \right)$입니다.

(2) 꺼낸 바둑돌이 검은색일 가능성을 수로 표현하면 $\left(0 , \frac{1}{2} , 1 \right)$입니다.

교과서 ➕ 익힘책 유형

1 평균

1 진욱이가 5일 동안 푼 문제집 쪽수를 나타낸 표입니다. 물음에 답하세요.

진욱이가 푼 문제집 쪽수

요일	월	화	수	목	금
쪽수(쪽)	14	9	20	17	15

(1) 진욱이가 5일 동안 푼 문제집은 모두 몇 쪽일까요?

(   )

(2) 진욱이는 문제집을 하루에 평균 몇 쪽 풀었나요?

(   )

2 어느 해 11월의 요일별 최고 기온을 막대그래프로 나타낸 것입니다. 요일별 최고 기온의 평균은 몇 ℃일까요?

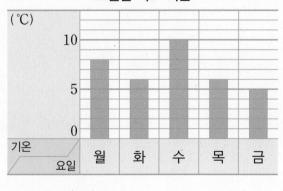

요일별 최고 기온

(   )

서술형
3 자료의 평균을 두 가지 방법으로 구해 보세요.

27	19	25	17	22

방법 1 _____

_____

방법 2 _____

_____

4 규석이의 월별 저금액을 나타낸 것입니다. 3월부터 6월까지 규석이의 월별 저금액의 평균은 얼마인지 구해 보세요.

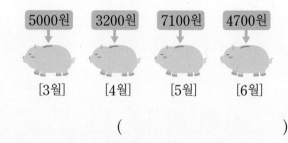

5000원	3200원	7100원	4700원
[3월]	[4월]	[5월]	[6월]

(   )

😊 내가 만드는 문제
5 우리 반 친구 4명의 키를 조사하여 표를 완성하고, 친구들의 키의 평균을 구해 보세요.
(단, 반올림하여 일의 자리까지 나타냅니다.)

친구들의 키

이름				
키(cm)				

(   )

② 평균을 이용하여 문제 해결하기

6 선희네 반에서 모둠별로 먹은 귤 수를 나타낸 표입니다. 물음에 답하세요.

모둠 친구 수와 먹은 귤 수

모둠	가	나	다
모둠 친구 수(명)	4	5	6
먹은 귤 수(개)	36	55	48

⑴ 모둠별 1인당 먹은 귤 수의 평균을 구하여 표를 완성해 보세요.

모둠	가	나	다
평균(개)			

⑵ 1인당 먹은 귤 수가 가장 많은 모둠은 어느 모둠일까요?

(   )

7 지후네 학교 5학년 학급별 학생 수를 나타낸 표입니다. 한 학급당 학생 수의 평균이 32명일 때 5반의 학생 수는 몇 명일까요?

학급별 학생 수

학급(반)	1	2	3	4	5
학생 수(명)	30	34	33	29	

(   )

8 윤지네 모둠과 민기네 모둠이 과녁 맞히기를 하여 얻은 점수입니다. 각 모둠의 점수의 평균은 어느 모둠이 몇 점 더 높을까요?

윤지네 모둠

5점 7점 4점 8점

민기네 모둠

6점 2점 7점 5점

(   ), (   )

9 진화가 6개월 동안 읽은 책 수를 나타낸 표입니다. 7월에 책을 더 열심히 읽어서 1월부터 6월까지 읽은 책 수의 평균보다 전체 평균을 1권이라도 늘리려고 합니다. 7월에 최소 몇 권을 읽어야 할까요?

읽은 책 수

월	1	2	3	4	5	6
책 수(권)	10	9	6	1	8	2

(   )

10 준희의 영어 시험 점수를 나타낸 표입니다. 1회부터 5회까지의 평균 점수가 90점이 되려면 5회에는 몇 점을 받아야 할까요?

영어 시험 점수

회	1회	2회	3회	4회	5회
점수(점)	95	85	80	90	

(   )

서술형
11 주성이는 3일 동안 하루에 평균 30분씩 타자 연습을 했습니다. 수요일에 타자 연습이 끝난 시각은 오후 몇 시 몇 분인지 풀이 과정을 쓰고 답을 구해 보세요.

	시작 시각	끝난 시각
월요일	오후 5시 20분	오후 6시
화요일	오후 4시 40분	오후 5시 10분
수요일	오후 5시 10분	

풀이

답

6

③ **일이 일어날 가능성을 말로 표현하기**

12 일이 일어날 가능성을 생각해 보고, 알맞게 표현한 곳에 ○표 하세요.

일 \ 가능성	불가능하다	반반이다	확실하다
내일 아침에 해가 서쪽에서 뜰 것입니다.			
동전을 던지면 숫자 면이 나올 것입니다.			

13 일이 일어날 가능성을 찾아 이어 보세요.

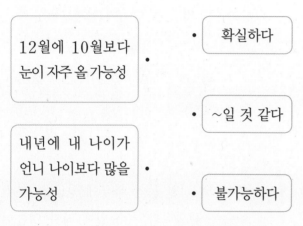

12월에 10월보다 눈이 자주 올 가능성 · · 확실하다

· ~일 것 같다

내년에 내 나이가 언니 나이보다 많을 가능성 · · 불가능하다

14 상자 안에서 번호표를 한 개 꺼낼 때 7번 번호표를 꺼낼 가능성을 말로 표현해 보세요.

상자 안에는 1번부터 6번까지의 번호표가 있어.

어떤 수를 나누어떨어지게 하는 수를 약수라고 해.

준비 10의 약수를 모두 구해 보세요.

( )

15 주사위 한 개를 굴릴 때 일이 일어날 가능성을 찾아 기호를 써 보세요.

⊙ 불가능하다 ⓒ 반반이다 ⓒ 확실하다

(1) 주사위 눈의 수가 4의 약수로 나올 가능성
( )

(2) 주사위 눈의 수가 8의 배수로 나올 가능성
( )

서술형
16 일이 일어날 가능성을 <u>잘못</u> 말한 사람의 이름을 쓰고, 그 이유를 써 보세요.

지효: 한 달이 32일일 가능성은 불가능해.
남진: 검은색 구슬만 들어 있는 주머니에서 흰색 구슬을 꺼낼 가능성은 반반이야.

답 _____

이유 _____
_____

17 가능성에 알맞은 일을 주변에서 찾아 써 보세요.

가능성	상황
확실하다	
불가능하다	

정답과 풀이 39쪽

4 일이 일어날 가능성을 비교하기

18 일이 일어날 가능성이 더 높은 것에 ○표 하세요.

> 주사위 한 개를 굴리면 주사위 눈의 수가 2가 나올 것입니다. (   )

> 내일 전학 오는 학생은 여학생일 것입니다. (   )

[19~21] 5학년 친구들이 말한 일이 일어날 가능성을 비교해 보려고 합니다. 물음에 답하세요.

 내년 3월에는 6학년이 될 거야.
 지금은 오전 9시니까 1시간 후에는 11시가 될 거야.
 주사위를 2번 굴리면 주사위 눈의 수가 모두 1이 나올 거야.

선우   민지   우영

19 일이 일어날 가능성이 '불가능하다'인 경우를 말한 친구는 누구일까요?

(   )

20 19와 같은 상황에서 일이 일어날 가능성이 '확실하다'가 되도록 친구의 말을 바꿔 보세요.

....

....

21 일이 일어날 가능성이 높은 순서대로 친구의 이름을 써 보세요.

(   )

22 일이 일어날 가능성을 판단하여 해당하는 □ 안에 기호를 써넣으세요.

> ㉠ 계산기에 ' 4 + 3 = '을 차례로 누르면 7이 나올 것입니다.
> ㉡ 주사위 한 개를 굴릴 때 나온 눈의 수는 3보다 클 것입니다.
> ㉢ 내일 우리집에 공룡이 놀러 올 것입니다.

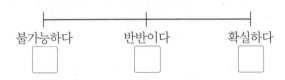

불가능하다   반반이다   확실하다
□   □   □

23 회전판을 60회 돌려 화살이 멈춘 횟수를 나타낸 표입니다. 일이 일어날 가능성이 비슷한 회전판의 기호를 써 보세요.

색깔	빨간색	파란색	노란색
횟수(회)	45	7	8

가   나
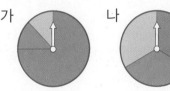

(   )

 내가 만드는 문제

24 조건 에 알맞은 회전판이 되도록 자유롭게 회전판에 선을 긋고 세 가지 색으로 색칠해 보세요.

조건
• 화살이 파란색에 멈출 가능성이 가장 높습니다.
• 화살이 빨간색에 멈출 가능성과 노란색에 멈출 가능성은 같습니다.

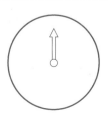

5 일이 일어날 가능성을 수로 표현하기

[25~26] 당첨 제비만 6개 들어 있는 제비뽑기 상자에서 제비 1개를 뽑았습니다. 물음에 답하세요.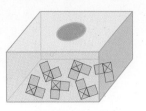

25 뽑은 제비가 당첨 제비일 가능성에 ↓로 나타내어 보세요.

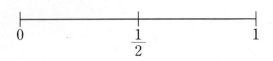

26 뽑은 제비가 당첨 제비가 아닐 가능성에 ↓로 나타내어 보세요.

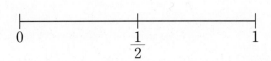

일의 자리가 짝수이면 그 수는 짝수야.

준비 10보다 크고 20보다 작은 수 중 짝수는 모두 몇 개일까요?

( )

서술형
27 상자에 1 , 2 , 3 , 4 의 수 카드가 1장씩 들어 있습니다. 이 중에서 수 카드 1장을 꺼낼 때 짝수가 나올 가능성을 수로 표현하면 얼마인지 풀이 과정을 쓰고 답을 구해 보세요.

풀이 ....

....

....

답 ....

28 주사위 한 개를 굴릴 때 주사위 눈의 수가 7 이상으로 나올 가능성을 수로 표현해 보세요.

( )

29 어느 악보의 한 마디를 나타낸 것입니다. 이 마디를 리코더로 연주할 때 '미' 소리를 낼 가능성을 수로 표현해 보세요.

( )

30 보라색 구슬만 2개 들어 있는 상자에 노란색 구슬 2개를 더 넣고 구슬을 1개 꺼낼 때, 꺼낸 구슬이 노란색일 가능성을 말과 수로 표현해 보세요.

말 ( )

수 ( )

31 화살이 빨간색에 멈출 가능성이 0보다 크고 $\frac{1}{2}$보다 작은 회전판이 되도록 회전판을 색칠해 보세요.

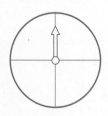

1 평균을 알 때 자료값의 합 구하기

32 민서는 11월 한 달 동안 매일 윗몸 말아 올리기를 평균 25번씩 했습니다. 민서가 11월 한 달 동안 한 윗몸 말아 올리기 횟수는 모두 몇 번일까요?

( )

평균을 구하는 식을 이용해서 자료값의 합을 구해 봐.

(평균)=(자료값의 합)÷(자료의 수)

(자료값의 합)=(평균)×(자료의 수)

33 선영이는 4월 한 달 동안 매일 우유를 평균 200 mL씩 마셨습니다. 선영이가 4월 한 달 동안 마신 우유는 모두 몇 mL일까요?

( )

34 어느 미술관에 3월 한 달 동안 하루 평균 170 명씩 방문했습니다. 3월 한 달 동안 미술관을 방문한 사람은 모두 몇 명일까요?

( )

2 두 집단의 평균 비교

35 현아네 모둠과 민주네 모둠의 음악 실기 점수의 합을 나타낸 표입니다. 어느 모둠의 성적이 더 좋다고 할 수 있을까요?

	학생 수(명)	실기 점수의 합(점)
현아네 모둠	9	792
민주네 모둠	11	924

( )

자료의 수가 다를 때는 자료값의 합만 보고 비교하면 안 되고 평균을 구해서 비교해야 돼.

자료값의 합이 높을수록 더 잘한 모둠이다.	자료의 평균이 높을수록 더 잘 한 모둠이다.

36 재희네 밭과 주리네 밭에서 수확한 고구마의 양을 나타낸 표입니다. 누구네 밭에서 고구마를 더 잘 수확했다고 할 수 있을까요?

	밭의 넓이(m^2)	고구마 수확량(kg)
재희네 밭	50	900
주리네 밭	140	2100

( )

37 완희와 재원이가 공부한 시간의 합을 나타낸 표입니다. 누가 하루에 더 많이 공부했다고 할 수 있을까요?

	공부한 날수(일)	공부한 시간의 합(시간)
완희	7	28
재원	10	30

( )

➡ 정답과 풀이 42쪽

③ ~가 아닐 가능성

38 흰색 바둑돌만 5개 들어 있는 상자가 있습니다. 이 상자에서 바둑돌을 한 개 꺼낼 때 꺼낸 바둑돌이 흰색이 아닐 가능성을 수로 표현해 보세요.

(   )

'~가 아닐 가능성'은 '~일 가능성'의 반대 상황이야.

꺼낸 바둑돌이 흰색이 아닐 가능성	=	꺼낸 바둑돌이 검은색일 가능성

39 빨간색 구슬 1개와 보라색 구슬 1개가 들어 있는 주머니가 있습니다. 이 주머니에서 구슬을 한 개 꺼낼 때 꺼낸 구슬이 빨간색이 아닐 가능성을 수로 표현해 보세요.

(   )

40 수 카드 12, 25, 10, 9 가 들어 있는 주머니가 있습니다. 이 주머니에서 수 카드를 한 장 꺼낼 때 꺼낸 카드의 수가 짝수가 아닐 가능성을 수로 표현해 보세요.

(   )

④ 평균을 이용하여 기록 비교

41 은수의 오래 매달리기 기록을 나타낸 표입니다. 기록의 평균이 13초일 때, 은수의 기록이 가장 좋은 때는 몇 회인지 구해 보세요.

오래 매달리기 기록

회	1회	2회	3회	4회
기록(초)	12	16		10

(   )

모르는 자료값을 먼저 구한 다음 비교해 봐.

(모르는 자료값)
=(전체 자료값의 합)−(나머지 자료값의 합)

42 지호네 모둠의 멀리 던지기 기록을 나타낸 표입니다. 기록의 평균이 24 m일 때, 기록이 가장 낮은 친구는 누구인지 구해 보세요.

멀리 던지기 기록

이름	지호	혜빈	승우	민진
기록(m)	22	27		26

(   )

43 준모의 요일별 줄넘기 기록을 나타낸 표입니다. 기록의 평균이 286회일 때, 준모가 줄넘기를 가장 많이 한 날은 무슨 요일인지 구해 보세요.

준모의 줄넘기 기록

요일	월	화	수	목	금
기록(회)	290		284	288	295

(   )

1 전체 평균 구하기

44 국어와 수학의 평균 점수는 91점이고, 사회와 과학의 평균 점수는 87점입니다. 네 과목의 평균 점수는 몇 점일까요?

( )

45 은빛, 초록, 싱싱, 빛나, 행복의 다섯 과수원이 있습니다. 은빛, 싱싱, 행복 세 과수원의 평균 사과 수확량은 638상자이고, 초록과 빛나 두 과수원의 평균 사과 수확량은 653상자입니다. 다섯 과수원의 평균 사과 수확량은 몇 상자일까요?

( )

46 정호네 초등학교 5학년 선생님과 6학년 선생님의 평균 나이를 나타낸 것입니다. 5학년과 6학년 선생님 전체의 평균 나이를 구해 보세요.

5학년 선생님 15명	35세
6학년 선생님 10명	30세

( )

2 평균을 높이는 방법 구하기

47 민서네 모둠의 공 던지기 기록을 나타낸 표입니다. 민서의 기록으로 4명의 평균 기록보다 5명의 평균 기록을 1 m 늘리려면 민서는 공을 몇 m 던져야 할까요?

공 던지기 기록

이름	희영	동수	미소	영모
기록(m)	15	9	14	10

( )

48 영희의 수학 단원 평가 점수를 나타낸 표입니다. 6단원 점수로 5단원까지의 평균 점수보다 6단원까지의 평균 점수를 1점 올리려면 6단원 평가에서 몇 점을 받아야 할까요?

수학 단원 평가 점수

단원	1	2	3	4	5
점수(점)	85	90	88	90	92

( )

49 재진이의 저금액을 나타낸 표입니다. 7월의 저금액으로 4달 동안의 평균 저금액보다 5달 동안의 평균 저금액을 1000원 늘리려면 7월에 얼마를 저금해야 할까요?

저금액

월	3	4	5	6
저금액(원)	5000	3500	2500	3000

( )

🔑 개념 KEY

전체 자료값의 합 구하기	➡	평균 구하기
□×3+△×2=○		○÷5

🔑 개념 KEY

자료의 수가 ■개, 평균이 ▲일 때 자료의 수를 1개 추가해서 평균을 ● 높이기
➡ (전체 자료값의 합)=(▲+●)×(■+1)

50 일이 일어날 가능성이 더 높은 것을 찾아 기호를 써 보세요.

> ㉠ 동전을 던졌을 때 그림면이 나올 가능성
> ㉡ 수 카드 [1]이 4장 들어 있는 주머니에서 뽑은 카드가 [1]일 가능성

(   )

51 일이 일어날 가능성이 가장 낮은 것을 찾아 기호를 써 보세요.

> ㉠ 흰색 공 4개가 들어 있는 주머니에서 흰색 공을 꺼낼 가능성
> ㉡ 흰색 공 2개와 검은색 공 2개가 들어 있는 주머니에서 흰색 공을 꺼낼 가능성
> ㉢ 흰색 공 3개와 검은색 공 1개가 들어 있는 주머니에서 노란색 공을 꺼낼 가능성

(   )

52 4장의 수 카드 [1], [2], [3], [4] 중에서 1장을 뽑았습니다. 가능성이 높은 것부터 차례로 기호를 써 보세요.

> ㉠ 5가 나올 가능성
> ㉡ 홀수가 나올 가능성
> ㉢ 1 이상 4 이하인 수가 나올 가능성

(   )

🔑 개념 KEY

불가능하다   반반이다   확실하다

$$\begin{array}{ccc} 0 & \dfrac{1}{2} & 1 \end{array}$$

가능성이 높습니다.

---

53 지호와 승기의 고리 걸기 기록의 평균이 같을 때 승기가 2회에 걸은 고리는 몇 개일까요?

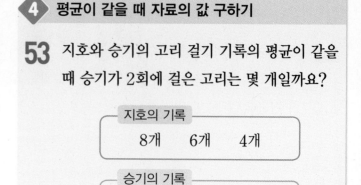

지호의 기록

| 8개 | 6개 | 4개 |

승기의 기록

| 2개 | ☐개 | 8개 | 9개 |

(   )

54 유라와 선호의 훌라후프 돌리기 기록의 평균이 같을 때 선호의 3회의 기록은 몇 번일까요?

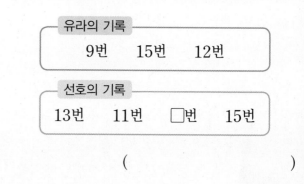

유라의 기록

| 9번 | 15번 | 12번 |

선호의 기록

| 13번 | 11번 | ☐번 | 15번 |

(   )

55 은수와 민규의 제자리 멀리뛰기 기록의 평균이 같을 때 은수의 4회 기록은 몇 cm일까요?

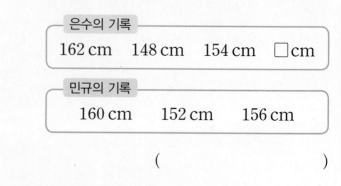

은수의 기록

| 162 cm | 148 cm | 154 cm | ☐cm |

민규의 기록

| 160 cm | 152 cm | 156 cm |

(   )

🔑 개념 KEY

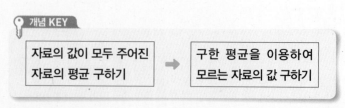

자료의 값이 모두 주어진 자료의 평균 구하기 → 구한 평균을 이용하여 모르는 자료의 값 구하기

5 자료의 합계와 평균의 관계

56 동수의 중간 평가 점수를 나타낸 표입니다. 동수는 다음 시험에서 중간 평가보다 평균 5점을 올리려고 합니다. 각 과목을 몇 점씩 받으면 되는지 2가지 방법을 알아보세요.

중간 평가 점수

과목	국어	수학	사회	과학
점수(점)	70	80	95	85

↓

방법＼과목	국어	수학	사회	과학
1				
2				

57 가게별로 일주일 동안 판매한 햄버거의 개수를 나타낸 표입니다. 다음 일주일 동안 다섯 가게의 평균 햄버거 판매량을 40개 늘리려고 합니다. 각 가게에서 햄버거를 몇 개씩 팔면 되는지 2가지 방법을 알아보세요.

햄버거 판매량

가게	가	나	다	라	마
판매량(개)	680	920	840	720	880

↓

방법＼가게	가	나	다	라	마
1					
2					

🔑 개념 KEY

자료가 □개일 때 평균을 △만큼 늘리기
➡ 전체를 (□ × △)만큼 늘리기

6 일이 일어날 가능성 활용하기

58 상자 안에 노란색 공 1개, 초록색 공 1개, 파란색 공 몇 개가 있습니다. 그중에서 공을 1개 꺼낼 때 꺼낸 공이 파란색일 가능성을 수로 표현하면 $\frac{1}{2}$입니다. 파란색 공은 몇 개일까요?

(   )

59 상자 안에 빨간색 공깃돌 3개, 노란색 공깃돌 1개, 분홍색 공깃돌 몇 개가 있습니다. 그중에서 공깃돌을 1개 꺼낼 때 꺼낸 공깃돌이 분홍색일 가능성을 수로 표현하면 $\frac{1}{2}$입니다. 분홍색 공깃돌은 몇 개일까요?

(   )

60 두 주머니에 바둑돌이 각각 10개씩 들어 있습니다. 왼쪽 주머니에서 바둑돌을 1개 꺼낼 때 꺼낸 바둑돌이 검은색일 가능성은 0이고, 오른쪽 주머니에서 바둑돌 1개를 꺼낼 때 꺼낸 바둑돌이 흰색일 가능성은 1입니다. 두 주머니에 들어 있는 흰색 바둑돌은 모두 몇 개일까요?
(단, 바둑돌은 검은색 또는 흰색뿐입니다.)

(   )

기출 단원 평가

[1~2] 영미네 모둠의 몸무게를 나타낸 표입니다. 물음에 답하세요.

몸무게

이름	영미	진수	미라	철수	정화
몸무게(kg)	42	38	36	45	39

1 영미네 모둠의 몸무게의 합은 몇 kg일까요?

( )

2 영미네 모둠의 몸무게의 평균은 몇 kg일까요?

( )

[3~4] 일이 일어날 가능성을 생각해 보고, 알맞게 표현한 곳에 ○표 하세요.

3

내년에는 2월이 31일까지 있을 것입니다.

불가능 하다	~아닐 것 같다	반반 이다	~일 것 같다	확실 하다

4

우리 반 학생 수는 짝수일 것입니다.

불가능 하다	~아닐 것 같다	반반 이다	~일 것 같다	확실 하다

5 지성이네 반의 요일별 지각한 학생 수를 나타낸 표입니다. 지성이네 반의 지각한 학생 수는 하루에 평균 몇 명일까요?

지각한 학생 수

요일	월	화	수	목	금
지각생 수(명)	5	2	3	1	4

( )

6 주머니 속에 빨간색 공이 3개, 파란색 공이 3개 들어 있습니다. 이 중에서 1개를 꺼낼 때 꺼낸 공이 파란색 공일 가능성에 ↓로 나타내어 보세요.

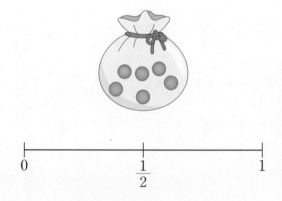

7 주영이는 168쪽인 위인전을 일주일 동안 모두 읽으려고 합니다. 하루에 평균 몇 쪽씩 읽어야 할까요?

( )

8 박하 맛 사탕만 3개 들어 있는 병에서 사탕 1개를 꺼냈습니다. 꺼낸 사탕이 오렌지 맛일 가능성을 말과 수로 표현해 보세요.

말 ( )

수 ( )

○ 정답과 풀이 44쪽

9 어느 식물원의 하루 동안 입장한 관람객 수의 평균은 520명입니다. 20일 동안 입장한 관람객은 모두 몇 명일까요?

( )

10 은주네 모둠 학생들의 수학 점수의 평균이 84점일 때 은주의 점수는 몇 점일까요?

은주네 모둠의 수학 점수

이름	지후	승우	준서	은주
점수(점)	86	90	82	

( )

11 카드 중 한 장을 뽑을 때 ◆ 모양의 카드를 뽑을 가능성을 수로 표현해 보세요.

( )

12 일이 일어날 가능성이 더 높은 것의 기호를 써 보세요.

⊙ 흰색 공 4개와 검은색 공 4개가 들어 있는 주머니에서 검은색 공을 꺼낼 가능성
ⓒ 검은색 공 3개가 들어 있는 주머니에서 검은색 공을 꺼낼 가능성

( )

13 봉투 안에 노란색 딱지가 3장, 보라색 딱지가 3장 들어 있습니다. 봉투에서 딱지 한 장을 꺼낼 때 꺼낸 딱지가 보라색이 아닐 가능성을 수로 표현해 보세요.

( )

14 조건 에 알맞은 회전판이 되도록 색칠해 보세요.

조건
• 화살이 초록색에 멈출 가능성이 가장 높습니다.
• 화살이 빨간색에 멈출 가능성은 노란색에 멈출 가능성의 2배입니다.

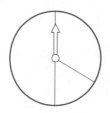

15 윤기와 정국이의 오래 매달리기 기록의 평균이 같을 때 정국이의 4회 기록은 몇 초인지 구해 보세요.

윤기의 기록
16초   12초   14초

정국이의 기록
22초   15초   12초   □초

( )

16 한결이네 모둠과 준서네 모둠의 투호 던지기 기록을 나타낸 표입니다. 어느 모둠이 더 잘했다고 할 수 있을까요?

한결이네 모둠

이름	한결	동호	미정	진서	신혜
넣은 화살 수(개)	3	7	5	8	2

준서네 모둠

이름	준서	휘결	지민	서중
넣은 화살 수(개)	5	7	4	8

( )

17 회전판에서 화살이 파란색에 멈출 가능성이 낮은 것부터 차례로 기호를 써 보세요.

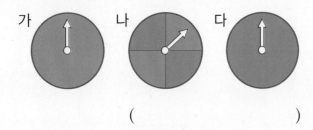

( )

18 경진이네 반 남학생과 여학생의 평균 앉은키를 나타낸 표입니다. 경진이네 반 전체 학생들의 앉은키의 평균은 몇 cm일까요?

남학생 12명	85 cm
여학생 8명	80 cm

( )

19 주사위 한 개를 굴릴 때 일이 일어날 가능성이 높은 것부터 차례로 기호를 쓰려고 합니다. 풀이 과정을 쓰고 답을 구해 보세요.

> ㉠ 주사위 눈의 수가 4 미만으로 나올 가능성
> ㉡ 주사위 눈의 수가 1 이상 6 이하로 나올 가능성
> ㉢ 주사위 눈의 수가 9의 배수로 나올 가능성

풀이 _____

답 _____

20 명수의 국어 단원 평가 점수를 나타낸 표입니다. 5단원까지의 평균 점수가 86점 이상이 되려면 5단원은 적어도 몇 점을 받아야 하는지 풀이 과정을 쓰고 답을 구해 보세요.

국어 단원 평가 점수

단원	1	2	3	4	5
점수(점)	92	84	76	88	

풀이 _____

답 _____

계산이 아닌

개념을 깨우치는

수학을 품은 연산

디딤돌
연산은
수학이다.

1~6학년(학기용)

수학 공부의 새로운 패러다임

수능까지 연결되는 독해 로드맵

디딤돌 독해력은 수능까지 연결되는 체계적인 라인업을 통하여
수능에서 요구하는 핵심 독해 원리에 대한 이해는 물론,
단계 별로 심화되며 연결되는 학습의 과정을 통해
깊이 있고 종합적인 독해 사고의 능력까지 기를 수 있도록 도와줍니다.

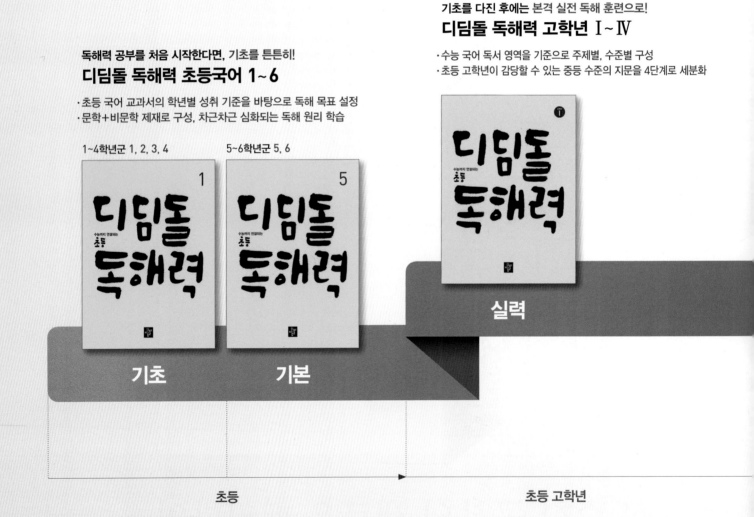

기초를 다진 후에는 본격 실전 독해 훈련으로!
디딤돌 독해력 고학년 Ⅰ~Ⅳ

· 수능 국어 독서 영역을 기준으로 주제별, 수준별 구성
· 초등 고학년이 감당할 수 있는 중등 수준의 지문을 4단계로 세분화

독해력 공부를 처음 시작한다면, 기초를 튼튼히!
디딤돌 독해력 초등국어 1~6

· 초등 국어 교과서의 학년별 성취 기준을 바탕으로 독해 목표 설정
· 문학+비문학 제재로 구성, 차근차근 심화되는 독해 원리 학습

1~4학년군 1, 2, 3, 4   5~6학년군 5, 6

실력

기초   기본

초등   초등 고학년

수학 좀 한다면

유형탄탄북

$\dfrac{5}{2}$

차례

수학 좀 한다면

초등수학

유형탄탄북

5
2

- **꼭 나오는 유형** | 진도책의 교과서+익힘책 유형에서 자주 나오는 문제들을 다시
  한 번 풀어 보세요.

- **자주 틀리는 유형** | 진도책의 자주 틀리는 유형에서 문제의 틀린 이유를 생각하여
  오답을 피할 수 있어요.

- **수시 평가 대비** | 수시평가를 대비하여 꼭 한 번 풀어 보세요.
  시험에 대한 자신감이 생길 거예요.

➕ 꼭 나오는 유형

1 이상과 이하

- ● 이상인 수: ●와 같거나 큰 수
  - 예 40 이상인 수: 40, 41, 42, 43 등과 같이 40 과 같거나 큰 수

```
38  39  40  41  42  43  44
```

- ▲ 이하인 수: ▲와 같거나 작은 수
  - 예 50 이하인 수: 50, 49, 48, 47 등과 같이 50 과 같거나 작은 수

```
46  47  48  49  50  51  52
```

⚡ ● 이상인 수에는 ●가 포함되고, ▲ 이하인 수에는 ▲가 포함돼.

2 초과와 미만

- ■ 초과인 수: ■보다 큰 수
  - 예 9 초과인 수: 9.3, 9.8, 10.6 등과 같이 9보다 큰 수

```
8       9       10      11
```

- ★ 미만인 수: ★보다 작은 수
  - 예 29 미만인 수: 28.9, 28.2, 27.5 등과 같이 29보다 작은 수

```
27      28      29      30
```

⚡ ■ 초과인 수에는 ■가 포함되지 않고, ★ 미만인 수에는 ★이 포함되지 않아.

---

1 35가 포함되지 <u>않는</u> 수의 범위를 찾아 기호를 써 보세요.

> ㉠ 34 이상인 수   ㉡ 34 이하인 수
> ㉢ 35 이상인 수   ㉣ 35 이하인 수

(   )

2 수직선에 나타내어 보세요.

(1) **20 이상인 수**

```
18  19  20  21  22  23  24  25
```

(2) **11 이하인 수**

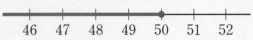
```
6   7   8   9   10  11  12  13
```

3 83 초과인 수를 모두 찾아 써 보세요.

> 81.8   83.2   83   79.1   86.5

(   )

4 바르게 설명한 것을 찾아 기호를 써 보세요.

> ㉠ 48은 48 미만인 수입니다.
> ㉡ 74, 75, 76 중에서 75 초과인 수는 1개 입니다.

(   )

점프 수를 보고 ㉠과 ㉡에 알맞은 수의 합을 구해 보세요.

> 50   29   37   43   19   73

> 37 초과인 수는 ㉠개이고, 50 미만인 수는 ㉡개입니다.

(   )

3 수의 범위를 활용하여 문제 해결하기

수의 범위를 이상, 이하, 초과, 미만을 이용하여 수직선에 나타내면 다음과 같습니다.

• 4 이상 7 이하인 수

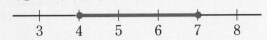

• 4 이상 7 미만인 수

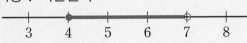

• 4 초과 7 이하인 수

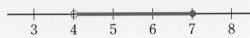

• 4 초과 7 미만인 수

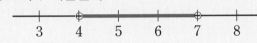

이상과 이하는 수직선에 ●을 이용하여 나타내고, 초과와 미만은 수직선에 ○을 이용하여 나타내.

5 수의 범위에 속하는 수를 모두 찾아 ○표 하세요.

> 66 초과 73 이하인 수

> 54 69 66 57 73 60 71

6 수직선에 나타낸 수의 범위에 속하는 가장 작은 자연수와 가장 큰 자연수를 써 보세요.

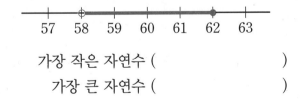

가장 작은 자연수 (   )

가장 큰 자연수 (   )

점프 13 이상 21 미만인 자연수 중에서 가장 큰 수와 가장 작은 수의 차를 구해 보세요.

(   )

4 올림과 버림

• 올림: 구하려는 자리의 아래 수를 올려서 나타내는 방법

예 213을 올림하여 십의 자리, 백의 자리까지 나타내기

십의 자리	백의 자리
213 ➡ 220	213 ➡ 300

• 버림: 구하려는 자리의 아래 수를 버려서 나타내는 방법

예 326을 버림하여 십의 자리, 백의 자리까지 나타내기

십의 자리	백의 자리
326 ➡ 320	326 ➡ 300

수를 올림하여 백의 자리까지 나타낼 때는 백의 자리 아래 수를 100으로 보고, 수를 버림하여 백의 자리까지 나타낼 때는 백의 자리 아래 수를 0으로 보면 돼.

7 올림하여 백의 자리까지 나타내면 2700이 되는 수를 모두 찾아 ○표 하세요.

> 2540 2698 2701 2810 2601

8 버림하여 백의 자리까지 나타내면 5200이 되는 자연수 중에서 가장 큰 수를 구해 보세요.

(   )

9 초콜릿 345개를 한 봉지에 10개씩 담아 팔려고 합니다. 초콜릿은 몇 봉지까지 팔 수 있을까요?

(   )

5 반올림

• 반올림: 구하려는 자리 바로 아래 자리의 숫자가 0, 1, 2, 3, 4이면 버리고, 5, 6, 7, 8, 9이면 올려서 나타내는 방법

⑩ 5348을 반올림하여 십의 자리, 백의 자리까지 나타내기

십의 자리	백의 자리
5348 ➡ 5350	5348 ➡ 5300

⚡ 수를 반올림하여 십의 자리까지 나타낼 때는 일의 자리 숫자만 확인하고, 백의 자리까지 나타낼 때는 십의 자리 숫자만 확인하면 돼.

6 올림, 버림, 반올림을 활용하여 문제 해결하기

• 올림이 활용되는 경우: 자판기에서 1900원짜리 음료수를 뽑을 때 음료수값을 올림하여 1000원짜리 지폐 2장을 넣는 경우 등
• 버림이 활용되는 경우: 가지고 있는 돈을 만 원짜리 지폐로 바꿀 때 버림하여 바꿀 수 있는 최대 금액을 구하는 경우 등
• 반올림이 활용되는 경우: 영화를 본 관람객의 수를 말할 때 반올림하여 약 몇천 명이라고 말하는 경우 등

⚡ 올림, 버림, 반올림을 활용하여 문제를 해결할 때는 올림, 버림, 반올림 중 어느 방법을 이용해야 하는지 알아본 후 어느 자리까지 나타내어야 하는지 확인해 봐.

10 반올림하여 주어진 자리까지 나타내어 보세요.

수	십의 자리	백의 자리	천의 자리
2852			

11 반올림하여 수를 나타내고, 수의 크기를 비교하여 ○ 안에 >, =, <를 알맞게 써넣으세요.

6451을 반올림하여 백의 자리까지 나타낸 수
➡ [   ]   ○   6400

🐨 점프 더 큰 수의 기호를 써 보세요.

㉠ 9247을 반올림하여 천의 자리까지 나타낸 수
㉡ 9153을 반올림하여 백의 자리까지 나타낸 수

(   )

12 지수는 편의점에서 1500원짜리 음료수 한 개와 3800원짜리 샌드위치 한 개를 샀습니다. 1000원짜리 지폐로만 돈을 낸다면 최소 얼마를 내야 할까요?

(   )

13 은지네 모둠 학생들의 키를 조사하여 나타낸 표입니다. 각 학생들의 키는 몇 cm인지 반올림하여 일의 자리까지 나타내어 보세요.

은지네 모둠 학생들의 키

이름	키 (cm)	반올림한 키 (cm)
은지	146.2	
지훈	157.8	
효빈	152.4	
태양	149.5	

➕ 자주 틀리는 유형

1 어림하여 주어진 수가 되는 자연수 구하기

알고 풀어요 ❗

올림하여 백의 자리까지 나타낼 때 십, 일의 자리에 0이 아닌 수가 있으면 올려야 해. 또 반올림하여 천의 자리까지 나타내면 64000이 되는 자연수는 63□□□, 64□□□인 경우로 나누어 생각해야 해.

올림하여 백의 자리까지 나타내면 47500이 되는 자연수 중에서 가장 작은 수와 반올림하여 천의 자리까지 나타내면 64000이 되는 자연수 중에서 가장 큰 수를 차례로 구해 보세요.

(   ), (   )

2 수의 범위에 속하는 자연수의 개수 구하기

알고 풀어요 ❗

▲ 초과 ◆ 이하인 수에는 ▲는 포함되지 않고, ◆는 포함돼.

78 초과 90 이하인 수의 범위에 속하는 자연수는 모두 몇 개인지 구해 보세요.

(   )

3 수 카드로 만든 수를 반올림하기

수 카드 4장을 한 번씩만 사용하여 만들 수 있는 가장 작은 네 자리 수를 반올림하여 백의 자리까지 나타내어 보세요.

4 9 0 3

(   )

4 어림하기 전의 수의 범위 구하기

버림하여 백의 자리까지 나타내면 600이 되는 수의 범위를 이상과 미만을 이용하여 수직선에 나타내어 보세요.

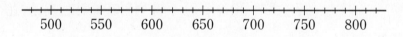

수시 평가 대비

1 37 이상인 수에 ○표, 37 이하인 수에 △표 하세요.

| 34 | 40 | 30 | 29 | 37 | 44 |

2 상우네 반 학생들의 몸무게를 조사하여 나타낸 표입니다. 몸무게가 48 kg 초과인 학생의 이름을 모두 써 보세요.

상우네 반 학생들의 몸무게

이름	상우	민지	연수	준호	수아
몸무게(kg)	48	51.5	45.7	50	47.5

( )

3 올림하여 주어진 자리까지 나타내어 보세요.

수	소수 첫째 자리	소수 둘째 자리
1.854		

4 주어진 수를 수직선에 나타내어 보세요.

71 미만인 수

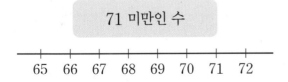

5 29 초과인 수 중에서 가장 작은 자연수를 구해 보세요.

( )

6 14 이상 35 미만인 수를 모두 찾아 써 보세요.

| 14 | 20 | 39 | 17 | 41 | 35 | 56 |

( )

7 수를 버림하여 백의 자리까지 잘못 나타낸 사람을 찾아 이름을 써 보세요.

수빈: 6101 ➡ 6100
진성: 5070 ➡ 5000
유진: 8692 ➡ 8700

( )

8 반올림하여 천의 자리까지 나타낸 수가 다른 것은 어느 것일까요? ( )

① 4695   ② 4804   ③ 4281
④ 5143   ⑤ 5496

9 어림하여 수를 나타내고, 수의 크기를 비교하여 ○ 안에 >, =, <를 알맞게 써넣으세요.

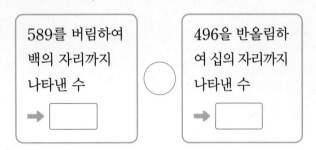

589를 버림하여 백의 자리까지 나타낸 수

➡ [   ]

○

496을 반올림하여 십의 자리까지 나타낸 수

➡ [   ]

10 다음 수를 반올림하여 십의 자리까지 나타내면 6480입니다. □ 안에 들어갈 수 있는 일의 자리 숫자를 모두 구해 보세요.

647□

(   )

11 오늘 축구장에 입장한 관람객은 90274명입니다. 입장한 관람객의 수를 올림, 버림, 반올림하여 백의 자리까지 나타내어 보세요.

	올림	버림	반올림
어림한 관람객의 수(명)			

12 돼지 저금통에 10원짜리 동전이 276개, 100원짜리 동전이 48개 들어 있습니다. 저금통에 있는 돈을 1000원짜리 지폐로 바꾸면 최대 얼마까지 바꿀 수 있을까요?

(   )

13 반올림하여 백의 자리까지 나타내면 1300이 되는 자연수는 모두 몇 개일까요?

(   )

14 수직선에 나타낸 수의 범위에 속하는 자연수는 모두 9개입니다. ㉠에 알맞은 자연수를 구해 보세요.

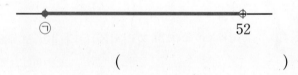

㉠   52

(   )

15 두 수직선에 나타낸 수의 범위에 공통으로 속하는 자연수를 모두 구해 보세요.

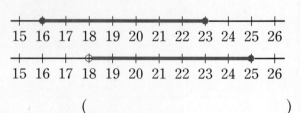

(   )

16 수 카드 4장을 한 번씩만 사용하여 만들 수 있는 가장 큰 네 자리 수를 올림하여 십의 자리까지 나타내어 보세요.

2　7　1　6

(　　　　　　)

17 2184를 올림하여 백의 자리까지 나타낸 수와 반올림하여 십의 자리까지 나타낸 수의 차를 구해 보세요.

(　　　　　　)

18 올림, 버림, 반올림하여 백의 자리까지 나타낸 수가 모두 같은 수를 찾아 기호를 써 보세요.

ㄱ 78432　　　ㄴ 78697
ㄷ 78935　　　ㄹ 78800

(　　　　　　)

19 21 초과 40 미만인 자연수 중에서 4의 배수는 모두 몇 개인지 풀이 과정을 쓰고 답을 구해 보세요.

풀이

답

20 민주네 반 학생 24명에게 공책을 3권씩 나누어 주려고 합니다. 공책을 10권씩 묶음으로만 판매한다면 최소 몇 권 사야 하는지 풀이 과정을 쓰고 답을 구해 보세요.

풀이

답

1

1. 수의 범위와 어림하기 **9**

➕ 꼭 나오는 유형

1 (진분수) × (자연수)

· $\dfrac{5}{6} \times 4$의 계산

방법 1 $\dfrac{5}{6} \times 4 = \dfrac{5 \times 4}{6} = \dfrac{\overset{10}{\cancel{20}}}{\underset{3}{\cancel{6}}} = \dfrac{10}{3} = 3\dfrac{1}{3}$

방법 2 $\dfrac{5}{6} \times 4 = \dfrac{5 \times \overset{2}{\cancel{4}}}{\underset{3}{\cancel{6}}} = \dfrac{10}{3} = 3\dfrac{1}{3}$

방법 3 $\dfrac{5}{\underset{3}{\cancel{6}}} \times \overset{2}{\cancel{4}} = \dfrac{5 \times 2}{3} = \dfrac{10}{3} = 3\dfrac{1}{3}$

⚡ 분수의 분모는 그대로 두고 분수의 분자와 자연수를 곱하여 계산하자.

1 빈칸에 알맞은 수를 써넣으세요.

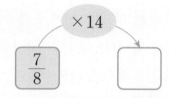

2 $\dfrac{7}{15}$이 12개인 수는 얼마일까요?

( )

🦘 점프 더 큰 수를 찾아 기호를 써 보세요.

> ㉠ $\dfrac{4}{9}$의 21배인 수
>
> ㉡ $\dfrac{9}{10}$가 16개인 수

( )

2 (대분수) × (자연수)

· $1\dfrac{1}{3} \times 2$의 계산

방법 1 $1\dfrac{1}{3} \times 2 = \dfrac{4}{3} \times 2 = \dfrac{8}{3} = 2\dfrac{2}{3}$

방법 2 $1\dfrac{1}{3} \times 2 = (1 \times 2) + \left(\dfrac{1}{3} \times 2\right)$

$= 2 + \dfrac{2}{3} = 2\dfrac{2}{3}$

⚡ 대분수를 가분수로 바꾼 후 계산하거나 대분수를 자연수와 진분수의 합으로 바꾸어 계산하자.

3 계산 결과를 비교하여 ◯ 안에 >, =, <를 알맞게 써넣으세요.

$$5\dfrac{4}{5} \times 4 \quad \bigcirc \quad 1\dfrac{7}{15} \times 20$$

4 가장 작은 수와 가장 큰 수의 곱을 구해 보세요.

$2\dfrac{5}{6}$	15	$2\dfrac{3}{4}$	18

( )

5 한 상자에 $3\dfrac{2}{3}$ kg씩 들어 있는 귤이 9상자 있습니다. 귤은 모두 몇 kg일까요?

( )

3 (자연수) × (진분수)

• $6 \times \dfrac{2}{9}$의 계산

방법 1 $6 \times \dfrac{2}{9} = \dfrac{6 \times 2}{9} = \dfrac{\overset{4}{\cancel{12}}}{\underset{3}{\cancel{9}}} = \dfrac{4}{3} = 1\dfrac{1}{3}$

방법 2 $6 \times \dfrac{2}{9} = \dfrac{\overset{2}{\cancel{6}} \times 2}{\underset{3}{\cancel{9}}} = \dfrac{4}{3} = 1\dfrac{1}{3}$

방법 3 $\overset{2}{\cancel{6}} \times \dfrac{2}{\underset{3}{\cancel{9}}} = \dfrac{2 \times 2}{3} = \dfrac{4}{3} = 1\dfrac{1}{3}$

분수의 분모는 그대로 두고 자연수와 분수의 분자를 곱하여 계산하자.

4 (자연수) × (대분수)

• $9 \times 2\dfrac{1}{6}$의 계산

방법 1 $9 \times 2\dfrac{1}{6} = \overset{3}{\cancel{9}} \times \dfrac{13}{\underset{2}{\cancel{6}}} = \dfrac{39}{2} = 19\dfrac{1}{2}$

방법 2 $9 \times 2\dfrac{1}{6} = (9 \times 2) + \left(\overset{3}{\cancel{9}} \times \dfrac{1}{\underset{2}{\cancel{6}}} \right)$

$= 18 + \dfrac{3}{2} = 18 + 1\dfrac{1}{2} = 19\dfrac{1}{2}$

대분수를 가분수로 바꾼 후 계산하거나 대분수를 자연수와 진분수의 합으로 바꾸어 계산하자.

6 계산 결과를 찾아 이어 보세요.

$8 \times \dfrac{7}{12}$ •

$18 \times \dfrac{11}{27}$ •

• $2\dfrac{2}{3}$

• $4\dfrac{2}{3}$

• $7\dfrac{1}{3}$

7 계산 결과가 가장 큰 식에 ○표 하세요.

$6 \times \dfrac{5}{8}$ $20 \times \dfrac{9}{16}$ $21 \times \dfrac{2}{7}$

8 어느 문구점에서 파는 수첩 한 권의 가격은 2700원입니다. 할인 기간에는 수첩 가격의 $\dfrac{7}{9}$ 만큼만 내면 살 수 있다고 합니다. 할인 기간에 수첩 2권을 사려면 내야 하는 금액은 얼마일까요?

(   )

9 계산 결과가 4보다 큰 식에 ○표, 4보다 작은 식에 △표 하세요.

$4 \times \dfrac{1}{5}$ $4 \times 3\dfrac{1}{3}$ 4×1

$4 \times 2\dfrac{6}{7}$ $4 \times \dfrac{7}{8}$ $4 \times \dfrac{8}{5}$

10 평행사변형의 넓이는 몇 cm^2일까요?

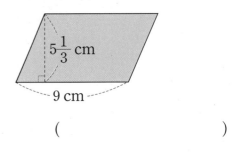

(   )

점프 밑변의 길이가 6 cm인 평행사변형의 높이는 밑변의 길이의 $1\dfrac{1}{4}$배입니다. 이 평행사변형의 넓이는 몇 cm^2일까요?

(   )

5 **진분수의 곱셈**

• (단위분수)×(단위분수)

$$\frac{1}{4} \times \frac{1}{3} = \frac{1}{4 \times 3} = \frac{1}{12}$$

• (진분수)×(진분수)

방법 1 $\frac{5}{7} \times \frac{3}{10} = \frac{5 \times 3}{7 \times 10} = \frac{\overset{3}{\cancel{15}}}{\underset{14}{\cancel{70}}} = \frac{3}{14}$

방법 2 $\frac{\overset{1}{\cancel{5}}}{7} \times \frac{3}{\underset{2}{\cancel{10}}} = \frac{1 \times 3}{7 \times 2} = \frac{3}{14}$

• 세 분수의 곱셈

$$\frac{3}{4} \times \frac{2}{7} \times \frac{1}{5} = \frac{3 \times 2 \times 1}{4 \times 7 \times 5} = \frac{\overset{3}{\cancel{6}}}{\underset{70}{\cancel{140}}} = \frac{3}{70}$$

⚡ 단위분수끼리의 곱셈은 분자는 그대로 두고 분모끼리 곱하여 계산하자. 또 진분수끼리의 곱셈이나 세 분수의 곱셈은 분자는 분자끼리, 분모는 분모끼리 곱하여 계산하자.

11 ◯ 안에 >, =, <를 알맞게 써넣으세요.

$$\frac{5}{6} \times \frac{7}{8} \ \bigcirc \ \frac{5}{6}$$

12 세 수의 곱을 구해 보세요.

| $\frac{13}{15}$ | $\frac{3}{4}$ | $\frac{6}{7}$ |

( )

13 준호는 우유를 어제는 전체의 $\frac{1}{5}$만큼 마셨고, 오늘은 어제 마신 우유의 $\frac{1}{2}$만큼 마셨습니다. 준호가 오늘 마신 우유는 전체의 몇 분의 몇일까요?

( )

6 **여러 가지 분수의 곱셈**

• (대분수)×(대분수)

$$1\frac{1}{2} \times 1\frac{5}{6} = \frac{\overset{1}{\cancel{3}}}{2} \times \frac{11}{\underset{2}{\cancel{6}}} = \frac{11}{4} = 2\frac{3}{4}$$

⚡ 대분수를 가분수로 바꾼 후 분자는 분자끼리, 분모는 분모끼리 곱하여 계산하자.

14 계산해 보세요.

(1) $2\frac{4}{5} \times 1\frac{1}{3}$

(2) $2\frac{7}{10} \times 3\frac{2}{9}$

🏃 점프 계산 결과가 큰 것부터 차례로 기호를 써 보세요.

| ㉠ $3\frac{1}{3} \times 6\frac{1}{2}$ |
| ㉡ $2\frac{4}{5} \times 9\frac{2}{7}$ |
| ㉢ $5\frac{3}{4} \times 4\frac{4}{9}$ |

( )

15 효주네 반 학생은 25명입니다. 그중 여학생은 전체 학생의 $\frac{3}{5}$이고 여학생 중에서 $\frac{2}{3}$는 형제가 없습니다. 효주네 반 학생 중에서 형제가 없는 여학생은 몇 명일까요?

( )

➕ 자주 틀리는 유형

1 잘못 계산한 곳을 찾아 바르게 계산하기

알고 풀어요 ❗

대분수를 가분수로
바꾼 후 약분하자.

잘못 계산한 곳을 찾아 바르게 계산해 보세요.

$$2\frac{1}{\underset{3}{6}} \times \frac{\overset{2}{4}}{5} \times \frac{1}{8} = \frac{7}{3} \times \frac{\overset{1}{2}}{5} \times \frac{1}{\underset{4}{8}} = \frac{7}{60}$$

➡ $2\frac{1}{6} \times \frac{4}{5} \times \frac{1}{8}$ ....

2 단위분수의 곱셈에서 크기 비교하기

알고 풀어요 ❗

단위분수는 분모가
작을수록 큰 수야.

☐ 안에 들어갈 수 있는 자연수는 모두 몇 개인지 구해 보세요.

$$\frac{1}{9} \times \frac{1}{\square} > \frac{1}{60}$$

(   )

3 분수의 곱셈으로 단위 바꾸기

알고 풀어요 ❗

1시간＝60분,
1 m＝100 cm,
1 L＝1000 mL임
을 이용하자.

바르게 말한 친구를 찾아 이름을 써 보세요.

> 주희: 1시간의 $1\frac{1}{5}$은 1시간 14분이야.
>
> 건영: 1 m의 $2\frac{1}{4}$은 220 cm야.
>
> 민우: 1 L의 $1\frac{1}{8}$은 1125 mL야.

(   )

4 직사각형의 넓이 구하기

알고 풀어요 ❗

(직사각형의 넓이)
＝(가로)×(세로),
(정사각형의 넓이)
＝(한 변의 길이)×
(한 변의 길이)로 구
할 수 있어.

직사각형 가와 정사각형 나가 있습니다. 가의 넓이는 나의 넓이보다 몇 cm^2 더 넓은지 구해 보세요.

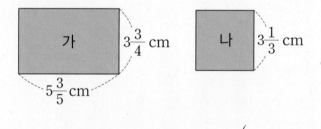

(   )

수시 평가 대비

1 그림을 보고 ☐ 안에 알맞은 수를 써넣으세요.

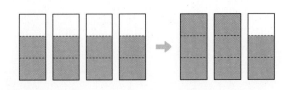

$$\frac{2}{3} \times 4 = \frac{2 \times \boxed{}}{3} = \frac{\boxed{}}{3} = \boxed{}$$

2 계산해 보세요.

(1) $5\frac{1}{6} \times 4$

(2) $6 \times \frac{3}{10}$

3 보기 와 같이 계산해 보세요.

보기

$$2 \times 1\frac{1}{6} = (2 \times 1) + \left(\overset{1}{\cancel{2}} \times \frac{1}{\underset{3}{\cancel{6}}}\right)$$

$$= 2 + \frac{1}{3} = 2\frac{1}{3}$$

$12 \times 1\frac{7}{10}$

4 계산 결과가 같은 것끼리 이어 보세요.

$2\frac{2}{7} \times 3\frac{1}{4}$ ·

· $\frac{11}{4} \times \frac{29}{7}$

$4\frac{1}{7} \times 2\frac{3}{4}$ ·

· $\frac{16}{7} \times \frac{13}{4}$

5 다음이 나타내는 수는 얼마인지 구해 보세요.

$3\frac{5}{12}$의 16배인 수

(   )

6 곱이 5보다 큰 것은 어느 것일까요? (   )

① $5 \times \frac{1}{4}$ ② $5 \times \frac{2}{3}$ ③ $5 \times \frac{13}{16}$

④ 5×1 ⑤ $5 \times 1\frac{1}{6}$

7 계산 결과를 비교하여 ◯ 안에 >, =, <를 알맞게 써넣으세요.

$$\frac{3}{4} \times \frac{8}{15} \bigcirc \frac{5}{7} \times \frac{3}{10}$$

8 빈칸에 알맞은 수를 써넣으세요.

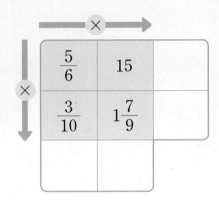

9 가장 큰 수와 가장 작은 수의 곱을 구해 보세요.

$$\frac{1}{5} \quad \frac{1}{11} \quad \frac{1}{7} \quad \frac{1}{2}$$

( )

10 세 수의 곱을 구해 보세요.

$$\frac{5}{7} \qquad \frac{8}{15} \qquad \frac{3}{10}$$

( )

11 계산 결과가 큰 것부터 차례로 기호를 써 보세요.

$\bigcirc \ 1\frac{5}{6} \times 4 \quad \bigcirc \ 16 \times \frac{3}{10} \quad \bigcirc \ 1\frac{3}{4} \times 3\frac{3}{11}$

( )

12 한 변의 길이가 $5\frac{1}{4}$ cm인 정육각형의 둘레는 몇 cm일까요?

( )

13 떨어진 높이의 $\frac{5}{8}$ 만큼 튀어 오르는 공이 있습니다. 64 cm의 높이에서 이 공을 떨어뜨렸다면 튀어 오른 높이는 몇 cm일까요?

( )

14 그림과 같이 종이테이프를 3등분하였습니다. 색칠한 부분의 길이는 몇 m일까요?

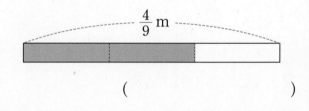

( )

15 어느 자동차는 한 시간에 72 km를 달립니다. 이 자동차가 같은 빠르기로 1시간 20분 동안 달린 거리는 몇 km일까요?

( )

16 6장의 수 카드 중 2장을 골라 ☐ 안에 써넣어 계산 결과가 가장 작은 곱셈식을 만들고 계산해 보세요.

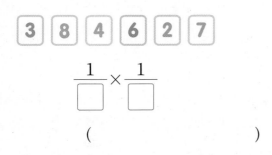

$$\frac{1}{\square} \times \frac{1}{\square}$$

(   )

17 어떤 수에 $3\frac{1}{2}$을 곱해야 할 것을 잘못하여 더했더니 $5\frac{3}{4}$이 되었습니다. 바르게 계산한 값은 얼마인지 구해 보세요.

(   )

18 지수는 전체가 180쪽인 동화책을 어제는 전체의 $\frac{4}{9}$를 읽고, 오늘은 나머지의 $\frac{2}{5}$를 읽었습니다. 지수가 이 동화책을 다 읽으려면 몇 쪽을 더 읽어야 할까요?

(   )

19 ☐ 안에 들어갈 수 있는 자연수는 모두 몇 개인지 풀이 과정을 쓰고 답을 구해 보세요.

$$\frac{7}{24} \times 18 > \square$$

풀이 _____

_____

_____

답 _____

20 3장의 수 카드를 한 번씩만 사용하여 만들 수 있는 가장 큰 대분수와 가장 작은 대분수의 곱은 얼마인지 풀이 과정을 쓰고 답을 구해 보세요.

2   1   5

풀이 _____

_____

_____

답 _____

➕ 꼭 나오는 유형

1 도형의 합동

• 모양과 크기가 같아서 포개었을 때 완전히 겹치는 두 도형을 서로 합동이라고 합니다.

⚡ 모양이 같아도 크기가 다르면 합동이 아니야. 모양과 크기가 모두 같아야 해.

1 점선을 따라 잘랐을 때 잘린 두 도형이 서로 합동이 되는 점선을 찾아 기호를 써 보세요.

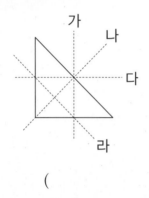

(   )

2 왼쪽 도형과 서로 합동인 도형을 그려 보세요.

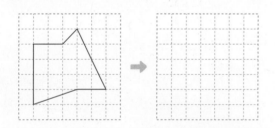

3 항상 합동이 되는 도형에 대해 잘못 설명한 사람의 이름을 써 보세요.

> 민주: 둘레가 같은 두 정삼각형은 항상 합동이야.
> 지수: 반지름이 같은 두 원은 항상 합동이야.
> 수아: 넓이가 같은 두 마름모는 항상 합동이야.

(   )

2 합동인 도형의 성질

• 서로 합동인 두 도형을 포개었을 때 완전히 겹치는 점을 대응점, 겹치는 변을 대응변, 겹치는 각을 대응각이라고 합니다.
• 서로 합동인 두 도형의 성질
  ① 각각의 대응변의 길이가 서로 같습니다.
  ② 각각의 대응각의 크기가 서로 같습니다.

⚡ 두 도형을 포개어 보지 않아도 각각의 대응변의 길이, 대응각의 크기를 비교하면 합동인지 알 수 있어.

4 두 삼각형은 서로 합동입니다. ☐ 안에 알맞은 수를 써넣으세요.

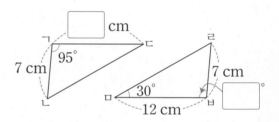

점프 두 사각형은 서로 합동입니다. 각 ㅇㅁㅂ은 몇 도일까요?

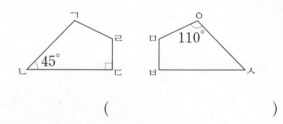

(   )

5 두 삼각형은 서로 합동입니다. 삼각형 ㄱㄴㄷ의 둘레는 몇 cm일까요?

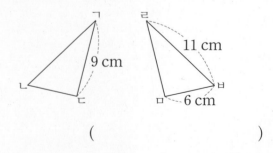

(   )

3 선대칭도형

- 한 직선을 따라 접었을 때 완전히 겹치는 도형을 선대칭도형이라고 합니다. 이때 그 직선을 대칭축이라고 합니다.
- 대칭축을 따라 접었을 때 겹치는 점을 대응점, 겹치는 변을 대응변, 겹치는 각을 대응각이라고 합니다.

⚡ 선대칭도형의 대칭축은 여러 개가 있을 수 있어.

4 선대칭도형의 성질

선대칭도형에서
- 각각의 대응변의 길이가 서로 같습니다.
- 각각의 대응각의 크기가 서로 같습니다.
- 대응점끼리 이은 선분은 대칭축과 수직으로 만납니다.
- 대칭축은 대응점끼리 이은 선분을 둘로 똑같이 나눕니다.

⚡ 각각의 대응점에서 대칭축까지의 거리가 서로 같아.

6 선대칭도형을 모두 찾아 ○표 하세요.

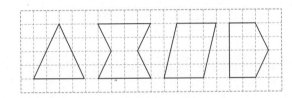

7 선대칭도형의 대칭축을 모두 그리고, 몇 개인지 써 보세요.

(1)   (2)

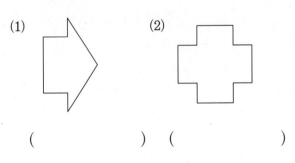

(   ) (   )

8 선대칭도형인 글자는 모두 몇 개일까요?

(   )

9 직선 ㅈㅊ을 대칭축으로 하는 선대칭도형입니다. □ 안에 알맞은 수를 써넣으세요.

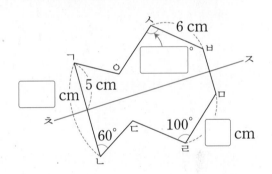

🐸점프 직선 ㅋㅌ을 대칭축으로 하는 선대칭도형입니다. 삼각형 ㄱㅊㅈ의 둘레는 몇 cm일까요?

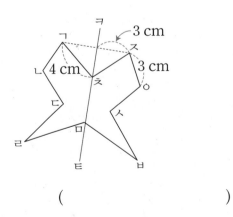

(   )

3. 합동과 대칭 **19**

5 점대칭도형

• 한 도형을 어떤 점을 중심으로 180° 돌렸을 때 처음 도형과 완전히 겹치면 이 도형을 점대칭도형이라고 합니다. 이때 그 점을 대칭의 중심이라고 합니다.

• 대칭의 중심을 중심으로 180° 돌렸을 때 겹치는 점을 대응점, 겹치는 변을 대응변, 겹치는 각을 대응각이라고 합니다.

⚡ 점대칭도형에서 대칭의 중심은 한 개뿐이야.

6 점대칭도형의 성질

점대칭도형에서

• 각각의 대응변의 길이가 서로 같습니다.
• 각각의 대응각의 크기가 서로 같습니다.
• 대칭의 중심은 대응점끼리 이은 선분을 둘로 똑같이 나눕니다.

⚡ 각각의 대응점에서 대칭의 중심까지의 거리는 서로 같아.

10 오른쪽 점대칭도형을 보고 다음을 구해 보세요.

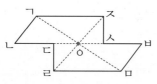

(1) 점 ㄱ의 대응점 ➡ (   )

(2) 변 ㄷㄹ의 대응변 ➡ (   )

(3) 각 ㅅㅂㅁ의 대응각 ➡ (   )

11 점대칭도형인 알파벳을 모두 찾아 ○표 하세요.

H D P B S

🏃 점프 점대칭도형인 수를 모두 한 번씩만 사용하여 만들 수 있는 가장 큰 수를 구해 보세요.

0 1 4 5 6 9

(   )

12 점 ㅇ을 대칭의 중심으로 하는 점대칭도형입니다. □ 안에 알맞은 수를 써넣으세요.

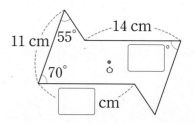

13 오른쪽은 점 ㅇ을 대칭의 중심으로 하는 점대칭도형입니다. 선분 ㄱㅁ이 24 cm일 때 선분 ㅇㅁ은 몇 cm일까요?

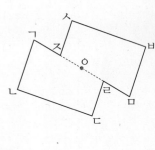

(   )

14 점대칭도형이 되도록 그림을 완성해 보세요.

(1)
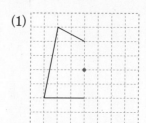

(2)
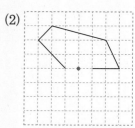

➕ **자주 틀리는 유형**

1 합동인 도형에서 각의 크기 구하기

삼각형 ㄱㄴㄷ과 삼각형 ㄷㄹㅁ은 서로 합동입니다. 각 ㄱㄷㅁ은 몇 도인지 구해 보세요.

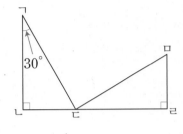

(   )

2 선대칭도형에서 각의 크기 구하기

직선 ㅅㅇ을 대칭축으로 하는 선대칭도형입니다. 각 ㄱㄴㄷ은 몇 도인지 구해 보세요.

(.)

3 선대칭도형도 되고 점대칭도형도 되는 것 찾기

알고 풀어요 !

선대칭도형인 것과 점대칭도형인 것을 각각 찾은 후 공통이 되는 도형을 찾아봐.

선대칭도형이면서 점대칭도형인 것을 모두 찾아 기호를 써 보세요.

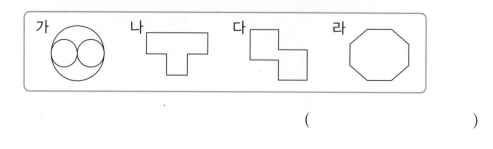

(   )

4 점대칭도형에서 선분의 길이 구하기

알고 풀어요 !

점대칭도형에서 대칭의 중심은 대응점끼리 이은 선분을 둘로 똑같이 나눠.

점 ㅇ을 대칭의 중심으로 하는 점대칭도형입니다. 선분 ㅂㅇ은 몇 cm인지 구해 보세요.

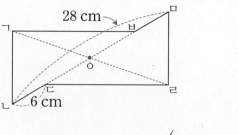

(   )

수시 평가 대비

1 서로 합동인 도형을 모두 찾아 기호를 써 보세요.

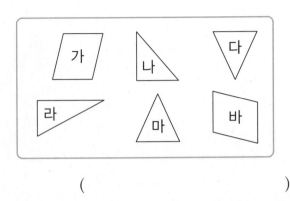

(   )

2 두 삼각형은 서로 합동입니다. 대응점, 대응변, 대응각을 각각 써 보세요.

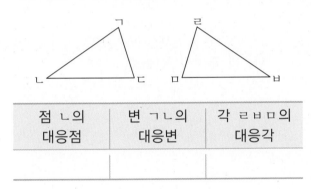

점 ㄴ의 대응점	변 ㄱㄴ의 대응변	각 ㄹㅂㅁ의 대응각

[3~4] 도형을 보고 물음에 답하세요.

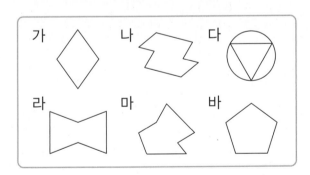

3 선대칭도형을 모두 찾아 기호를 써 보세요.

(   )

4 점대칭도형을 모두 찾아 기호를 써 보세요.

(   )

5 선대칭도형에서 대칭축은 모두 몇 개일까요?

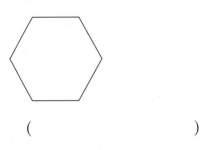

(   )

6 점대칭도형에서 대칭의 중심을 찾아 점으로 표시해 보세요.

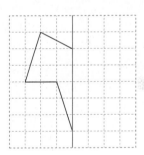

7 선대칭도형이 되도록 그림을 완성해 보세요.

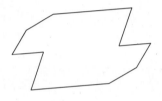

8 두 사각형은 서로 합동입니다. 사각형 ㄱㄴㄷㄹ 의 둘레는 몇 cm일까요?

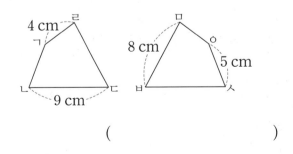

(   )

9 오른쪽은 직선 ㅅㅇ을 대칭축으로 하는 선대칭도형입니다. 각 ㄱㅂㅁ은 몇 도일까요?

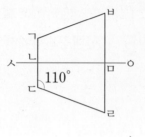

(   )

10 선분 ㄴㄹ을 대칭축으로 하는 선대칭도형입니다. 선분 ㄱㄷ은 8 cm이고 선분 ㄴㄹ은 14 cm일 때 사각형 ㄱㄴㄷㄹ의 넓이는 몇 cm²일까요?

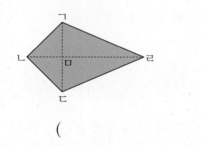

(   )

11 다음 중 점대칭도형이 <u>아닌</u> 것은 어느 것일까요? (   )

① 마름모   ② 직사각형   ③ 정오각형
④ 정사각형   ⑤ 평행사변형

12 선대칭도형이면서 점대칭도형인 알파벳을 모두 찾아 써 보세요.

> **O C N**
> **X Z T**

(   )

13 오른쪽은 점 ㅇ을 대칭의 중심으로 하는 점대칭도형입니다. 이 도형의 둘레가 44 cm일 때 변 ㄱㄴ은 몇 cm일까요?

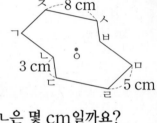

(   )

14 점대칭도형이 되도록 그림을 완성해 보세요.

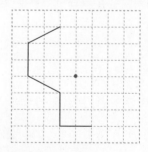

15 삼각형 ㄱㄴㄷ과 삼각형 ㄹㄷㄴ은 서로 합동입니다. 각 ㄱㄴㄹ은 몇 도일까요?

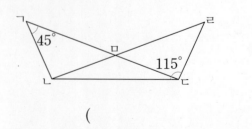

(   )

16 삼각형 ㄱㄴㅁ과 삼각형 ㅁㄷㄹ은 서로 합동입니다. 삼각형 ㄱㄴㅁ의 넓이는 몇 cm²일까요?

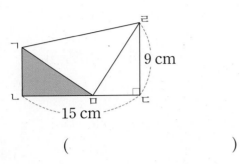

(   )

17 직선 ㅁㅂ을 대칭축으로 하는 선대칭도형을 완성했을 때 완성한 선대칭도형의 넓이는 몇 cm²일까요?

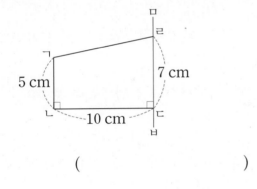

(   )

18 점 ㅇ을 대칭의 중심으로 하는 점대칭도형을 완성했을 때 완성한 점대칭도형의 둘레는 몇 cm 일까요?

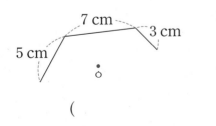

(   )

19 삼각형 ㄱㄴㄷ과 삼각형 ㄹㅁㅂ은 서로 합동이고 이등변삼각형입니다. 각 ㄹㅁㅂ은 몇 도인지 풀이 과정을 쓰고 답을 구해 보세요.

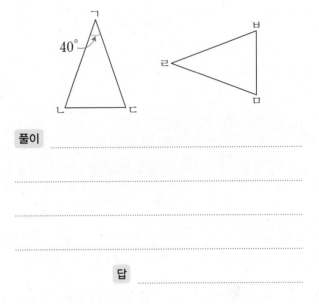

풀이 _____

_____

_____

답 _____

20 직선 ㅁㅂ에 맞닿도록 사각형 ㄱㄴㄷㄹ을 그렸습니다. 사각형 ㄱㄴㄷㄹ은 점 ㅇ을 대칭의 중심으로 하는 점대칭도형입니다. 각 ㄴㄷㅂ은 몇 도인지 풀이 과정을 쓰고 답을 구해 보세요.

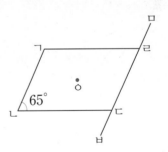

풀이 _____

_____

_____

답 _____

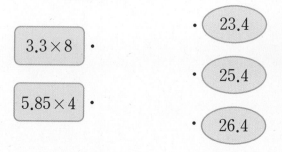

➕ 꼭 나오는 유형

1 (소수) × (자연수)(1)

- 0.3×4의 계산

방법 1 덧셈식으로 계산하기

$0.3×4=0.3+0.3+0.3+0.3=1.2$

방법 2 0.1의 개수로 계산하기

$0.3×4=0.1×\boxed{3×4}=0.1×12$

➡ 0.1이 모두 12개이므로
$0.3×4=1.2$입니다.

방법 3 분수의 곱셈으로 계산하기

$0.3×4=\dfrac{3}{10}×4=\dfrac{3×4}{10}=\dfrac{12}{10}=1.2$

⚡ 1보다 작은 소수 한 자리 수 0.■는 0.1이 ■개이고, 분수로 나타내면 $\dfrac{■}{10}$야.

2 (소수) × (자연수)(2)

- 5.2×3의 계산

방법 1 덧셈식으로 계산하기

$5.2×3=5.2+5.2+5.2=15.6$

방법 2 0.1의 개수로 계산하기

$5.2×3=0.1×\boxed{52×3}=0.1×156$

➡ 0.1이 모두 156개이므로
$5.2×3=15.6$입니다.

방법 3 분수의 곱셈으로 계산하기

$5.2×3=\dfrac{52}{10}×3=\dfrac{52×3}{10}$

$=\dfrac{156}{10}=15.6$

⚡ 1보다 큰 소수 한 자리 수 ●.▲는 0.1이 ●▲개이고, 분수로 나타내면 $\dfrac{●▲}{10}$야.

---

1 계산해 보세요.

(1) $0.3×9$

(2) $0.46×4$

점프 계산 결과를 비교하여 ◯ 안에 >, =, <를 알맞게 써넣으세요.

$0.52×6 \bigcirc 0.63×5$

2 감자가 한 봉지에 0.8 kg씩 들어 있습니다. 감자 7봉지의 무게는 몇 kg일까요?

( )

3 계산 결과를 찾아 이어 보세요.

$3.3×8$ •

$5.85×4$ •

• 23.4

• 25.4

• 26.4

4 오른쪽 정오각형의 둘레는 몇 cm일까요?

5.39 cm

( )

5 어느 날 필리핀 돈 1페소는 우리나라 돈 22.7원이라고 합니다. 이 날 필리핀 돈 90페소로 바꾸려면 우리나라 돈은 얼마를 내야 할까요?

( )

3 (자연수)×(소수)⑴

· 5×0.7의 계산

방법 1 분수의 곱셈으로 계산하기

$$5 \times 0.7 = 5 \times \frac{7}{10} = \frac{5 \times 7}{10} = \frac{35}{10} = 3.5$$

방법 2 자연수의 곱셈으로 계산하기

$$5 \times \boxed{7} = \boxed{35}$$

$\frac{1}{10}$배 ↓ ↓ $\frac{1}{10}$배

$$5 \times \boxed{0.7} = \boxed{3.5}$$

자연수의 곱셈으로 계산할 때 곱하는 수가 $\frac{1}{10}$배가 되면 계산 결과도 $\frac{1}{10}$배가 돼.

4 (자연수)×(소수)⑵

· 4×1.32의 계산

방법 1 분수의 곱셈으로 계산하기

$$4 \times 1.32 = 4 \times \frac{132}{100} = \frac{4 \times 132}{100}$$

$$= \frac{528}{100} = 5.28$$

방법 2 자연수의 곱셈으로 계산하기

$$4 \times \boxed{132} = \boxed{528}$$

$\frac{1}{100}$배 ↓ ↓ $\frac{1}{100}$배

$$4 \times \boxed{1.32} = \boxed{5.28}$$

자연수의 곱셈으로 계산할 때 곱하는 수가 $\frac{1}{100}$배가 되면 계산 결과도 $\frac{1}{100}$배가 돼.

6 보기 와 같은 방법으로 계산해 보세요.

보기

$$6 \times 0.9 = 6 \times \frac{9}{10} = \frac{6 \times 9}{10} = \frac{54}{10} = 5.4$$

⑴ 15×0.7

⑵ 8×0.42

8 계산해 보세요.

⑴ 32×1.6

⑵ 20×4.14

9 두 식의 계산 결과의 차를 구해 보세요.

| 23×5.6 | 42×1.8 |

( )

7 빈칸에 알맞은 수를 써넣으세요.

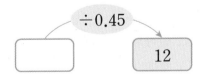

$\div 0.45$

☐ → 12

점프 어떤 수를 0.86으로 나누었더니 25가 되었습니다. 어떤 수를 구해 보세요.

( )

10 둘레가 $900\,\text{m}$인 원 모양의 공원이 있습니다. 수빈이가 이 공원의 둘레를 4바퀴 반 달렸습니다. 수빈이가 달린 거리는 몇 m일까요?

( )

➕ 개념 적용

5 (소수) × (소수)

• 0.2 × 0.6의 계산

방법 1 분수의 곱셈으로 계산하기

$$0.2 \times 0.6 = \frac{2}{10} \times \frac{6}{10} = \frac{2 \times 6}{100}$$

$$= \frac{12}{100} = 0.12$$

방법 2 자연수의 곱셈으로 계산하기

2 × 6 = 12

$\frac{1}{10}$배 $\frac{1}{10}$배 $\frac{1}{100}$배

0.2 × 0.6 = 0.12

⚡ 자연수의 곱셈으로 계산할 때 곱해지는 수와 곱하는 수가 각각 $\frac{1}{10}$배가 되면 계산 결과는 $\frac{1}{100}$배가 돼.

6 곱의 소수점 위치

• 소수와 자연수의 곱셈에서 곱의 소수점 위치

2.34 × 10 = 23.4	234 × 0.1 = 23.4
2.34 × 100 = 234	234 × 0.01 = 2.34
2.34 × 1000 = 2340	234 × 0.001 = 0.234

• 소수와 소수의 곱셈에서 곱의 소수점 위치

$$0.4 \times 0.06 = 0.024$$

소수 한 자리 수 ─┘   └─ 소수 두 자리 수   └─ 소수 세 자리 수

⚡ (소수) × (소수)에서 곱의 소수점 아래 자리 수는 곱하는 두 소수의 소수점 아래 자리 수의 합과 같아.

11 빈칸에 알맞은 수를 써넣으세요.

× →

0.6	0.72	
0.14	0.55	

12 가장 큰 수와 두 번째로 작은 수의 곱을 구해 보세요.

1.2 6.05 2.8 5.09

(   )

🦘 점프 4장의 수 카드 3 , 6 , 9 , 2 중 서로 다른 2장을 골라 ▢.▢의 ▢ 안에 한 번씩만 써넣어 소수 한 자리 수를 만들려고 합니다. 만들 수 있는 가장 큰 수와 가장 작은 수의 곱을 구해 보세요.

(   )

13 계산 결과가 <u>다른</u> 것을 찾아 기호를 써 보세요.

㉠ 7400의 0.01	㉡ 7.4의 10배
㉢ 740의 0.001	㉣ 0.074의 1000배

(   )

14 ▢ 안에 알맞은 수를 써넣으세요.

(1) ▢ × 10 = 3.5

(2) 912 × ▢ = 0.912

15 계산 결과의 소수점 아래 자리 수가 많은 것부터 차례로 기호를 써 보세요.

㉠ 1.36 × 541	㉡ 136 × 54.1
㉢ 13.6 × 5.41	㉣ 1.36 × 5.41

(   )

1 도형의 넓이 구하기

알고 풀어요 ❗

(직사각형의 넓이)
＝(가로)×(세로),
(평행사변형의 넓이)
＝(밑변의 길이)×
(높이)로 구할 수 있
어.

직사각형과 평행사변형의 넓이의 차는 몇 cm^2인지 구해 보세요.

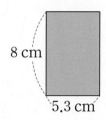 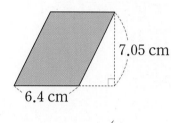

8 cm

7.05 cm

5.3 cm   6.4 cm

(   )

4

2 전체의 0.■만큼 구하기

알고 풀어요 ❗

전체의 0.■만큼은
(전체)×0.■야.

준호는 리본 2.4 m의 0.7만큼을 상자를 포장하는 데 사용하였습니다. 상자를 포
장하는 데 사용한 리본은 몇 m인지 구해 보세요.

(   )

3 ☐ 안에 들어갈 수 있는 수 구하기

☐ 안에 들어갈 수 있는 자연수를 모두 구해 보세요.

$$19 \times 2.9 < \boxed{} < 8.4 \times 7$$

(   )

4 몇 배인지 구하기

㉠은 ㉡의 몇 배인지 구해 보세요.

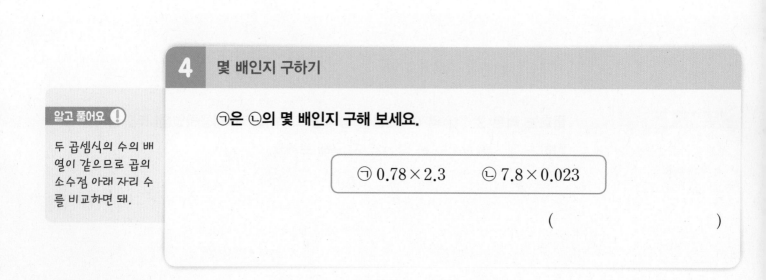

㉠ 0.78×2.3 ㉡ 7.8×0.023

(   )

수시 평가 대비

점수

확인

1 ☐ 안에 알맞은 수를 써넣으세요.

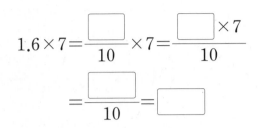

$$1.6 \times 7 = \frac{\boxed{}}{10} \times 7 = \frac{\boxed{} \times 7}{10}$$

$$= \frac{\boxed{}}{10} = \boxed{}$$

2 ☐ 안에 알맞은 수를 써넣으세요.

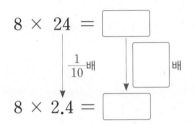

$$8 \times 24 = \boxed{}$$

$\frac{1}{10}$배 　　　 배

$$8 \times 2.4 = \boxed{}$$

3 계산해 보세요.

(1) 0.7×3

(2) 6×3.54

4 잘못 계산한 곳을 찾아 바르게 계산해 보세요.

$$0.3 \times 0.14 = \frac{3}{10} \times \frac{14}{10} = \frac{42}{100} = 0.42$$

➡ 0.3×0.14

5 어림하여 18보다 작은 것을 찾아 기호를 써 보세요.

　㉠ 3.1×6.2　㉡ 1.6×8.5　㉢ 4.2×7.3

(　　　　　　　)

6 빈칸에 두 수의 곱을 써넣으세요.

4.5	8.2

7 계산 결과를 비교하여 ◯ 안에 >, =, <를 알맞게 써넣으세요.

$$8 \times 0.9 \bigcirc 2 \times 3.05$$

4

8 계산해 보세요.

$$593 \times 0.1 = \boxed{}$$

$$593 \times 0.01 = \boxed{}$$

$$593 \times 0.001 = \boxed{}$$

9 빈칸에 알맞은 수를 써넣으세요.

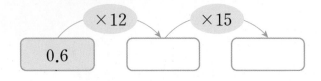

10 바르게 계산한 것은 어느 것일까요? (   )

① $0.6 \times 17 = 11.2$ ② $26 \times 0.45 = 12.7$
③ $13 \times 1.6 = 21.8$ ④ $3.4 \times 4.9 = 17.76$
⑤ $5.12 \times 2.5 = 12.8$

11 계산 결과가 같은 것끼리 이어 보세요.

5×0.009	$\cdot$		$\cdot$	50×0.09
0.5×9	$\cdot$		$\cdot$	0.05×0.9

12 진수는 이번 주 월요일부터 목요일까지 하루에 1시간 15분씩 자전거를 탔습니다. 진수가 이번 주에 자전거를 탄 시간은 모두 몇 시간인지 구해 보세요.

(   )

13 마름모의 둘레는 몇 cm일까요?

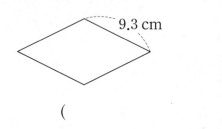

9.3 cm

(   )

14 어느 날 덴마크 돈 10크로네가 우리나라 돈으로 1805.4원이라고 합니다. 이 날 덴마크 돈 1000크로네는 우리나라 돈으로 얼마인지 구해 보세요.

(   )

15 $436 \times 18 = 7848$을 이용하여 식을 완성할 때 ㉠과 ㉡에 알맞은 수의 곱을 구해 보세요.

- $㉠ \times 1.8 = 78.48$
- $4.36 \times ㉡ = 0.7848$

(   )

16 다음 정사각형의 가로는 1.2배로 늘이고, 세로는 0.6배로 줄여서 새로운 직사각형을 만들었습니다. 새로 만든 직사각형의 넓이는 몇 cm²인지 구해 보세요.

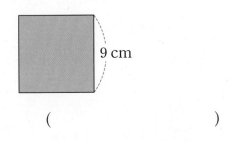

(   )

17 어떤 수에 4.7을 곱해야 할 것을 잘못하여 더했더니 8.9가 되었습니다. 바르게 계산한 값은 얼마인지 구해 보세요.

(   )

18 길이가 5.45 cm인 색 테이프 8장을 0.8 cm씩 겹치게 한 줄로 이어 붙였습니다. 이어 붙인 색 테이프의 전체 길이는 몇 cm인지 구해 보세요.

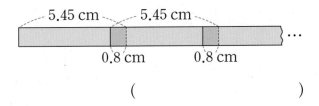

(   )

19 ☐ 안에 들어갈 수 있는 자연수는 모두 몇 개인지 풀이 과정을 쓰고 답을 구해 보세요.

$$3.4 \times 12 < \square < 7.35 \times 6$$

풀이 _____

_____

_____

답 _____

20 아버지의 몸무게는 65 kg이고, 어머니의 몸무게는 아버지의 몸무게의 0.82만큼입니다. 지아의 몸무게가 어머니의 몸무게의 0.7만큼일 때 지아의 몸무게는 몇 kg인지 풀이 과정을 쓰고 답을 구해 보세요.

풀이 _____

_____

_____

답 _____

1 직육면체

- 직육면체: 직사각형 6개로 둘러싸인 도형
- 직육면체의 구성 요소
  - 면: 선분으로 둘러싸인 부분
  - 모서리: 면과 면이 만나는 선분
  - 꼭짓점: 모서리와 모서리가 만나는 점

⚡ 직육면체의 면은 6개, 모서리는 12개, 꼭짓점은 8개야.

1 직육면체를 모두 찾아 기호를 써 보세요.

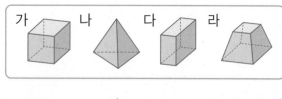

가 나 다 라

(   )

2 오른쪽 직육면체를 보고 ☐ 안에 알맞은 수를 써넣으세요.

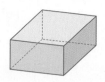

면은 ☐개, 모서리는 ☐개, 꼭짓점은 ☐개입니다.

3 오른쪽 직육면체에서 면 ㄱㅁㅇㄹ의 네 변의 길이의 합은 몇 cm일까요?

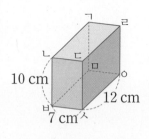

10 cm 12 cm 7 cm

(   )

2 정육면체

- 정육면체: 정사각형 6개로 둘러싸인 도형
- 직육면체와 정육면체의 비교

도형	공통점			차이점	
	면의 수(개)	모서리의 수(개)	꼭짓점의 수(개)	면의 모양	모서리의 길이
직육면체	6	12	8	직사각형	다름.
정육면체				정사각형	모두 같음.

⚡ 정육면체는 직육면체라고 할 수 있지만 직육면체는 정육면체라고 할 수 없어.

4 정육면체에 대한 설명으로 틀린 것을 찾아 기호를 써 보세요.

㉠ 모든 면이 합동입니다.
㉡ 모서리는 12개입니다.
㉢ 면의 모양이 모두 다른 도형입니다.

(   )

5 정육면체에서 보이는 면과 보이는 꼭짓점의 수의 합은 몇 개인지 구해 보세요.

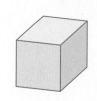

(   )

점프 오른쪽 정육면체에서 보이지 않는 모서리의 길이의 합은 몇 cm일까요?

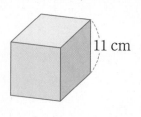

11 cm

(   )

3 직육면체의 성질

• 직육면체의 밑면: 직육면체에서 평행한 두 면
• 직육면체의 옆면: 직육면체에서 밑면과 수직인 면

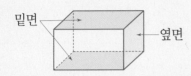

⚡ 직육면체에는 평행한 면이 3쌍 있고 이 평행한 면은 각각 밑면이 될 수 있으며, 옆면은 밑면에 따라 달라져.

6 직육면체에서 색칠한 면과 평행한 면을 찾아 색칠해 보세요.

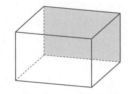

7 직육면체에서 면 ㄴㅂㅅㄷ과 수직인 면을 모두 찾아 써 보세요.

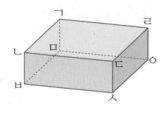

( )

8 주사위에서 서로 평행한 두 면의 눈의 수의 합은 7입니다. 4의 눈이 그려진 면과 수직인 면들의 눈의 수의 합을 구해 보세요.

( )

4 직육면체의 겨냥도

• 직육면체의 겨냥도: 직육면체의 모양을 잘 알 수 있도록 나타낸 그림

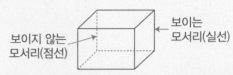

⚡ 직육면체의 겨냥도를 그릴 때 보이는 모서리는 실선으로, 보이지 않는 모서리는 점선으로 그리고, 평행한 모서리는 평행하게 그리면 돼.

9 직육면체의 겨냥도를 바르게 그린 것을 찾아 기호를 써 보세요.

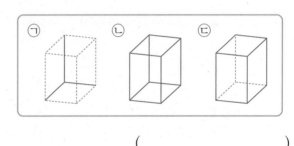

( )

10 오른쪽 정육면체의 겨냥도를 보고 빈칸에 알맞은 수를 써넣으세요.

보이지 않는 면의 수(개)	
보이지 않는 모서리의 수(개)	
보이지 않는 꼭짓점의 수(개)	

점프 오른쪽 직육면체에서 보이는 모서리의 길이의 합은 몇 cm일까요?

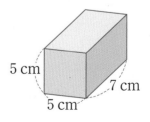

( )

5 정육면체의 전개도

• 정육면체의 전개도: 정육면체의 모서리를 잘라서 펼친 그림

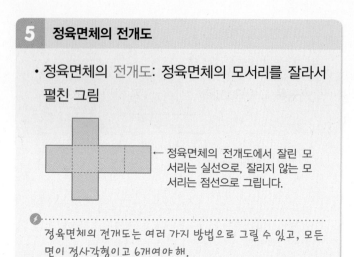

← 정육면체의 전개도에서 잘린 모서리는 실선으로, 잘리지 않는 모서리는 점선으로 그립니다.

⚡ 정육면체의 전개도는 여러 가지 방법으로 그릴 수 있고, 모든 면이 정사각형이고 6개여야 해.

6 직육면체의 전개도

• 직육면체의 전개도

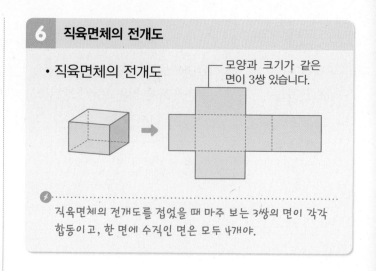

모양과 크기가 같은 면이 3쌍 있습니다.

⚡ 직육면체의 전개도를 접었을 때 마주 보는 3쌍의 면이 각각 합동이고, 한 면에 수직인 면은 모두 4개야.

11 정육면체의 전개도를 모두 찾아 기호를 써 보세요.

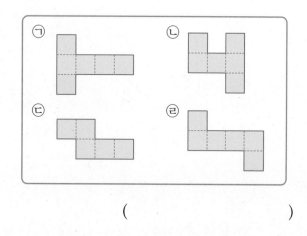

(   )

12 전개도를 접어서 정육면체를 만들었습니다. 면 다와 수직인 면을 모두 찾아 써 보세요.

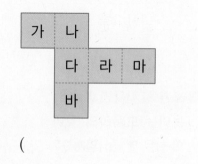

(   )

13 직육면체의 전개도를 그린 것입니다. ☐ 안에 알맞은 수를 써넣으세요.

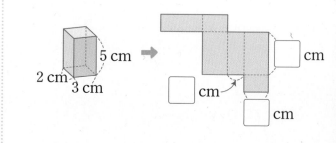

🏃 점프 직육면체의 전개도를 그린 것입니다. 색칠한 부분의 둘레는 몇 cm일까요?

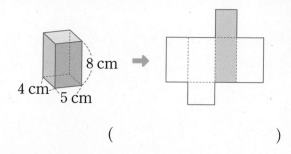

(   )

14 전개도를 접어서 직육면체를 만들었습니다. 색칠한 면과 마주 보는 면을 찾아 써 보세요.

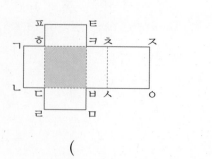

(   )

➕ 자주 틀리는 유형

1 겨냥도에서 보이지 않는 모서리의 길이

알고 풀어요 ❗

겨냥도에서 보이지 않는 모서리는 점선으로 그려져 있어.

직육면체의 겨냥도에서 보이지 않는 모서리의 길이의 합이 17 cm일 때 모서리 ㄴㄷ의 길이는 몇 cm인지 구해 보세요.

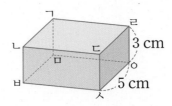

(   )

2 모서리의 길이의 합

알고 풀어요 ❗

길이가 같은 모서리가 몇 개씩 있는지 찾아봐.

직육면체의 모든 모서리의 길이의 합은 몇 cm인지 구해 보세요.

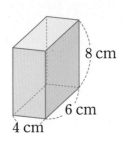

(   )

3 전개도를 접었을 때 겹치는 부분

알고 풀어요 !

전개도를 접었을 때 만나는 점을 찾으면 겹치는 선분을 쉽게 알 수 있어.

전개도를 접어서 직육면체를 만들었을 때 선분 ㅋㅊ과 겹치는 선분을 찾아 써 보세요.

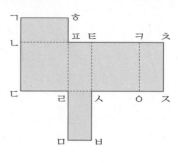

(   )

4 주사위의 전개도

알고 풀어요 !

전개도를 접었을 때 서로 평행한 면을 찾아봐.

전개도를 접어서 만든 주사위에서 서로 평행한 두 면의 눈의 수의 합은 7입니다. 정육면체 전개도의 빈 곳에 주사위의 눈을 알맞게 그려 넣으세요.

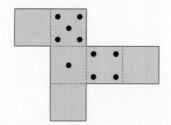

수시 평가 대비

1 직육면체를 모두 고르세요. (   )

①   ②   ③

④   ⑤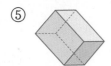

2 직육면체를 보고 ☐ 안에 알맞은 수를 써넣으세요.

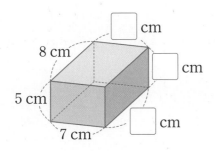

3 오른쪽 정육면체를 보고 빈칸에 알맞은 수를 써넣으세요.

면의 수(개)	모서리의 수(개)	꼭짓점의 수(개)

4 직육면체에서 면 ㄷㅅㅇㄹ과 평행한 면을 찾아 써 보세요.

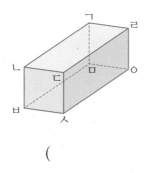

(   )

5 직육면체의 성질을 잘못 설명한 친구의 이름을 써 보세요.

> 민우: 서로 평행한 면은 3쌍이야.
> 다현: 한 꼭짓점에서 만나는 모서리는 모두 3개야.
> 지희: 한 면과 수직으로 만나는 면은 모두 3개야.

(   )

6 한 모서리의 길이가 7 cm인 정육면체의 모든 모서리의 길이의 합은 몇 cm일까요?

(   )

7 직육면체에서 빠진 부분을 그려 넣어 직육면체의 겨냥도를 완성해 보세요.

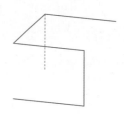

8 정육면체에서 보이는 모서리의 수와 보이지 않는 꼭짓점의 수의 합은 몇 개인지 구해 보세요.

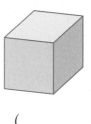

(   )

[9~10] 전개도를 접어서 정육면체를 만들었습니다. 물음에 답하세요.

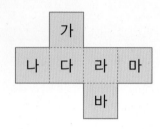

9 면 나와 마주 보는 면을 찾아 써 보세요.

( )

10 면 다와 면 라에 공통으로 수직인 면을 모두 찾아 써 보세요.

( )

11 오른쪽 직육면체에서 모든 모서리의 길이의 합은 92 cm입니다. ㉠에 알맞은 수를 구해 보세요.

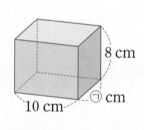

( )

12 다음 그림은 직육면체의 전개도가 아닙니다. 전개도가 될 수 있도록 면을 옮겨 그려 보세요.

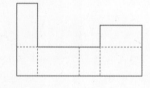

13 전개도를 접어서 만든 주사위에서 서로 평행한 두 면의 눈의 수의 합은 7입니다. ㉠, ㉡, ㉢에 알맞은 눈의 수를 각각 구해 보세요.

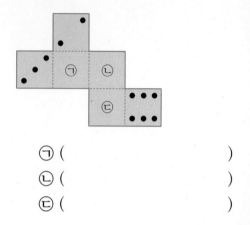

㉠ ( )
㉡ ( )
㉢ ( )

14 직육면체의 겨냥도를 보고 전개도를 그려 보세요.

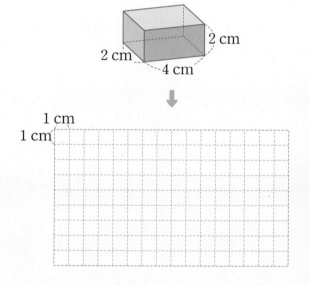

15 직육면체 모양의 상자를 보고 보이는 세 면 중 두 면을 그린 것입니다. 보이는 나머지 한 면의 네 변의 길이의 합은 몇 cm일까요?

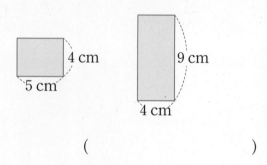

( )

16 그림과 같이 직육면체 모양의 상자를 끈으로 묶었습니다. 매듭으로 사용한 끈의 길이가 18 cm일 때 사용한 끈의 길이는 몇 cm일까요?

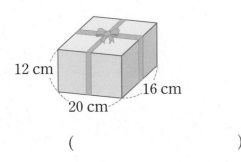

(   )

17 다음 직육면체와 모든 모서리의 길이의 합이 같은 정육면체가 있습니다. 이 정육면체의 한 모서리의 길이는 몇 cm일까요?

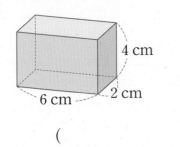

(   )

18 왼쪽과 같이 직육면체의 면에 선을 그었습니다. 직육면체의 전개도가 오른쪽과 같을 때 선이 지나간 자리를 바르게 그려 넣으세요.

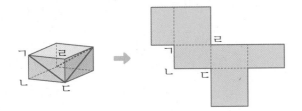

19 직육면체와 정육면체에 대해 <u>잘못</u> 설명한 것을 모두 찾아 기호를 쓰고, 바르게 고쳐 보세요.

> ㉠ 꼭짓점이 8개로 같습니다.
> ㉡ 모서리가 12개로 같습니다.
> ㉢ 면의 모양이 같습니다.
> ㉣ 직육면체는 정육면체라고 할 수 있습니다.

기호 _____

바르게 고치기 _____

_____

_____

20 전개도를 접어서 만든 정육면체의 모든 모서리의 길이의 합은 몇 cm인지 풀이 과정을 쓰고 답을 구해 보세요.

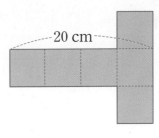

풀이 _____

_____

_____

답 _____

5

1 평균

- 평균: 자료의 값을 모두 더해 자료의 수로 나눈 값

  > (평균)=(자료값의 합)÷(자료의 수)

- 평균 구하기
  - 예 5개의 수 3, 5, 6, 7, 4의 평균 구하기
    - 방법 1 자료의 값을 고르게 하여 구하기
      평균을 5로 예상한 후 (3, 7), 5, (6, 4)
      로 수를 옮기고 짝 지어 자료의 값을
      고르게 하여 구한 평균은 5입니다.
    - 방법 2 자료값의 합을 자료의 수로 나누어 구
      하기
      (평균)=(3+5+6+7+4)÷5=5

⚡ 평균은 자료를 대표하는 값이야.

1 수빈이의 줄넘기 기록을 나타낸 표입니다. 수빈이는 한 회에 줄넘기를 평균 몇 번 넘었나요?

줄넘기 기록

회	1회	2회	3회	4회	5회
기록(번)	18	20	14	16	22

(   )

점프 준성이네 가족의 나이를 조사하여 나타낸 표입니다. 어머니의 나이가 동생의 나이의 4배일 때 준성이네 가족 나이의 평균을 구해 보세요.

준성이네 가족의 나이

가족	아버지	어머니	준성	동생	할머니
나이(세)	43		12	10	70

(   )

2 평균을 이용하여 문제 해결하기

- 평균 비교하기
  - 예 1인당 가진 공책 수가 더 많은 모둠 찾기

모둠 친구 수와 공책 수

모둠	가	나
모둠 친구 수(명)	3	4
공책 수(권)	15	16

(가 모둠의 공책 수의 평균)=15÷3=5(권)
(나 모둠의 공책 수의 평균)=16÷4=4(권)
➡ 1인당 가진 공책 수가 더 많은 모둠: 가 모둠

- 평균을 이용하여 모르는 자료의 값 구하기
  - 예 준호의 4회 제기차기 기록의 평균이 5개일 때 3회의 기록 구하기

준호의 제기차기 기록

회	1회	2회	3회	4회
기록(개)	5	4		7

(1회부터 4회까지의 기록의 합)=5×4=20(개)
➡ (3회의 기록)=20-(5+4+7)=4(개)

⚡ 자료의 수가 다를 때는 자료값의 합만 보고 비교하면 안 되고 평균을 구해서 비교하자.

2 은지네 반에서 모둠별로 사용한 색종이 수를 나타낸 표입니다. 1인당 사용한 색종이 수가 가장 많은 모둠은 어느 모둠일까요?

모둠 친구 수와 사용한 색종이 수

모둠	가	나	다
모둠 친구 수(명)	5	4	3
사용한 색종이 수(장)	30	28	24

(   )

3 윤정이네 학교 5학년 학급별 안경을 쓴 학생 수를 조사하여 나타낸 표입니다. 한 학급당 안경을 쓴 학생 수의 평균이 6명일 때 3반의 안경을 쓴 학생 수는 몇 명일까요?

학급별 안경을 쓴 학생 수

학급(반)	1	2	3	4	5
학생 수(명)	5	8		6	4

( )

4 찬우네 모둠과 세인이네 모둠의 수학 점수입니다. 각 모둠의 수학 점수의 평균은 어느 모둠이 몇 점 더 높을까요?

찬우네 모둠
86점   72점
94점   80점

세인이네 모둠
82점   78점
76점   92점

( ), ( )

5 지훈이가 6일 동안 운동한 시간을 나타낸 표입니다. 토요일에 운동을 24분 더 했다면 6일 동안의 일별 평균 운동 시간은 몇 분 더 많아질까요?

지훈이의 운동 시간

요일	월	화	수	목	금	토
운동 시간(분)	45	50	35	45	55	40

( )

3 일이 일어날 가능성을 말로 표현하기

• 가능성: 어떠한 상황에서 특정한 일이 일어나길 기대할 수 있는 정도
• 가능성의 정도는 불가능하다, ~아닐 것 같다, 반반이다, ~일 것 같다, 확실하다 등으로 표현할 수 있습니다.

⚡ 실생활 등 어떤 상황에서 특별한 일이 일어날 가능성을 예측해 보고 말로 표현해 보자.

6 일이 일어날 가능성을 찾아 이어 보세요.

4월 한 달이 31일일 가능성	•	•	불가능하다
주사위를 2번 굴릴 때 주사위 눈의 수가 모두 5일 가능성	•	•	~아닐 것 같다
		•	확실하다

7 5장의 수 카드 8 , 6 , 9 , 5 , 7 중에서 한 장을 뽑을 때 10 이하의 수가 나올 가능성을 말로 표현해 보세요.

_____

_____

🏃 점프 일이 일어날 가능성을 말로 표현할 때 다른 하나를 찾아 기호를 써 보세요.

㉠ 배만 들어 있는 봉지에서 귤을 꺼낼 가능성
㉡ 동전을 던질 때 그림면이 나올 가능성
㉢ 내년에 내 짝꿍이 남자일 가능성

( )

6

4 일이 일어날 가능성을 비교하기

• 회전판에서 화살이 노란색에 멈출 가능성 비교하기

가   나   다

가: 화살이 노란색에 멈출 가능성 ➡ 불가능하다
나: 화살이 노란색에 멈출 가능성 ➡ 반반이다
다: 화살이 노란색에 멈출 가능성 ➡ 확실하다

> ⚡ 각 회전판에서 노란색 부분이 넓을수록 화살이 노란색에 멈출 가능성이 높아져.

8 일이 일어날 가능성이 더 높은 것에 ○표 하세요.

㉠
> 주사위 한 개를 굴리면 주사위 눈의 수가 짝수가 나올 것입니다.   (   )

㉡
> 내일 아침에 해가 동쪽에서 뜰 것입니다.   (   )

🏃 점프 일이 일어날 가능성이 높은 것부터 차례로 기호를 써 보세요.

> ㉠ 흰색 공이 4개 들어 있는 주머니에서 공 1개를 꺼내면 그 공은 흰색일 것입니다.
> ㉡ 동전을 세 번 던지면 세 번 모두 숫자 면이 나올 것입니다.
> ㉢ 주사위를 던지면 짝수의 눈이 나올 것입니다.

(   )

5 일이 일어날 가능성을 수로 표현하기

• 일이 일어날 가능성을 0, $\dfrac{1}{2}$, 1과 같은 수로 표현할 수 있습니다.

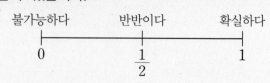

> ⚡ 일이 일어날 가능성은 0부터 1까지의 수로 표현할 수 있어.

9 딸기 맛 사탕만 5개 들어 있는 봉지에서 사탕 1개를 꺼낼 때 꺼낸 사탕이 딸기 맛일 가능성에 ↓로 나타내어 보세요.

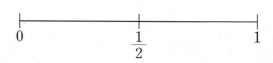

10 주사위 한 개를 굴릴 때 주사위 눈의 수가 4의 약수가 나올 가능성을 수로 표현해 보세요.

(   )

11 화살이 파란색에 멈출 가능성이 $\dfrac{1}{2}$보다 크고 1보다 작은 회전판이 되도록 회전판을 색칠해 보세요.

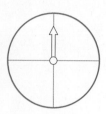

정답과 풀이 63쪽

1 평균을 알 때 자료값의 합

알고 풀어요 ❗

(평균)=(자료값의 합)
　　　÷(자료의 수)
➡ (자료값의 합)
　=(평균)×
　　(자료의 수)
　로 구하면 돼.

어느 박물관에 5월 한 달 동안 하루 평균 230명씩 방문했습니다. 5월 한 달 동안 박물관을 방문한 사람은 모두 몇 명인지 구해 보세요.

(　　　　　　　　)

2 ~가 아닐 가능성

알고 풀어요 ❗

'꺼낸 공이 초록색이 아닐 가능성'은 '꺼낸 공이 파란색일 가능성'과 같아.

파란색 공 1개와 초록색 공 1개가 들어 있는 상자가 있습니다. 이 상자에서 공을 한 개 꺼낼 때 꺼낸 공이 초록색이 아닐 가능성을 수로 표현해 보세요.

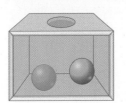

(　　　　　　　　)

수시 평가 대비

[1~2] 정수네 모둠의 공 던지기 기록을 나타낸 표입니다. 물음에 답하세요.

공 던지기 기록

이름	정수	지희	건형	수아	민아
기록(m)	24	30	21	34	26

1 정수네 모둠의 공 던지기 기록의 합은 몇 m일까요?

( )

2 정수네 모둠의 공 던지기 기록의 평균은 몇 m일까요?

( )

[3~4] 사건이 일어날 가능성을 생각해 보고, 알맞게 표현한 곳에 ○표 하세요.

3
> 내년에는 6월이 7월보다 빨리 올 것입니다.

불가능 하다	~아닐 것 같다	반반 이다	~일 것 같다	확실 하다

4
> 우리 집 고양이가 알을 낳을 것입니다.

불가능 하다	~아닐 것 같다	반반 이다	~일 것 같다	확실 하다

5 진수네 모둠 학생들이 고리 던지기를 하여 걸린 고리 수를 막대그래프로 나타낸 것입니다. 진수네 모둠의 걸린 고리 수의 평균은 몇 개일까요?

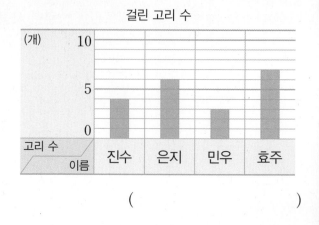

걸린 고리 수

( )

[6~7] 당첨 제비만 6개 들어 있는 제비뽑기 상자에서 제비 1개를 뽑았습니다. 물음에 답하세요.

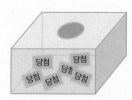

6 뽑은 제비가 당첨 제비일 가능성을 말로 표현해 보세요.

( )

7 뽑은 제비가 당첨 제비가 아닐 가능성에 ↓로 나타내어 보세요.

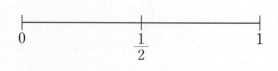

◐ 정답과 풀이 63쪽

[8~9] 윤화와 지은이의 과목별 점수를 나타낸 표입니다. 물음에 답하세요.

윤화와 지은이의 과목별 점수

과목	국어	수학	사회	과학
윤화의 점수(점)	80	82	90	88
지은이의 점수(점)	84	92	78	90

8 윤화와 지은이 중에서 평균 점수가 더 높은 학생은 누구일까요?

( )

9 윤화가 평균을 2점 더 올리려면 점수의 합을 몇점 더 올려야 할까요?

( )

10 화살이 빨간색에 멈출 가능성이 가장 높은 회전판을 찾아 기호를 써 보세요.

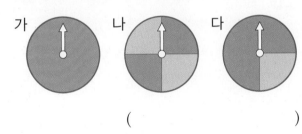

( )

11 카드 중 한 장을 뽑을 때 ♣ 모양의 카드를 뽑을 가능성을 말과 수로 표현해 보세요.

말 ( )

수 ( )

12 주사위를 한 번 굴릴 때 일이 일어날 가능성이 높은 것부터 차례로 기호를 써 보세요.

⊙ 주사위 눈의 수가 2의 배수로 나올 가능성
ⓒ 주사위 눈의 수가 6 초과로 나올 가능성
ⓒ 주사위 눈의 수가 7 미만으로 나올 가능성

( )

13 조건 에 알맞은 회전판이 되도록 색칠해 보세요.

조건
• 화살이 빨간색에 멈출 가능성이 가장 높습니다.
• 화살이 초록색에 멈출 가능성은 노란색에 멈출 가능성보다 높습니다.

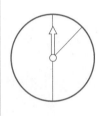

14 은지와 주희의 100 m 달리기 기록의 평균이 같을 때 주희의 3회 기록은 몇 초인지 구해 보세요.

은지의 기록
17초   18초   16초

주희의 기록
20초   17초   ☐초   15초

( )

15 주머니 안에 파란색 구슬 3개, 노란색 구슬 3개, 빨간색 구슬 몇 개가 있습니다. 이 주머니에서 구슬을 1개 꺼낼 때 꺼낸 구슬이 빨간색일 가능성을 수로 표현하면 $\frac{1}{2}$ 입니다. 빨간색 구슬은 몇 개일까요?

( )

16 수아네 반 모둠 중 한 학기 동안 1인당 읽은 책 수가 가장 많은 모둠에게 상을 주려고 합니다. 상을 받을 모둠을 구해 보세요.

모둠 친구 수와 읽은 책 수

모둠	가	나	다	라
모둠 친구 수(명)	5	4	7	6
읽은 책 수(권)	40	36	35	42

(   )

17 준석이네 모둠의 키를 나타낸 표입니다. 지우가 준석이네 모둠에 들어와서 키의 평균이 1 cm 더 커졌다면 지우의 키는 몇 cm인지 구해 보세요.

준석이네 모둠의 키

이름	준석	효주	태양	지훈	규성
키(cm)	144	140	150	152	149

(   )

18 현수네 모둠 남학생과 여학생의 훌라후프 돌리기 기록의 평균을 나타낸 표입니다. 현수네 모둠 전체의 훌라후프 돌리기 기록의 평균은 몇 번인지 구해 보세요.

훌라후프 돌리기 기록의 평균

남학생(2명)	18번
여학생(4명)	15번

(   )

19 유빈이의 타자 기록을 나타낸 표입니다. 유빈이의 타자 기록의 평균이 310타일 때 타자 기록이 가장 좋았을 때는 몇 회인지 풀이 과정을 쓰고 답을 구해 보세요.

타자 기록

회	1회	2회	3회	4회	5회
기록(타)	305	300		298	323

풀이 _____

_____

_____

_____

답 _____

20 민주는 바둑돌의 개수 맞히기를 하고 있습니다. 바둑돌 10개가 들어 있는 상자에서 바둑돌을 꺼낼 때 꺼낸 바둑돌의 개수가 짝수일 가능성을 수로 표현하면 얼마인지 풀이 과정을 쓰고 답을 구해 보세요.

풀이 _____

_____

_____

_____

답 _____

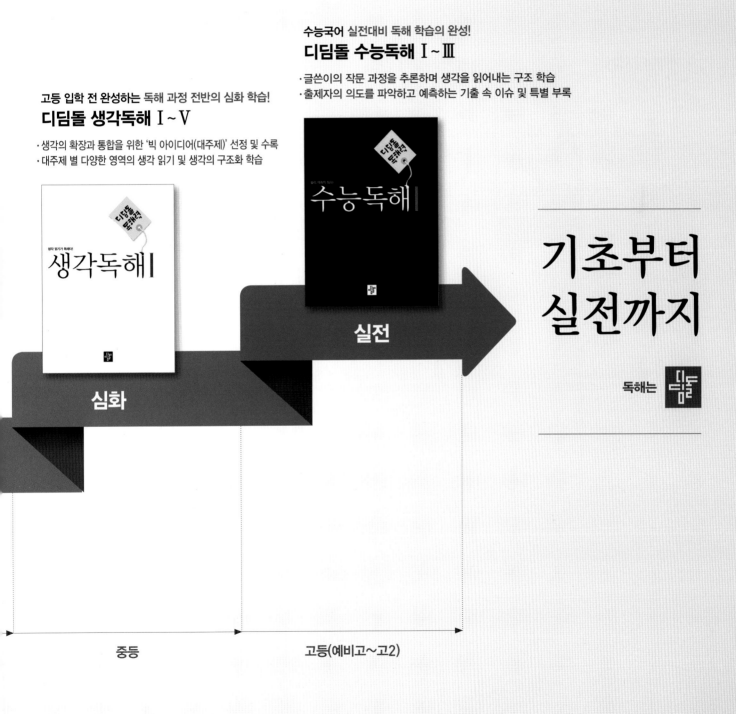

고등 입학 전 완성하는 독해 과정 전반의 심화 학습!
디딤돌 생각독해 I ~ V
· 생각의 확장과 통합을 위한 '빅 아이디어(대주제)' 선정 및 수록
· 대주제 별 다양한 영역의 생각 읽기 및 생각의 구조화 학습

수능국어 실전대비 독해 학습의 완성!
디딤돌 수능독해 I ~ III
· 글쓴이의 작문 과정을 추론하며 생각을 읽어내는 구조 학습
· 출제자의 의도를 파악하고 예측하는 기출 속 이슈 및 특별 부록

기초부터 실전까지

독해는 디딤돌

심화

실전

중등

고등(예비고~고2)

한걸음 한걸음 디딤돌을 걷다 보면
수학이 완성됩니다.

● **개념 다지기**
원리, 기본

● **문제해결력 강화**
문제유형, 응용

● **심화 완성**
최상위 수학S, 최상위 수학

● **연산 개념 다지기**
디딤돌 연산

● **개념+문제해결력 강화를 동시에**
기본+유형, 기본+응용

● **상위권의 힘, 사고력 강화**
최상위 사고력

개념 이해

개념 응용

개념 확장

학습 능력과 목표에 따라
맞춤형이 가능한 디딤돌 초등 수학

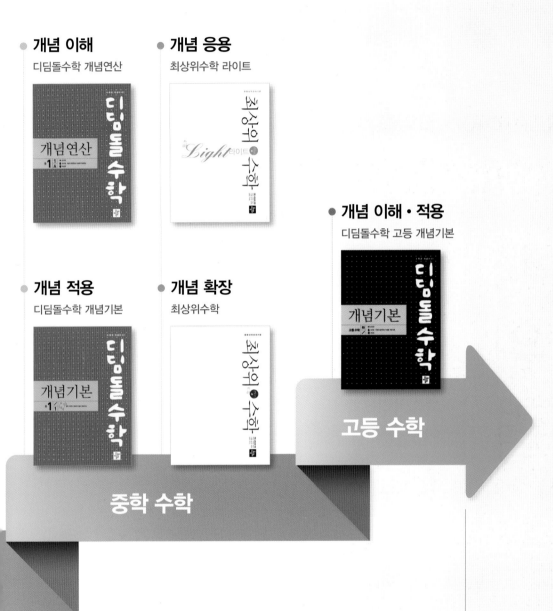

● **개념 이해**
디딤돌수학 개념연산

● **개념 응용**
최상위수학 라이트

● **개념 이해·적용**
디딤돌수학 고등 개념기본

● **개념 적용**
디딤돌수학 개념기본

● **개념 확장**
최상위수학

중학 수학

고등 수학

초등부터
고등까지

수학 좀 한다면

개념을 이해하고, 깨우치고, 꺼내 쓰는
올바른 중고등 개념 학습서

상위권의 기준

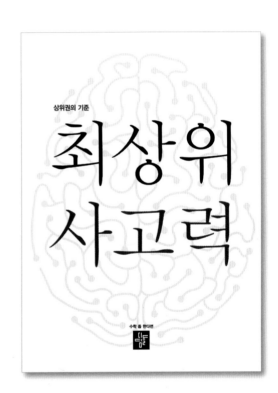

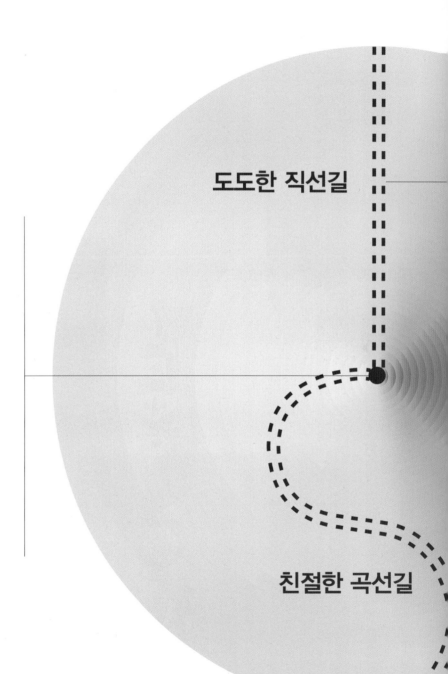

도도한 직선길

친절한 곡선길

문제유형 | 정답과 풀이

5-2

수학 좀 한다면

디딤돌

유형책 정답과 풀이

1 수의 범위와 어림하기

1 (1) 40과 같거나 큰 수를 40 이상인 수라 하고 40, 42, 55
    입니다.
  (2) 30과 같거나 작은 수를 30 이하인 수라 하고 22, 30,
    29입니다.

2 22보다 큰 수를 22 초과인 수라 하고 30, 25입니다.
  15보다 작은 수를 15 미만인 수라 하고 12, 7입니다.

3 (1) 14와 같거나 크고 19보다 작은 수이므로 14 이상 19
    미만인 수입니다.
  (2) 36보다 크고 39와 같거나 작은 수이므로 36 초과 39
    이하인 수입니다.

4 (1) 359 → 400
  (2) 402 → 500

5 (1) 327 → 300
  (2) 792 → 700

6 (1) 2835 → 2840
    └→ 올립니다.
  (2) 2835 → 2800
    └→ 버립니다.

7 (1) 100개보다 적은 사과는 상자에 포장할 수 없으므로
    버림해야 합니다.
  (2) 사과를 100개씩 상자에 담으면 3상자에 담고 68개가
    남습니다. 남는 사과 68개는 상자에 포장할 수 없으
    므로 포장할 수 있는 사과는 최대 3상자입니다.

---

1 11.9, 11.5, 13.4

2 ㉡   3 72

4 41, 46, 49, 62에 ○표 / 23, 33, 35, 41에 △표

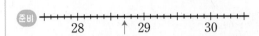

5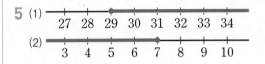

6 26.9 ℃, 27.5 ℃

7 34.1, 38.4   8 46.7, 44.1

9 3명   10 ㉡

11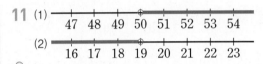

12 (예)

가족	나	언니	동생	오빠
나이(세)	11	15	9	17

/ (예) 나, 동생

13 29, 37, 42

14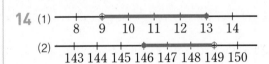

15 ㉠, ㉢   16 30, 33

17 자   18 14

19
수	십의 자리	백의 자리
252	260	300
826	830	900
3981	3990	4000

20 (예) 429, (예) 430 / < / (예) 429, (예) 500

21 5207, 5299에 ○표   22 (1) 4.4   (2) 7.01

23 21번   24 ㉢

25
수	십의 자리	백의 자리
683	680	600
497	490	400
1784	1780	1700

26 75000

27 2891, 2800에 ○표

28 130, 140

29 (1) 5.9 (2) 8.41

30 1799

31 43봉지

32 84000원

준비 예 약 3 kg

33

수	십의 자리	백의 자리	천의 자리
3647	3650	3600	4000
6551	6550	6600	7000

34 3699, 3702, 3650에 ○표

😊**35** 예

/ 6 cm

36 (1) 1.7 (2) 5.09

37 2700, <

38 2755, 2764

39 (1) 올림 (2) 18대

40 12000원

41

이름	기록(cm)	반올림한 기록(cm)
서진	182.6	183
병수	197.2	197
정민	160.8	161
현경	174.0	174
성빈	159.5	160

42 9000원

43 5개, 82 cm

44 방법 1 예 14978 → 15000이므로 올림하여 천의 자리까지 나타내었습니다.

방법 2 예 14978 → 15000이므로 반올림하여 천의 자리까지 나타내었습니다.

1 11.5 이상인 수는 11.5와 같거나 큰 수이므로 11.9, 11.5, 13.4입니다.

2 ⓒ 26 이하인 수는 26과 같거나 작은 수이므로 27이 포함되지 않습니다.

3 57, 63, 72는 72와 같거나 작은 수이므로 □ 안에는 72, 73, 74, …가 들어갈 수 있습니다.
따라서 □ 안에 들어갈 수 있는 가장 작은 자연수는 72입니다.

4 41 이상인 수는 41과 같거나 큰 수, 41 이하인 수는 41과 같거나 작은 수입니다.

준비 28에서 작은 눈금 7칸을 더 간 곳을 찾습니다.

5 이상과 이하는 점 ●을 이용하여 나타냅니다.

6 27.5와 같거나 작은 수를 찾으면 26.9, 27.5입니다.

7 34 초과인 수는 34보다 큰 수이므로 34.1, 38.4입니다.

8 47.5 미만인 수는 47.5보다 작은 수이므로 46.7, 44.1입니다.

9 예 130 초과인 수는 130보다 큰 수이므로 130.8, 143.4, 133.5입니다.
따라서 놀이 기구를 탈 수 있는 학생은 진석, 서연, 영우로 모두 3명입니다.

평가 기준
130 초과인 수를 모두 찾았나요?
놀이 기구를 탈 수 있는 학생 수를 구했나요?

10 ㉠ 25 미만인 수에는 25가 포함되지 않습니다.

11 초과와 미만은 점 ○을 이용하여 나타냅니다.

😊 내가 만드는 문제
12 예 나이가 15세 미만인 사람은 나(11세), 동생(9세)입니다.

13 25보다 크고 42와 같거나 작은 수를 찾으면 29, 37, 42입니다.

14 (1) 9 초과인 수는 점 ○을, 13 이하인 수는 점 ●을 이용하여 나타냅니다.
(2) 146 이상인 수는 점 ●을, 149 미만인 수는 점 ○을 이용하여 나타냅니다.

15 ⓒ 37 초과인 수에는 37이 포함되지 않습니다.
㉣ 38 이상인 수는 38과 같거나 큰 수이므로 37이 포함되지 않습니다.

16 29 초과 33 이하인 수에 29는 포함되지 않고 33은 포함되므로 가장 작은 자연수는 30, 가장 큰 자연수는 33입니다.

17 (구매 금액)=1000+500+4000+1500
＝7000(원)
이므로 구매 금액이 속하는 범위는 5000원 초과 7000원 이하입니다. 따라서 받을 수 있는 선물은 자입니다.

18 ⓔ • 15 이상 22 이하인 자연수는 15, 16, 17, 18, 19, 20, 21, 22로 8개이므로 ㉠=8입니다.
• 10 초과 17 미만인 자연수는 11, 12, 13, 14, 15, 16으로 6개이므로 ㉡=6입니다.
➡ ㉠+㉡=8+6=14

평가 기준
조건을 만족하는 수를 각각 찾았나요?
㉠과 ㉡의 합을 구했나요?

19 구하려는 자리 아래 수가 0이 아니면 올림하여 구하려는 자리 수에 1을 더하고 그 아래 수는 모두 0으로 나타냅니다.

내가 만드는 문제
20 ⓔ 429 → 430 (올립니다.)　429 → 500 (올립니다.)

21 5120 → 5200, 5301 → 5400, 5207 → 5300
5328 → 5400, 5299 → 5300

22 (1) 4.385 → 4.4
(2) 7.003 → 7.01

23 케이블카 한 대에 10명까지 탈 수 있으므로 학생 수를 올림하여 십의 자리까지 나타내면 205 → 210입니다.
210÷10=21이므로 케이블카는 적어도 21번 운행해야 합니다.

24 ㉠ 4903 → 5000
㉡ 4903 → 5000
㉢ 4903 → 4910
➡ 4903을 올림하여 나타낸 수가 다른 하나는 ㉢입니다.

25 구하려는 자리 아래 수를 모두 0으로 나타냅니다.

26 75092를 버림하여 천의 자리까지 나타내면 75092 → 75000입니다.

27 2891 → 2800, 2705 → 2700, 2730 → 2700
2800 → 2800, 2795 → 2700

28 버림하여 십의 자리까지 나타내면 130이 되는 수는 130과 같거나 크고 140보다 작은 수이므로 130 이상 140 미만인 수입니다.

29 (1) 5.977 → 5.9
(2) 8.416 → 8.41

30 백의 자리 아래 수를 버림하면 1700이 되는 수는 17□□입니다. □□에는 00부터 99까지 들어갈 수 있으므로 이 중에서 가장 큰 자연수는 1799입니다.

31 437을 버림하여 십의 자리까지 나타내면 437 → 430이므로 감자는 430개까지 팔 수 있습니다.
➡ 430개를 한 봉지에 10개씩 담으면 43봉지가 되므로 감자는 43봉지까지 팔 수 있습니다.

32 ⓔ 283을 버림하여 십의 자리까지 나타내면 283 → 280이므로 사탕 280개를 한 상자에 10개씩 담으면 28상자까지 팔 수 있습니다.
➡ (사탕을 팔아서 받을 수 있는 돈)
=28×3000=84000(원)

평가 기준
팔 수 있는 사탕은 몇 상자인지 구했나요?
사탕을 팔아서 받을 수 있는 돈은 최대 얼마인지 구했나요?

33 구하려는 자리 바로 아래 자리의 숫자가 0, 1, 2, 3, 4이면 버리고, 5, 6, 7, 8, 9이면 올립니다.

34 3699 → 3700, 3608 → 3600, 3750 → 3800
3702 → 3700, 3650 → 3700

내가 만드는 문제
35 ⓔ 지우개의 실제 길이는 5.7 cm입니다.
5.7을 반올림하여 일의 자리까지 나타내면 소수 첫째 자리 숫자가 7이므로 올림하여 6 cm입니다.

36 (1) 1.743 → 1.7 (버립니다.)
(2) 5.086 → 5.09 (올립니다.)

37 2748을 반올림하여 백의 자리까지 나타내면 십의 자리 숫자가 4이므로 버림하여 2700입니다.

38 반올림하여 십의 자리까지 나타내면 2760이 되는 수는 2755 이상 2765 미만인 수입니다.
따라서 가장 작은 자연수는 2755, 가장 큰 자연수는 2764입니다.

39 (2) 174를 올림하여 십의 자리까지 나타내면 174 → 180입니다.
따라서 보트는 최소 180÷10=18(대) 필요합니다.

40 문구점에서 산 물건의 가격은 모두
$7500+3700=11200$(원)입니다.
따라서 11200원을 1000원짜리 지폐로만 내야 하므로
올림하여 천의 자리까지 나타내면 $11\underline{200} \rightarrow 12000$입니다.
따라서 최소 12000원을 내야 합니다.

41 소수 첫째 자리 숫자가 0, 1, 2, 3, 4이면 버리고, 5, 6, 7, 8, 9이면 올립니다.
$182.\underline{6} \rightarrow 183$, $197.\underline{2} \rightarrow 197$, $160.\underline{8} \rightarrow 161$
$174.\underline{0} \rightarrow 174$, $159.\underline{5} \rightarrow 160$

42 10원짜리 동전이 365개이면 3650원, 100원짜리 동전이 57개이면 5700원이므로 돈은 모두
$3650+5700=9350$(원)입니다.
1000원 미만의 돈은 1000원짜리 지폐로 바꿀 수 없으므로 버림하여 천의 자리까지 나타내면 $9\underline{350} \rightarrow 9000$입니다.
따라서 최대 9000원까지 바꿀 수 있습니다.

43 $1\,m=100\,cm$이고 $100\,cm$ 미만의 테이프로는 상자한 개를 포장할 수 없으므로 582를 버림하여 백의 자리까지 나타내면 $5\underline{82} \rightarrow 500$입니다.
따라서 $500\,cm$로 상자를 최대 5개까지 포장하고,
$582-500=82\,(cm)$가 남습니다.

44

평가 기준
어림한 방법을 설명했나요?
방법 1 과 다른 방법으로 설명했나요?

STEP 2 자주 틀리는 유형
17~19쪽

45 67.8, 65

46 58, $58\frac{1}{2}$, 71.8

47 3개

48 (1) 85000 (2) 96000

49 ③, ④

50 80000원

51 15899

52 30001

53 53499, 52500

54 10개

55 13개

56 24개

57 8800

58 2100

59 75000

60 775 이상 785 미만

61

490 495 500 505 510

62

700 750 800 850 900 950 1000

45 68 미만인 수는 68보다 작은 수이므로 67.8, 65입니다.

46 58 이상인 수는 73, 58, $58\frac{1}{2}$, 71.8이고 이 중에서 72 미만인 수는 58, $58\frac{1}{2}$, 71.8입니다.

47 24.5 초과인 수는 24.9, 41, 38, 40이고 이 중에서 40.4 이하인 수는 24.9, 38, 40이므로 모두 3개입니다.

48 (1) $84\underline{003} \rightarrow 85000$
(2) $96\underline{000} \rightarrow 96000$

49 ③ $10\underline{904} \rightarrow 11000$ ④ $4\underline{401} \rightarrow 4500$

50 공책은 한 상자에 100권씩 담아 판매하므로 308을 올림하여 백의 자리까지 나타내면 400입니다.
따라서 공책은 최소 4상자 사야 하므로 공책을 사는 데 필요한 돈은 최소 $20000 \times 4=80000$(원)입니다.

51 버림하여 백의 자리까지 나타내면 15800이 되는 자연수는 15800부터 15899까지이므로 가장 큰 수는 15899입니다.

52 올림하여 천의 자리까지 나타내면 31000이 되는 자연수는 30001부터 31000까지이므로 가장 작은 수는 30001입니다.

53 반올림하여 천의 자리까지 나타내면 53000이 되는 자연수는 52500부터 53499까지입니다.
따라서 가장 큰 수는 53499이고 가장 작은 수는 52500입니다.

54 13 이상 23 미만인 수는 13과 같거나 크고 23보다 작은 수이므로 이 범위에 속하는 자연수는 13, 14, ..., 22로 모두 10개입니다.

55 57 초과 70 이하인 수는 57보다 크고 70과 같거나 작은 수이므로 이 범위에 속하는 자연수는 58, 59, ..., 70으로 모두 13개입니다.

56 35 초과 60 미만인 수는 35보다 크고 60보다 작은 수이므로 이 범위에 속하는 자연수는 36, 37, ..., 59로 모두 24개입니다.

57 수 카드 4장으로 만들 수 있는 가장 큰 네 자리 수는 8752입니다.
8752를 반올림하여 백의 자리까지 나타내면 8752 → 8800입니다.

58 수 카드 4장으로 만들 수 있는 가장 작은 네 자리 수는 2058입니다.
2058을 반올림하여 백의 자리까지 나타내면 2058 → 2100입니다.

59 수 카드 5장으로 만들 수 있는 가장 큰 다섯 자리 수는 75320입니다.
75320을 반올림하여 천의 자리까지 나타내면 75320 → 75000입니다.

60 일의 자리 숫자가 5, 6, 7, 8, 9이면 올림하므로 775 이상이고, 일의 자리 숫자가 0, 1, 2, 3, 4이면 버림하므로 785 미만입니다.
따라서 어떤 수가 될 수 있는 수의 범위는 775 이상 785 미만입니다.

61 반올림하여 십의 자리까지 나타내면 500이 되는 수의 범위는 495와 같거나 크고 505보다 작은 수이므로 495 이상 505 미만입니다.

62 버림하여 백의 자리까지 나타내면 800이 되는 수의 범위는 800과 같거나 크고 900보다 작은 수이므로 800 이상 900 미만입니다.

63 7개	**64** 19, 20, 21, 22
65 8개	**66** 23
67 33	**68** 30
69 ⓒ	**70** ⓒ
71 ⓒ	**72** 4개
73 14개	**74** 397

75 275, 276, 277, 278, 279

76 701, 702, 703, 704

77 50개

78 511개 이상 520개 이하

79 552명 초과 560명 이하

80 507 kg 이상 513 kg 미만

63
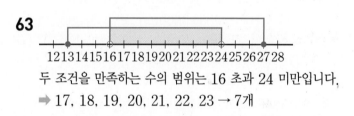
두 조건을 만족하는 수의 범위는 16 초과 24 미만입니다,
➡ 17, 18, 19, 20, 21, 22, 23 → 7개

64
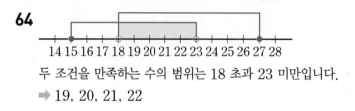
두 조건을 만족하는 수의 범위는 18 초과 23 미만입니다.
➡ 19, 20, 21, 22

65
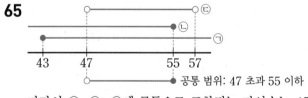
따라서 ㉠, ㉡, ㉢에 공통으로 포함되는 자연수는 47 초과 55 이하인 수이므로 48, 49, 50, 51, 52, 53, 54, 55로 모두 8개입니다.

66 수직선에 나타낸 수의 범위는 14보다 크고 ㉠보다 작은 수입니다. 수의 범위에 속하는 자연수는 모두 8개이므로 15부터 차례대로 8개를 쓰면 15, 16, 17, 18, 19, 20, 21, 22입니다. ➡ ㉠=23

67 수직선에 나타낸 수의 범위는 23보다 크고 ㉠과 같거나 작은 수입니다. 수의 범위에 속하는 자연수는 모두 10개이므로 24부터 차례대로 10개를 쓰면 24, 25, 26, ..., 33입니다. ➡ ㉠=33

68 수직선에 나타낸 수의 범위는 ㉠과 같거나 크고 45보다 작은 수입니다. 수의 범위에 속하는 자연수는 모두 15개이므로 44부터 작은 수를 차례대로 15개 쓰면 44, 43, 42, ..., 30입니다. ➡ ㉠=30

69 ㉠ 올림: 3700, 버림: 3600, 반올림: 3700
㉡ 올림: 4500, 버림: 4500, 반올림: 4500
㉢ 올림: 5900, 버림: 5800, 반올림: 5800

70 ㉠ 올림: 7300, 버림: 7200, 반올림: 7200
㉡ 올림: 6000, 버림: 5900, 반올림: 5900
㉢ 올림: 8300, 버림: 8300, 반올림: 8300

71 ㉠ 올림: 37000, 버림: 36000, 반올림: 36000
㉡ 올림: 37000, 버림: 36000, 반올림: 37000
㉢ 올림: 37000, 버림: 37000, 반올림: 37000
㉣ 올림: 37000, 버림: 36000, 반올림: 37000

72 45 초과 54 이하인 수이므로 십의 자리 숫자가 될 수 있는 수는 4 또는 5입니다.
십의 자리 숫자가 4일 때, 45 초과인 수는 47입니다.
십의 자리 숫자가 5일 때, 54 이하인 수는 51, 53, 54입니다.
따라서 만들 수 있는 수는 47, 51, 53, 54로 모두 4개입니다.

73 350 초과 570 미만인 수이므로 백의 자리 숫자가 될 수 있는 수는 3 또는 5입니다.
백의 자리 숫자가 3일 때, 350 초과인 수: 352, 357, 370, 372, 375 → 5개
백의 자리 숫자가 5일 때, 570 미만인 수: 502, 503, 507, 520, 523, 527, 530, 532, 537 → 9개
➡ 5+9=14(개)

74 반올림하여 십의 자리까지 나타내면 400이 되는 수는 395 이상 405 미만인 수입니다.
따라서 두 조건을 만족하는 수의 범위는 395 이상 402 미만인 수이므로 만들 수 있는 수는 397입니다.

75 ㉠ 271, 272, 273, ..., 280
㉡ 270, 271, 272, ..., 279
㉢ 275, 276, 277, ..., 284
따라서 조건을 만족하는 자연수는 275, 276, 277, 278, 279입니다.

76 ㉠ 701, 702, 703, ..., 710
㉡ 700, 701, 702, ..., 709
㉢ 695, 696, 697, ..., 704
따라서 조건을 만족하는 자연수는 701, 702, 703, 704입니다.

77 ㉠ 2901, 2902, 2903, ..., 3000
㉡ 2900, 2901, 2902, ..., 2999
㉢ 2950, 2951, 2952, ..., 3049
따라서 조건을 만족하는 자연수는 2950, 2951, 2952, ..., 2999로 모두 50개입니다.

78 초콜릿을 15개까지 담을 때, 35상자가 필요합니다.
$15 \times 34 = 510$(개), $15 \times 35 = 525$(개)
➡ 511개 이상 525개 이하
초콜릿을 20개까지 담을 때, 26상자가 필요합니다.
$20 \times 25 = 500$(개), $20 \times 26 = 520$(개)
➡ 501개 이상 520개 이하
따라서 초콜릿 수의 범위는 511개 이상 520개 이하입니다.

79 의자에 16명씩 앉으면 의자 35개가 필요합니다.
$16 \times 34 = 544$(명), $16 \times 35 = 560$(명)
➡ 544명 초과 560명 이하
의자에 23명씩 앉으면 의자 25개가 필요합니다.
$23 \times 24 = 552$(명), $23 \times 25 = 575$(명)
➡ 552명 초과 575명 이하
따라서 학생 수의 범위는 552명 초과 560명 이하입니다.

80 상자에 9 kg씩 담으면 56상자까지 팔 수 있습니다.
$9 \times 56 = 504$ (kg), $9 \times 57 = 513$ (kg)
➡ 504 kg 이상 513 kg 미만
상자에 13 kg씩 담으면 39상자까지 팔 수 있습니다.
$13 \times 39 = 507$ (kg), $13 \times 40 = 520$ (kg)
➡ 507 kg 이상 520 kg 미만
따라서 수확한 고구마 무게의 범위는 507 kg 이상 513 kg 미만입니다.

기출 단원 평가 23~25쪽

1 22, 25에 ○표, 27, 30에 △표

2 14.8, 16   **3** ①, ④, ⑤

4 45 이상 50 미만인 수   **5** 다, 바

6 (1)
25 26 27 28 29 30 31

(2)
28 29 30 31 32 33 34

7
수	십의 자리	백의 자리	천의 자리
3602	3610	3700	4000
8100	8100	8100	9000

8 민준, 준수   **9** ④

10 5, 6, 7, 8, 9

11
수	올림	버림	반올림
32548	32600	32500	32500

12 100개   **13** 6000원

14 15개   **15** 6개

16 9600   **17** 60000원

18 97명, 108명   **19** 60

20 5950 이상 6050 미만

---

1 25 이하인 수에는 25가 포함되고, 27 이상인 수에는 27이 포함됩니다.

2 14.5 초과인 수에는 14.5가 포함되지 않고, 18 미만인 수에는 18이 포함되지 않습니다.

3 25 이상 30 미만인 수이므로 25는 포함되고 30은 포함되지 않습니다.

4 45는 포함되고 50은 포함되지 않습니다.
➡ 45 이상 50 미만인 수

5 정원이 15명이므로 정원을 초과한 엘리베이터는 다(16명), 바(17명)입니다.

6 (1) 27을 점 ○으로 나타내고 오른쪽으로 선을 긋습니다.
(2) 32를 점 ●으로 나타내고 왼쪽으로 선을 긋습니다.

7 3602 → 3610, 3602 → 3700, 3602 → 4000
8100 → 8100, 8100 → 8100, 8100 → 9000

8 나이가 12세보다 적은 사람은 민준(9세), 준수(11세)입니다.

9 ① 3726 → 3700   ② 3680 → 3700
③ 3650 → 3700   ④ 3750 → 3800
⑤ 3749 → 3700

10 57□8을 반올림하여 백의 자리까지 나타내어 5800이 되려면 백의 자리 바로 아래 자리의 숫자를 올림해야 합니다.
따라서 □ 안에 들어갈 수 있는 수는 5, 6, 7, 8, 9입니다.

11 올림: 32548 → 32600
버림: 32548 → 32500
반올림: 32548 → 32500

12 버림하여 백의 자리까지 나타내면 1000이 되는 수는 백의 자리 아래 수를 버리는 것이므로 십, 일의 자리는 00부터 99까지입니다.
➡ 1000, 1001, 1002, ..., 1099까지 모두 100개입니다.

13 (과자와 음료수의 값)=3800+1500=5300(원)
모자라지 않게 내야 하므로 5300을 올림하여 천의 자리까지 나타내면 6000입니다.
따라서 주은이는 최소 6000원을 내야 합니다.

14 370÷25=14…20이므로 방 14개에 들어가고 남은 20명도 들어갈 방이 1개 더 필요합니다.
따라서 방은 최소 15개 필요합니다.

15
14 15 16 17 18 19 20 21 22 23 24 25 26
두 조건을 만족하는 수의 범위는 16 이상 22 미만입니다.
➡ 16, 17, 18, 19, 20, 21 → 6개

16 수 카드 4장으로 만들 수 있는 가장 큰 네 자리 수는 9641입니다.
➡ 9641 → 9600

17 (필요한 공책의 수)＝4×36＝144(권)

공책을 10권씩 묶음으로 사야 하므로 144를 올림하여 십의 자리까지 나타내면 14<u>4</u> → 150입니다.

최소 150권, 즉 150÷10＝15(묶음)을 사야 하므로 공책을 사는 데 필요한 돈은 최소 4000×15＝60000(원)입니다.

18 연필 9타가 필요하므로 연필의 수는

12×8＝96(자루) 초과 12×9＝108(자루) 이하입니다.

따라서 학생 수가 가장 적은 경우는 97명, 가장 많은 경우는 108명입니다.

19 ⓐ 53 초과인 자연수를 차례대로 7개 쓰면

54, 55, 56, 57, 58, 59, 60입니다.

이때 ㉠ 이하인 수에 ㉠이 포함되므로 ㉠＝60입니다.

평가 기준	배점
53 초과인 자연수를 7개 구했나요?	2점
㉠에 알맞은 자연수를 구했나요?	3점

20 ⓐ 반올림하여 백의 자리까지 나타내면 6000이 되는 수는 5950과 같거나 크고 6050보다 작은 수입니다.

따라서 수의 범위를 이상과 미만을 이용하여 나타내면 5950 이상 6050 미만입니다.

평가 기준	배점
반올림하여 백의 자리까지 나타내면 6000이 되는 수의 범위를 알았나요?	3점
수의 범위를 이상과 미만으로 나타냈나요?	2점

2 분수의 곱셈

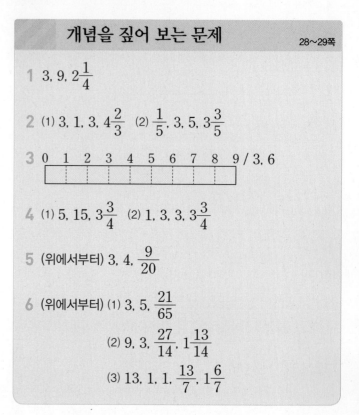

개념을 짚어 보는 문제
28~29쪽

1 3, 9, $2\frac{1}{4}$

2 (1) 3, 1, 3, $4\frac{2}{3}$ (2) $\frac{1}{5}$, 3, 5, $3\frac{3}{5}$

3 0 1 2 3 4 5 6 7 8 9 / 3, 6

4 (1) 5, 15, $3\frac{3}{4}$ (2) 1, 3, 3, $3\frac{3}{4}$

5 (위에서부터) 3, 4, $\frac{9}{20}$

6 (위에서부터) (1) 3, 5, $\frac{21}{65}$

(2) 9, 3, $\frac{27}{14}$, $1\frac{13}{14}$

(3) 13, 1, 1, $\frac{13}{7}$, $1\frac{6}{7}$

2 (1) 대분수를 가분수로 바꾼 후 계산합니다.

(2) 대분수를 자연수와 진분수의 합으로 바꾸어 계산합니다.

3 $9 \times \frac{2}{3} = 9 \times \frac{1}{3} \times 2 = 3 \times 2 = 6$

4 (1) 대분수를 가분수로 바꾼 후 계산합니다.

(2) 대분수를 자연수와 진분수의 합으로 바꾸어 계산합니다.

6 (1) 분자는 분자끼리, 분모는 분모끼리 곱합니다.

(2), (3) 대분수를 가분수로 바꾼 후 계산합니다.

STEP **1** 교과서＋익힘책 유형
30~37쪽

1 (1) $1\frac{1}{6}$ (2) $3\frac{1}{3}$ **2** $4\frac{1}{2}$

3 ㉢   **4** $5\frac{1}{3}$

준비 (1) 5 (2) 12, 6

5 (○) (   ) (○)

6 9판

7 예 $\dfrac{15}{18}$, 45 / 예 $37\dfrac{1}{2}$

8 ㄴ, ㄹ

9 $7\dfrac{1}{2}$ km

10 오후 2시 10분

11 4, 4, 8, 12, 8, 3, 11

12 (1) $3\dfrac{6}{7}$ (2) $16\dfrac{2}{3}$

13 ㄹ

14 >

준비 (1) > (2) <

15 $22\dfrac{1}{2}$

16 10 L

17 은수, $25\dfrac{1}{3}$

18 $5\dfrac{1}{2}$ kg

19 예 30 / 예 165

20 (위에서부터) (1) 3, 3, 4, $\dfrac{3}{4}$

(2) 1, 3, $\dfrac{4}{3}$, $1\dfrac{1}{3}$

(3) 1, 3, $\dfrac{5}{3}$, $1\dfrac{2}{3}$

21

22 위 칸에 ○표

23 (○) (   ) (   )

24 28 cm, 14 cm

25 4400원

26 2, 3, 12, 2, 14

27 (1) $3\dfrac{1}{3}$ (2) $12\dfrac{2}{5}$

28 $49\dfrac{1}{2}$

29 $3 \times 2\dfrac{1}{5}$, $3 \times 4\dfrac{1}{7}$, $3 \times \dfrac{9}{7}$에 ○표 /

$3 \times \dfrac{1}{2}$, $3 \times \dfrac{5}{8}$에 △표

준비 42 cm²

30 148 cm²

31 77 kg

32 문제 예 12, $2\dfrac{2}{9}$ / 예 $26\dfrac{2}{3}$ kg

33 (1) $\dfrac{1}{15}$ (2) $\dfrac{5}{72}$ (3) $\dfrac{8}{21}$ (4) $\dfrac{5}{27}$

34 $\dfrac{1}{12}$, $\dfrac{1}{24}$

35 5, 6 / $\dfrac{1}{30}$ m²

36 <

37 5, 4

38 (위에서부터) 예 $\dfrac{5}{6}$ / 예 $\dfrac{2}{9}$ / 예 $\dfrac{20}{27}$

39 $\dfrac{1}{12}$

40 $\dfrac{1}{6}$

41 ㄴ, ㄷ

42 $\dfrac{6}{11}$ kg

43 $\dfrac{16}{147}$

44 $\dfrac{3}{20}$

45 방법 1 예 $\dfrac{8}{9} \times \dfrac{2}{5} \times \dfrac{5}{6} = \dfrac{\overset{8}{16}}{\underset{9}{45}} \times \dfrac{\overset{1}{5}}{\underset{3}{6}} = \dfrac{8}{27}$

방법 2 예 $\dfrac{8}{9} \times \dfrac{2}{5} \times \dfrac{5}{6} = \dfrac{8 \times \overset{1}{2} \times \overset{1}{5}}{9 \times \underset{1}{5} \times \underset{3}{6}} = \dfrac{8}{27}$

46 $\dfrac{1}{6}$

47 (1) $2\dfrac{29}{35}$ (2) $7\dfrac{7}{8}$

48 $\dfrac{\overset{}{12}}{5} \times \dfrac{3}{\underset{5}{10}} \times \dfrac{7}{\underset{1}{6}} = \dfrac{21}{25}$ (with $\overset{1}{}$ and $\overset{2}{12}$)

49 예 $2\dfrac{1}{2}$ / 예 8

50 10 km

준비 $5\dfrac{13}{15}$

51 $12\dfrac{2}{3}$

52 $2\dfrac{4}{5}$ kg

1 (1) $\dfrac{1}{6} \times 7 = \dfrac{1 \times 7}{6} = \dfrac{7}{6} = 1\dfrac{1}{6}$

(2) $\dfrac{2}{9} \times \overset{5}{15} = \dfrac{10}{3} = 3\dfrac{1}{3}$ (with $\underset{3}{9}$)

정답과 풀이

2 $\dfrac{3}{8}\times\overset{3}{12}=\dfrac{9}{2}=4\dfrac{1}{2}$ (분모 8 아래 2)

3 $\dfrac{3}{13}\times3=\underbrace{\dfrac{3}{13}+\dfrac{3}{13}+\dfrac{3}{13}}_{\text{㉠}}=\underbrace{\dfrac{3\times3}{13}}_{\text{㉡}}=\dfrac{9}{13}$

따라서 $\dfrac{3}{13}\times3$과 관계없는 것은 ㉢입니다.

4 $\dfrac{8}{21}$이 14개인 수는 $\dfrac{8}{21}\times14$입니다.

➡ $\dfrac{8}{\underset{3}{21}}\times\overset{2}{14}=\dfrac{16}{3}=5\dfrac{1}{3}$

준비 (1) $\dfrac{7}{35}=\dfrac{7\div7}{35\div7}=\dfrac{1}{5}$

(2) $\dfrac{20}{24}=\dfrac{20\div2}{24\div2}=\dfrac{10}{12}$, $\dfrac{20}{24}=\dfrac{20\div4}{24\div4}=\dfrac{5}{6}$

5 약분은 분모와 분자 또는 분모와 자연수 사이에 할 수 있습니다.

6 (필요한 피자의 판 수)$=\dfrac{3}{\underset{1}{8}}\times\overset{3}{24}=9$(판)

내가 만드는 문제

7 예 $\dfrac{15}{\underset{2}{18}}\times\overset{5}{45}=\dfrac{75}{2}=37\dfrac{1}{2}$

8 ㉠ $\dfrac{5}{\underset{2}{18}}\times\overset{1}{9}=\dfrac{5}{2}=2\dfrac{1}{2}$　㉡ $\dfrac{4}{\underset{1}{21}}\times\overset{2}{42}=8$

㉢ $\dfrac{7}{\underset{3}{30}}\times\overset{2}{20}=\dfrac{14}{3}=4\dfrac{2}{3}$　㉣ $\dfrac{8}{\underset{1}{15}}\times\overset{5}{75}=40$

9 (현준이가 걸은 거리)$=\dfrac{5}{\underset{2}{8}}\times\overset{3}{12}=\dfrac{15}{2}=7\dfrac{1}{2}$ (km)

10 예 하루에 $\dfrac{2}{3}$분씩 빨라지므로 15일 동안 빨라지는 시간은 $\dfrac{2}{\underset{1}{3}}\times\overset{5}{15}=10$(분)입니다.

따라서 15일 후 오후 2시에 이 시계가 가리키는 시각은 오후 2시 10분입니다.

평가 기준
15일 동안 몇 분 빨라지는지 바르게 구했나요?
15일 후 오후 2시에 시계가 가리키는 시각을 바르게 구했나요?

12 (1) $1\dfrac{2}{7}\times3=\dfrac{9}{7}\times3=\dfrac{27}{7}=3\dfrac{6}{7}$

(2) $4\dfrac{1}{6}\times4=\dfrac{25}{\underset{3}{6}}\times\overset{2}{4}=\dfrac{50}{3}=16\dfrac{2}{3}$

13 $2\dfrac{3}{10}\times2=\underbrace{2\dfrac{3}{10}+2\dfrac{3}{10}}_{\text{㉠}}$

$=\underbrace{(2\times2)+\left(\dfrac{3}{\underset{5}{10}}\times\overset{1}{2}\right)}_{\text{㉡}}=\underbrace{4+\dfrac{3}{5}=4\dfrac{3}{5}}_{\text{㉢}}$

㉣ $\dfrac{13}{\underset{5}{10}}\times\overset{1}{2}=\dfrac{13}{5}=2\dfrac{3}{5}$

따라서 계산 결과가 $2\dfrac{3}{10}\times2$와 다른 것은 ㉣입니다.

14 $6\dfrac{5}{6}\times4=\dfrac{41}{\underset{3}{6}}\times\overset{2}{4}=\dfrac{82}{3}=27\dfrac{1}{3}$

$8\dfrac{2}{9}\times3=\dfrac{74}{\underset{3}{9}}\times\overset{1}{3}=\dfrac{74}{3}=24\dfrac{2}{3}$ ➡ $27\dfrac{1}{3}>24\dfrac{2}{3}$

준비 (1) $\left(\dfrac{7}{15},\dfrac{4}{9}\right)\rightarrow\left(\dfrac{21}{45},\dfrac{20}{45}\right)\Rightarrow\dfrac{7}{15}>\dfrac{4}{9}$

(2) $\left(3\dfrac{2}{5},3\dfrac{3}{7}\right)\rightarrow\left(3\dfrac{14}{35},3\dfrac{15}{35}\right)\Rightarrow3\dfrac{2}{5}<3\dfrac{3}{7}$

15 $\left(1\dfrac{8}{9},1\dfrac{7}{8}\right)\rightarrow\left(1\dfrac{64}{72},1\dfrac{63}{72}\right)\Rightarrow1\dfrac{8}{9}>1\dfrac{7}{8}$이므로

가장 작은 수는 $1\dfrac{7}{8}$이고 가장 큰 수는 12입니다.

따라서 가장 작은 수와 가장 큰 수의 곱은

$1\dfrac{7}{8}\times12=\dfrac{15}{\underset{2}{8}}\times\overset{3}{12}=\dfrac{45}{2}=22\dfrac{1}{2}$입니다.

16 (8분 동안 받은 물의 양)$=1\dfrac{1}{4}\times8=\dfrac{5}{\underset{1}{4}}\times\overset{2}{8}=10$ (L)

17 은수: $4\dfrac{2}{9}\times6=\dfrac{38}{\underset{3}{9}}\times\overset{2}{6}=\dfrac{76}{3}=25\dfrac{1}{3}$

10 수학 5-2

현우: $3\frac{1}{6} \times 3 = \frac{19}{\cancel{6}} \times \cancel{3} = \frac{19}{2} = 9\frac{1}{2}$

따라서 잘못 계산한 사람은 은수이고 바르게 계산한 값은 $25\frac{1}{3}$입니다.

18 예 $1\frac{3}{8} \times 4 = \frac{11}{\cancel{8}} \times \cancel{4} = \frac{11}{2} = 5\frac{1}{2}$이므로 태어난 지

1년이 되었을 때의 무게는 $5\frac{1}{2}$ kg입니다.

평가 기준
태어난 지 1년이 된 고양이의 무게를 구하는 식을 바르게 나타냈나요?
태어난 지 1년이 된 고양이의 무게를 바르게 구했나요?

😊 내가 만드는 문제
19 예 $5\frac{1}{3} \bigstar 30 = 5\frac{1}{3} \times 30 + 5 = \frac{16}{\cancel{3}} \times \overset{10}{\cancel{30}} + 5$

$= 160 + 5 = 165$

21 $\overset{2}{\cancel{6}} \times \frac{2}{\cancel{9}} = \frac{4}{3} = 1\frac{1}{3}$, $\overset{2}{\cancel{14}} \times \frac{4}{\cancel{21}} = \frac{8}{3} = 2\frac{2}{3}$

22 $\overset{15}{\cancel{30}} \times \frac{5}{\cancel{8}} = \frac{75}{4} = 18\frac{3}{4}$,

$\overset{3}{\cancel{15}} \times \frac{7}{\cancel{10}} = \frac{21}{2} = 10\frac{1}{2}$

23 $\overset{5}{\cancel{10}} \times \frac{3}{\cancel{4}} = \frac{15}{2} = 7\frac{1}{2}$, $\overset{2}{\cancel{16}} \times \frac{3}{\cancel{8}} = 6$,

$\overset{9}{\cancel{27}} \times \frac{1}{\cancel{6}} = \frac{9}{2} = 4\frac{1}{2}$ ➡ $4\frac{1}{2} < 6 < 7\frac{1}{2}$

24 예 (태극기의 세로) = (태극기의 가로) $\times \frac{2}{3}$

$= \overset{14}{\cancel{42}} \times \frac{2}{\cancel{3}} = 28$ (cm)

(태극의 지름) = (태극기의 세로) $\times \frac{1}{2}$

$= \overset{14}{\cancel{28}} \times \frac{1}{\cancel{2}} = 14$ (cm)

평가 기준
태극기의 세로는 몇 cm로 그려야 하는지 바르게 구했나요?
태극의 지름은 몇 cm로 그려야 하는지 바르게 구했나요?

25 입장권 2장은 $5500 \times 2 = 11000$(원)이므로 할인 기간에 입장권 2장을 사려면 내야 하는 금액은

$\overset{2200}{\cancel{11000}} \times \frac{2}{\cancel{5}} = 4400$(원)입니다.

27 (1) $2 \times 1\frac{2}{3} = 2 \times \frac{5}{3} = \frac{10}{3} = 3\frac{1}{3}$

(2) $4 \times 3\frac{1}{10} = \overset{2}{\cancel{4}} \times \frac{31}{\cancel{10}} = \frac{62}{5} = 12\frac{2}{5}$

28 $24 \times 2\frac{1}{16} = \overset{3}{\cancel{24}} \times \frac{33}{\cancel{16}} = \frac{99}{2} = 49\frac{1}{2}$

29 3에 진분수를 곱하면 계산 결과는 3보다 작습니다.
3에 1을 곱하면 계산 결과는 3입니다.
3에 대분수나 가분수를 곱하면 계산 결과는 3보다 큽니다.

준비 (평행사변형의 넓이) = (밑변의 길이) $\times$ (높이)
$= 7 \times 6 = 42$ (cm^2)

30 (평행사변형의 넓이)
$=$ (밑변의 길이) $\times$ (높이)
$= 16 \times 9\frac{1}{4} = \overset{4}{\cancel{16}} \times \frac{37}{\cancel{4}} = 148$ (cm^2)

31 (아버지의 몸무게) $= 42 \times 1\frac{5}{6} = \overset{7}{\cancel{42}} \times \frac{11}{\cancel{6}} = 77$ (kg)

😊 내가 만드는 문제
32 예 (철근 $2\frac{2}{9}$ m의 무게)

$= 12 \times 2\frac{2}{9} = \overset{4}{\cancel{12}} \times \frac{20}{\cancel{9}} = \frac{80}{3} = 26\frac{2}{3}$ (kg)

33 (1) $\frac{1}{3} \times \frac{1}{5} = \frac{1}{3 \times 5} = \frac{1}{15}$

(2) $\frac{5}{9} \times \frac{1}{8} = \frac{5 \times 1}{9 \times 8} = \frac{5}{72}$

(3) $\frac{2}{3} \times \frac{4}{7} = \frac{2 \times 4}{3 \times 7} = \frac{8}{21}$

(4) $\frac{5}{\cancel{6}} \times \frac{\cancel{2}}{9} = \frac{5 \times 1}{3 \times 9} = \frac{5}{27}$

35 색칠한 부분의 가로는 $\frac{1}{6}$ m, 세로는 $\frac{1}{5}$ m이므로

(색칠한 부분의 넓이) $= \frac{1}{6} \times \frac{1}{5} = \frac{1}{30}$ (m^2)입니다.

36 $\dfrac{4}{7} \times \dfrac{1}{3} = \dfrac{4}{21} \Rightarrow \dfrac{4}{21} < \dfrac{4}{7}$

다른 풀이

1보다 작은 수를 곱하면 곱한 결과는 원래의 수보다 작아지므로 $\dfrac{4}{7} \times \dfrac{1}{3} < \dfrac{4}{7}$입니다.

37 $\dfrac{1}{8} \times \dfrac{1}{\text{㉠}} = \dfrac{1}{8 \times \text{㉠}} = \dfrac{1}{40} \Rightarrow 8 \times \text{㉠} = 40, \text{㉠} = 5$

$\dfrac{1}{\text{㉡}} \times \dfrac{1}{7} = \dfrac{1}{\text{㉡} \times 7} = \dfrac{1}{28} \Rightarrow \text{㉡} \times 7 = 28, \text{㉡} = 4$

😊 내가 만드는 문제

38 예) $\square$ 안에 $\dfrac{5}{6}$를 써넣었다면 빈칸에 알맞은 분수는

$\overset{1}{\cancel{\dfrac{5}{6}}} \times \dfrac{\overset{2}{\cancel{4}}}{\cancel{15}_{3}} = \dfrac{2}{9}, \ \dfrac{5}{\cancel{6}_{3}} \times \dfrac{\overset{4}{\cancel{8}}}{9} = \dfrac{20}{27}$입니다.

39 $\dfrac{\overset{1}{\cancel{5}}}{\cancel{16}_{2}} \times \dfrac{\overset{1}{\cancel{8}}}{\cancel{21}_{3}} \times \dfrac{\overset{1}{\cancel{7}}}{\cancel{10}_{2}} = \dfrac{1}{12}$

40 책을 어제는 전체의 $\dfrac{1}{3}$만큼 읽었고 오늘은 전체의 $\dfrac{1}{3}$의

$\dfrac{1}{2}$만큼 읽었으므로 윤서가 오늘 읽은 책은 전체의

$\dfrac{1}{3} \times \dfrac{1}{2} = \dfrac{1}{6}$입니다.

41 ㉠ $\dfrac{\overset{1}{\cancel{3}}}{4} \times \dfrac{5}{\cancel{6}_{2}} = \dfrac{5}{8}$ ㉡ $\dfrac{\overset{4}{\cancel{8}}}{\cancel{15}_{3}} \times \dfrac{\overset{1}{\cancel{5}}}{\cancel{6}_{3}} = \dfrac{4}{9}$

㉢ $\dfrac{\overset{2}{\cancel{6}}}{\cancel{11}_{1}} \times \dfrac{\overset{2}{\cancel{22}}}{\cancel{27}_{9}} = \dfrac{4}{9}$ ㉣ $\dfrac{7}{\cancel{8}_{2}} \times \dfrac{\overset{1}{\cancel{4}}}{\cancel{21}_{3}} = \dfrac{1}{6}$

따라서 계산 결과가 같은 것은 ㉡과 ㉢입니다.

42 예) $\dfrac{7}{11} \times \dfrac{6}{\cancel{7}_{1}} = \dfrac{6}{11}$이므로 잼을 만드는 데 사용한 설탕은

$\dfrac{6}{11}$ kg입니다.

평가 기준
잼을 만드는 데 사용한 설탕의 양을 구하는 식을 바르게 세웠나요?
잼을 만드는 데 사용한 설탕의 양을 바르게 구했나요?

43 ㉮ $\dfrac{2}{5} \times \dfrac{4}{7} = \dfrac{8}{35}$ ㉯ $\dfrac{\overset{2}{\cancel{4}}}{7} \times \dfrac{5}{\cancel{6}_{3}} = \dfrac{10}{21}$

$\Rightarrow$ ㉮ $\times$ ㉯ $= \dfrac{8}{\cancel{35}_{7}} \times \dfrac{\overset{2}{\cancel{10}}}{21} = \dfrac{16}{147}$

44 지아네 반에서 안경을 쓴 여학생은 전체의

$\dfrac{1}{5} \times \dfrac{3}{\cancel{8}_{4}} = \dfrac{3}{20}$입니다.

46 체육을 좋아하면서 태권도장을 다니는 남학생은 전체의

$\dfrac{1}{\cancel{2}_{1}} \times \dfrac{5}{6} \times \dfrac{\overset{1}{\cancel{2}}}{5} = \dfrac{1}{6}$입니다.

47 (1) $2\dfrac{1}{5} \times 1\dfrac{2}{7} = \dfrac{11}{5} \times \dfrac{9}{7} = \dfrac{99}{35} = 2\dfrac{29}{35}$

(2) $3\dfrac{3}{4} \times 2\dfrac{1}{10} = \dfrac{15}{4} \times \dfrac{\overset{3}{\cancel{21}}}{\cancel{10}_{2}} = \dfrac{63}{8} = 7\dfrac{7}{8}$

😊 내가 만드는 문제

49 예) $\square$ 안에 $2\dfrac{1}{2}$을 써넣었다면 계산 결과는

$3\dfrac{1}{5} \times 2\dfrac{1}{2} = \dfrac{\overset{8}{\cancel{16}}}{\cancel{5}_{1}} \times \dfrac{\overset{1}{\cancel{5}}}{\cancel{2}_{1}} = 8$입니다.

50 $\left(2\dfrac{2}{5}$시간 동안 갈 수 있는 거리$\right)$

$= 4\dfrac{1}{6} \times 2\dfrac{2}{5} = \dfrac{25}{\cancel{6}_{1}} \times \dfrac{\overset{2}{\cancel{12}}}{\cancel{5}_{1}} = 10 \text{ (km)}$

준비 $9\dfrac{11}{15} - 3\dfrac{13}{15} = 8\dfrac{26}{15} - 3\dfrac{13}{15} = 5\dfrac{13}{15}$

51 ㉠ $4\dfrac{4}{9} \times 2\dfrac{2}{5} = \dfrac{\overset{8}{\cancel{40}}}{\cancel{9}_{3}} \times \dfrac{\overset{4}{\cancel{12}}}{\cancel{5}_{1}} = \dfrac{32}{3} = 10\dfrac{2}{3}$

㉡ $6\dfrac{2}{9} \times 3\dfrac{3}{4} = \dfrac{\overset{14}{\cancel{56}}}{\cancel{9}_{3}} \times \dfrac{\overset{5}{\cancel{15}}}{\cancel{4}_{1}} = \dfrac{70}{3} = 23\dfrac{1}{3}$

$\Rightarrow$ ㉡ $-$ ㉠ $= 23\dfrac{1}{3} - 10\dfrac{2}{3} = 22\dfrac{4}{3} - 10\dfrac{2}{3} = 12\dfrac{2}{3}$

52 예) 다솜이의 몸무게가 52 kg이므로 혈액의 무게는

$\overset{2}{\cancel{52}} \times \dfrac{7}{\cancel{10}_{5}} \times \dfrac{1}{\cancel{13}_{1}} = \dfrac{14}{5} = 2\dfrac{4}{5} \text{ (kg)}$입니다.

평가 기준
다솜이의 몸속 혈액의 무게를 구하는 식을 바르게 세웠나요?
다솜이의 몸속 혈액의 무게를 바르게 구했나요?

53 예) $\dfrac{27}{8} \times \overset{3}{\cancel{6}} = \dfrac{81}{4} = 20\dfrac{1}{4}$

54 예) $\overset{3}{\cancel{6}} \times \dfrac{19}{\underset{2}{\cancel{4}}} = \dfrac{3 \times 19}{2} = \dfrac{57}{2} = 28\dfrac{1}{2}$

55 예) $\dfrac{21}{\underset{4}{\cancel{8}}} \times \dfrac{\overset{3}{\cancel{6}}}{\underset{1}{\cancel{7}}} \times \dfrac{1}{\underset{1}{\cancel{3}}} = \dfrac{3}{4}$

56 $\dfrac{4}{5}$ cm   **57** $12\dfrac{2}{3}$ cm   **58** $15\dfrac{3}{4}$ cm

59 $<$ **60** ㉢   **61** 5개

62 ㉡   **63** 800 g   **64** 종민

65 $\dfrac{5}{12}$ **66** $\dfrac{3}{40}$ **67** 6000원

68 $7\dfrac{7}{8}$ cm²   **69** $1\dfrac{3}{4}$ cm²   **70** 7 cm²

53 대분수를 가분수로 바꾼 후 약분해야 하는데 바꾸기 전에 약분하였기 때문에 계산이 틀렸습니다.

54 약분한 후 3을 분자에 곱해야 합니다.

55 대분수를 가분수로 바꾼 후 약분해야 합니다.

56 정삼각형은 세 변의 길이가 모두 같습니다.

(정삼각형의 둘레)$= \dfrac{4}{\underset{5}{\cancel{15}}} \times \overset{1}{\cancel{3}} = \dfrac{4}{5}$ (cm)

57 (정사각형의 둘레)$=$(한 변의 길이)$\times 4$

$= 3\dfrac{1}{6} \times 4 = \dfrac{19}{\underset{3}{\cancel{6}}} \times \overset{2}{\cancel{4}} = \dfrac{38}{3}$

$= 12\dfrac{2}{3}$ (cm)

58 (정육각형의 둘레)$=$(한 변의 길이)$\times 6$

$= 2\dfrac{5}{8} \times 6 = \dfrac{21}{\underset{4}{\cancel{8}}} \times \overset{3}{\cancel{6}} = \dfrac{63}{4}$

$= 15\dfrac{3}{4}$ (cm)

59 $\dfrac{1}{9} \times \dfrac{1}{2} = \dfrac{1}{9 \times 2} = \dfrac{1}{18}$ ➡ $\dfrac{1}{18} < \dfrac{1}{9}$

60 ㉠ $\dfrac{1}{11} \times \dfrac{1}{2} = \dfrac{1}{22}$ ㉡ $\dfrac{1}{8} \times \dfrac{1}{3} = \dfrac{1}{24}$

㉢ $\dfrac{1}{3} \times \dfrac{1}{7} = \dfrac{1}{21}$

단위분수는 분모가 작을수록 큰 수이므로 곱이 가장 큰 것은 ㉢입니다.

61 $\dfrac{1}{7} \times \dfrac{1}{\square} = \dfrac{1}{7 \times \square}$이므로 $\dfrac{1}{7 \times \square} > \dfrac{1}{40}$입니다.

단위분수는 분모가 작을수록 큰 수이므로 $7 \times \square < 40$입니다.

따라서 $\square$ 안에 들어갈 수 있는 자연수는 1, 2, 3, 4, 5로 모두 5개입니다.

62 ㉠ 1 km$=$1000 m이므로 1 km의 $\dfrac{1}{4}$은

$\overset{250}{\cancel{1000}} \times \dfrac{1}{\underset{1}{\cancel{4}}} = 250$ (m)입니다.

㉡ 1시간$=$60분이므로 1시간의 $\dfrac{5}{6}$는 $\overset{10}{\cancel{60}} \times \dfrac{5}{\underset{1}{\cancel{6}}} = 50$(분)

입니다.

㉢ 1 L$=$1000 mL이므로 1 L의 $\dfrac{1}{2}$은

$\overset{500}{\cancel{1000}} \times \dfrac{1}{\underset{1}{\cancel{2}}} = 500$ (mL)입니다.

63 1 kg$=$1000 g이므로 1 kg의 $\dfrac{4}{5}$는

$\overset{200}{\cancel{1000}} \times \dfrac{4}{\underset{1}{\cancel{5}}} = 800$ (g)입니다.

64 신영: 1시간$=$60분이므로 1시간의 $1\dfrac{1}{3}$은

$60 \times 1\dfrac{1}{3} = \overset{20}{\cancel{60}} \times \dfrac{4}{\underset{1}{\cancel{3}}} = 80$(분) ➡ 1시간 20분입니다.

성수: 1 m$=$100 cm이므로 1 m의 $1\dfrac{1}{5}$은

$100 \times 1\dfrac{1}{5} = \overset{20}{\cancel{100}} \times \dfrac{6}{\underset{1}{\cancel{5}}} = 120$ (cm)입니다.

종민: 1 L=1000 mL이므로 1 L의 $2\frac{1}{2}$은

$1000 \times 2\frac{1}{2} = \overset{500}{1000} \times \frac{5}{\underset{1}{2}} = 2500$ (mL)입니다.

65 현주가 먹고 남은 피자는 전체의 $1-\frac{3}{8}=\frac{5}{8}$이므로

동생이 먹은 피자는 전체의 $\frac{\overset{1}{5}}{\underset{4}{8}} \times \frac{2}{3} = \frac{5}{12}$입니다.

66 남학생은 전체의 $1-\frac{19}{40}=\frac{21}{40}$이므로

안경을 쓴 남학생은 전체의 $\frac{\overset{3}{21}}{40} \times \frac{1}{\underset{1}{7}} = \frac{3}{40}$입니다.

67 학용품을 사고 남은 돈은 전체의 $1-\frac{3}{7}=\frac{4}{7}$이므로

저금한 돈은 $\overset{2000}{14000} \times \frac{\overset{1}{4}}{\underset{1}{7}} \times \frac{3}{\underset{1}{4}} = 6000$(원)입니다.

68 (직사각형의 넓이)

$=3\frac{1}{2} \times 2\frac{1}{4} = \frac{7}{2} \times \frac{9}{4} = \frac{63}{8} = 7\frac{7}{8}$ (cm²)

69 (직사각형 가의 넓이)$=2\frac{2}{7} \times 1\frac{3}{4} = \frac{16}{\underset{1}{7}} \times \frac{\overset{4}{7}}{\underset{1}{4}}$

$=4$ (cm²)

(정사각형 나의 넓이)$=1\frac{1}{2} \times 1\frac{1}{2} = \frac{3}{2} \times \frac{3}{2} = \frac{9}{4}$

$=2\frac{1}{4}$ (cm²)

따라서 직사각형 가의 넓이는 정사각형 나의 넓이보다

$4-2\frac{1}{4}=3\frac{4}{4}-2\frac{1}{4}=1\frac{3}{4}$ (cm²) 더 넓습니다.

70 (색칠한 부분의 가로)$=6\frac{1}{4}-3\frac{1}{3}=5\frac{15}{12}-3\frac{4}{12}$

$=2\frac{11}{12}$ (cm)

(색칠한 부분의 넓이)$=2\frac{11}{12} \times 2\frac{2}{5} = \frac{35}{\underset{1}{12}} \times \frac{\overset{1}{12}}{\underset{1}{5}}$

$=7$ (cm²)

STEP 3 응용 유형
41~44쪽

71 4개	**72** 3개	**73** 8개
74 3, 4 (또는 4, 3) / $\frac{1}{12}$		**75** $\frac{4}{49}$
76 $\frac{1}{56}$	**77** $12\frac{5}{6}$	**78** $8\frac{8}{15}$
79 $14\frac{1}{12}$	**80** $2\frac{1}{4}$ m	**81** $8\frac{3}{4}$ m
82 $22\frac{1}{2}$ m	**83** $87\frac{1}{2}$ km	**84** 12시 20분
85 11시 5분	**86** 50 cm	**87** 90 cm
88 204 cm	**89** $\frac{11}{18}$	**90** $2\frac{1}{16}$
91 $14\frac{2}{5}$	**92** $\frac{3}{16}$	**93** 28자루
94 378 cm²		

71 $\frac{4}{\underset{7}{21}} \times \overset{8}{24} = \frac{32}{7} = 4\frac{4}{7}$에서 □$<4\frac{4}{7}$입니다.

따라서 □ 안에 들어갈 수 있는 자연수는 1, 2, 3, 4로 모두 4개입니다.

72 $1\frac{3}{5} \times 2\frac{3}{4} = \frac{8}{5} \times \frac{11}{\underset{1}{4}} = \frac{22}{5} = 4\frac{2}{5}$에서 $4\frac{2}{5}>$□$\frac{4}{5}$

입니다. 따라서 □ 안에 들어갈 수 있는 자연수는 1, 2, 3으로 모두 3개입니다.

73 $3\frac{3}{5} \times 2\frac{2}{9} = \frac{\overset{2}{18}}{\underset{1}{5}} \times \frac{\overset{4}{20}}{\underset{1}{9}} = 8$

$5\frac{1}{4} \times 3\frac{1}{7} = \frac{\overset{3}{21}}{\underset{2}{4}} \times \frac{\overset{11}{22}}{\underset{1}{7}} = \frac{33}{2} = 16\frac{1}{2}$

$8<$□$<16\frac{1}{2}$이므로 □ 안에 들어갈 수 있는 자연수는 9, 10, ..., 15, 16으로 모두 8개입니다.

74 분자가 1일 때 분모가 작을수록 큰 분수가 됩니다.
분모에 가장 작은 수와 두 번째로 작은 수를 넣어 곱하면 $\frac{1}{3} \times \frac{1}{4} = \frac{1}{12}$ 또는 $\frac{1}{4} \times \frac{1}{3} = \frac{1}{12}$입니다.

75 만들 수 있는 진분수: $\dfrac{2}{5}$, $\dfrac{2}{7}$, $\dfrac{5}{7}$

➡ $\dfrac{2}{5} \times \dfrac{\overset{1}{2}}{7} \times \dfrac{\overset{1}{5}}{7} = \dfrac{4}{49}$

76 분모가 클수록, 분자가 작을수록 작은 수가 되므로 가장

작은 곱은 $\dfrac{1}{\underset{4}{8}} \times \dfrac{\overset{1}{2}}{7} \times \dfrac{\overset{1}{3}}{\underset{2}{6}} = \dfrac{1}{56}$ 입니다.

> **참고** 분자에는 가장 작은 수부터 세 수인 1, 2, 3을 놓고, 분모에는 가장 큰 수부터 세 수인 8, 7, 6을 놓아 세 분수를 만듭니다.

77 가장 큰 대분수: $4\dfrac{2}{3}$, 가장 작은 대분수: $2\dfrac{3}{4}$

➡ $4\dfrac{2}{3} \times 2\dfrac{3}{4} = \dfrac{14}{3} \times \dfrac{11}{\underset{2}{4}} = \dfrac{77}{6} = 12\dfrac{5}{6}$

78 가장 큰 대분수: $5\dfrac{1}{3}$, 가장 작은 대분수: $1\dfrac{3}{5}$

➡ $5\dfrac{1}{3} \times 1\dfrac{3}{5} = \dfrac{16}{3} \times \dfrac{8}{5} = \dfrac{128}{15} = 8\dfrac{8}{15}$

79 가장 큰 대분수: $6\dfrac{1}{2}$, 두 번째로 큰 대분수: $2\dfrac{1}{6}$

➡ $6\dfrac{1}{2} \times 2\dfrac{1}{6} = \dfrac{13}{2} \times \dfrac{13}{6} = \dfrac{169}{12} = 14\dfrac{1}{12}$

80 (이어 붙인 색 테이프의 전체 길이)

$= \dfrac{5}{\underset{2}{8}} \times \overset{1}{4} - \dfrac{1}{\underset{4}{12}} \times \overset{1}{3} = \dfrac{5}{2} - \dfrac{1}{4}$

$= \dfrac{10}{4} - \dfrac{1}{4} = \dfrac{9}{4} = 2\dfrac{1}{4}$ (m)

81 (이어 붙인 색 테이프의 전체 길이)

$= 1\dfrac{2}{3} \times 6 - \dfrac{1}{4} \times 5$

$= \dfrac{5}{\underset{1}{3}} \times \overset{2}{6} - \dfrac{5}{4}$

$= 10 - 1\dfrac{1}{4} = 8\dfrac{3}{4}$ (m)

82 (이어 붙인 색 테이프의 전체 길이)

$= 2\dfrac{2}{5} \times 10 - \dfrac{1}{\underset{2}{6}} \times \overset{3}{9} = \dfrac{12}{\underset{1}{5}} \times \overset{2}{10} - \dfrac{3}{2}$

$= 24 - 1\dfrac{1}{2} = 22\dfrac{1}{2}$ (m)

83 1시간 15분 $= 1\dfrac{15}{60}$시간 $= 1\dfrac{1}{4}$시간

(자동차가 달린 거리) $= 70 \times 1\dfrac{1}{4} = \overset{35}{70} \times \dfrac{5}{\underset{2}{4}} = \dfrac{175}{2}$

$= 87\dfrac{1}{2}$ (km)

84 하루에 3분 20초 $= 3\dfrac{20}{60}$분 $= 3\dfrac{1}{3}$분 빨라지므로

6일 후에는 $3\dfrac{1}{3} \times 6 = \dfrac{10}{\underset{1}{3}} \times \overset{2}{6} = 20$(분) 빨라집니다.

따라서 6일 후 정오에 이 시계가 가리키는 시각은 12시 20분입니다.

85 하루에 1분 50초 $= 1\dfrac{50}{60}$분 $= 1\dfrac{5}{6}$분 늦어지므로

30일 후에는 $1\dfrac{5}{6} \times 30 = \dfrac{11}{\underset{1}{6}} \times \overset{5}{30} = 55$(분) 늦어집니다.

따라서 30일 후 정오에 이 시계가 가리키는 시각은 11시 5분입니다.

86 (처음 튀어 오른 높이) $=$ (공을 떨어뜨린 높이) $\times \dfrac{2}{3}$

$= \overset{25}{75} \times \dfrac{2}{\underset{1}{3}} = 50$ (cm)

87 (공이 땅에 두 번 닿았다가 튀어 오른 높이)

$=$ (공을 떨어뜨린 높이) $\times \dfrac{3}{5} \times \dfrac{3}{5}$

$= \overset{\overset{10}{50}}{250} \times \dfrac{3}{\underset{1}{5}} \times \dfrac{3}{\underset{1}{5}} = 90$ (cm)

88 (공이 땅에 한 번 닿았다가 튀어 오를 때까지 움직인 거리)

$=$ (공을 떨어뜨린 높이) $+$ (공이 한 번 튀어 오른 높이)

$= 119 + \overset{17}{119} \times \dfrac{5}{\underset{1}{7}} = 119 + 85 = 204$ (cm)

89 어떤 수를 □라 하면 □ $+ \dfrac{5}{6} = 1\dfrac{17}{30}$,

□ $= 1\dfrac{17}{30} - \dfrac{5}{6} = \dfrac{47}{30} - \dfrac{25}{30} = \dfrac{\overset{11}{22}}{\underset{15}{30}} = \dfrac{11}{15}$ 입니다.

따라서 바르게 계산하면 $\dfrac{11}{\underset{3}{15}} \times \dfrac{\overset{1}{5}}{6} = \dfrac{11}{18}$ 입니다.

90 어떤 수를 □라 하면 $\square - \dfrac{11}{12} = 1\dfrac{1}{3}$,

$\square = 1\dfrac{1}{3} + \dfrac{11}{12} = 1\dfrac{4}{12} + \dfrac{11}{12} = 1\dfrac{15}{12} = 2\dfrac{3}{12} = 2\dfrac{1}{4}$

입니다. 따라서 바르게 계산하면

$2\dfrac{1}{4} \times \dfrac{11}{12} = \dfrac{\overset{3}{9}}{4} \times \dfrac{11}{\underset{4}{12}} = \dfrac{33}{16} = 2\dfrac{1}{16}$입니다.

91 어떤 수를 □라 하면 $\square + 4\dfrac{1}{2} = 7\dfrac{7}{10}$,

$\square = 7\dfrac{7}{10} - 4\dfrac{1}{2} = 7\dfrac{7}{10} - 4\dfrac{5}{10} = 3\dfrac{\overset{1}{2}}{\underset{5}{10}} = 3\dfrac{1}{5}$입니다.

따라서 바르게 계산하면

$3\dfrac{1}{5} \times 4\dfrac{1}{2} = \dfrac{16}{5} \times \dfrac{\overset{8}{9}}{\underset{1}{2}} = \dfrac{72}{5} = 14\dfrac{2}{5}$입니다.

92 예준이가 먹고 남은 쿠키의 양은 전체의 $1 - \dfrac{3}{8} = \dfrac{5}{8}$이

고 동생이 먹고 남은 쿠키의 양은 전체의

$\dfrac{5}{8} \times \left(1 - \dfrac{7}{10}\right) = \dfrac{\overset{1}{5}}{8} \times \dfrac{3}{\underset{2}{10}} = \dfrac{3}{16}$입니다.

93 형에게 주고 남은 연필의 양은 전체의 $1 - \dfrac{2}{5} = \dfrac{3}{5}$이고

누나에게 주고 남은 연필의 양은 전체의

$\dfrac{3}{5} \times \left(1 - \dfrac{2}{9}\right) = \dfrac{\overset{1}{3}}{5} \times \dfrac{7}{\underset{3}{9}} = \dfrac{7}{15}$입니다.

따라서 솔이에게 남은 연필은 $\overset{4}{60} \times \dfrac{7}{\underset{1}{15}} = 28$(자루)입니다.

94 배를 접는 데 사용하고 남은 도화지의 양은 전체의

$1 - \dfrac{7}{16} = \dfrac{9}{16}$이고 비행기를 접는 데 사용하고 남은 도

화지의 양은 전체의

$\dfrac{9}{16} \times \left(1 - \dfrac{5}{12}\right) = \dfrac{9}{16} \times \dfrac{7}{\underset{4}{12}} = \dfrac{21}{64}$입니다.

따라서 사용하고 남은 도화지의 넓이는

$\overset{9}{36} \times \overset{2}{32} \times \dfrac{21}{\underset{\underset{1}{16}}{64}} = 378 \ (\text{cm}^2)$입니다.

---

2. 분수의 곱셈 **기출 단원 평가** 45~47쪽

1 2, 2, 2, 2, 4, 8, 2, 2

2 (1) $\dfrac{1}{16}$ (2) $\dfrac{5}{36}$ (3) $\dfrac{4}{5}$ (4) $\dfrac{3}{7}$

3 $\dfrac{\overset{2}{4} \times \overset{1}{3} \times \overset{1}{5}}{\underset{1}{5} \times \underset{5}{10} \times \underset{3}{9}} = \dfrac{2}{15}$ **4** $<$

5 ㉢   **6** $10\dfrac{3}{4}$ / $16\dfrac{1}{2}$

7 $2\dfrac{13}{16}$ **8** 예 $\dfrac{\overset{3}{18}}{5} \times \dfrac{7}{\underset{1}{6}} = \dfrac{21}{5} = 4\dfrac{1}{5}$

9 ㉣   **10** ㉡

11 $34\dfrac{1}{2}$ **12** $9\dfrac{1}{2}$ L

13 ㉠, ㉢, ㉡   **14** 1

15 $\dfrac{3}{28}$ m   **16** $5\dfrac{1}{16}$ kg

17 5개   **18** 20 km

19 $14\dfrac{11}{15}$ **20** $4\dfrac{3}{4}$ m^2

---

4 곱하는 수가 1보다 크면 곱한 결과가 커지고, 1과 같으면 곱한 결과가 변하지 않고, 1보다 작으면 곱한 결과가 작아집니다.

5 $\dfrac{2}{7} \times 4 = \underset{㉠}{\underbrace{\dfrac{2}{7} + \dfrac{2}{7} + \dfrac{2}{7} + \dfrac{2}{7}}} = \underset{㉢}{\underbrace{\dfrac{2 \times 4}{7}}} = \dfrac{8}{7} = \underset{㉣}{\underbrace{1\dfrac{1}{7}}}$

6 $5\dfrac{3}{8} \times 2 = \dfrac{43}{\underset{4}{8}} \times 2 = \dfrac{43}{4} = 10\dfrac{3}{4}$

$7 \times 2\dfrac{5}{14} = \overset{1}{7} \times \dfrac{33}{\underset{2}{14}} = \dfrac{33}{2} = 16\dfrac{1}{2}$

7 $1\dfrac{2}{7} \times 5\dfrac{1}{4} \times \dfrac{5}{12} = \dfrac{\overset{3}{9}}{7} \times \dfrac{\overset{3}{21}}{4} \times \dfrac{5}{\underset{4}{12}} = \dfrac{45}{16} = 2\dfrac{13}{16}$

8 (대분수) × (대분수)를 계산할 때에는 대분수를 가분수로 바꾸어 약분해야 합니다.

9 ㉠ $\dfrac{1}{2} \times \dfrac{1}{18} = \dfrac{1}{36}$　　㉡ $\dfrac{1}{3} \times \dfrac{1}{12} = \dfrac{1}{36}$

㉢ $\dfrac{1}{4} \times \dfrac{1}{9} = \dfrac{1}{36}$　　㉣ $\dfrac{1}{5} \times \dfrac{1}{7} = \dfrac{1}{35}$

10 ㉠ $1\dfrac{4}{7} \times 1\dfrac{3}{11} = \dfrac{\overset{1}{\cancel{11}}}{7} \times \dfrac{\overset{2}{\cancel{14}}}{\underset{1}{\cancel{11}}} = 2$

㉡ $1\dfrac{1}{2} \times 2\dfrac{2}{9} = \dfrac{3}{2} \times \dfrac{\overset{10}{\cancel{20}}}{\underset{3}{\cancel{9}}} = \dfrac{10}{3} = 3\dfrac{1}{3}$

11 가장 큰 수: 15, 가장 작은 수: $2\dfrac{3}{10}$

➡ $15 \times 2\dfrac{3}{10} = \overset{3}{\cancel{15}} \times \dfrac{23}{\underset{2}{\cancel{10}}} = \dfrac{69}{2} = 34\dfrac{1}{2}$

12 (현서가 일주일 동안 마신 물의 양)

$= 1\dfrac{5}{14} \times 7 = \dfrac{19}{\underset{2}{\cancel{14}}} \times \overset{1}{\cancel{7}} = \dfrac{19}{2} = 9\dfrac{1}{2}$ (L)

13 ㉠ $8 \times 2\dfrac{3}{4} = \overset{2}{\cancel{8}} \times \dfrac{11}{\underset{1}{\cancel{4}}} = 22$

㉡ $8 \times \dfrac{1}{7} = \dfrac{8}{7} = 1\dfrac{1}{7}$

㉢ $8 \times 1 = 8$

➡ $22 > 8 > 1\dfrac{1}{7}$ ➡ ㉠ > ㉢ > ㉡

다른 풀이

곱하는 수가 1보다 크면 곱한 결과가 커지고, 1과 같으면 곱한 결과가 변하지 않고, 1보다 작으면 곱한 결과가 작아집니다.

14 ㉠ 18의 $\dfrac{1}{10}$ ➡ $\overset{9}{\cancel{18}} \times \dfrac{1}{\underset{5}{\cancel{10}}} = \dfrac{9}{5} = 1\dfrac{4}{5}$

㉡ 21의 $\dfrac{2}{15}$ ➡ $\overset{7}{\cancel{21}} \times \dfrac{2}{\underset{5}{\cancel{15}}} = \dfrac{14}{5} = 2\dfrac{4}{5}$

➡ ㉡ − ㉠ $= 2\dfrac{4}{5} - 1\dfrac{4}{5} = 1$

15 전체를 똑같이 7도막으로 나눈 것 중의 한 도막은 전체의 $\dfrac{1}{7}$입니다.

(자른 색 테이프 한 도막의 길이) $= \dfrac{3}{4} \times \dfrac{1}{7} = \dfrac{3}{28}$ (m)

16 (고양이의 무게) $= 3\dfrac{3}{8} \times 1\dfrac{2}{3} \times \dfrac{9}{10}$

$= \dfrac{\overset{9}{\cancel{27}}}{8} \times \dfrac{\overset{1}{\cancel{5}}}{\underset{1}{\cancel{3}}} \times \dfrac{9}{\underset{2}{\cancel{10}}}$

$= \dfrac{81}{16} = 5\dfrac{1}{16}$ (kg)

17 $\dfrac{1}{3} \times \dfrac{1}{\square} = \dfrac{1}{3 \times \square}$이므로 $\dfrac{1}{3 \times \square} > \dfrac{1}{18}$에서

$3 \times \square < 18$입니다.

따라서 □ 안에 들어갈 수 있는 자연수는 1, 2, 3, 4, 5로 모두 5개입니다.

18 1시간 40분 $= 1\dfrac{40}{60}$시간 $= 1\dfrac{2}{3}$시간

(정수가 자전거를 타고 달린 거리)

$= 12 \times 1\dfrac{2}{3} = \overset{4}{\cancel{12}} \times \dfrac{5}{\underset{1}{\cancel{3}}} = 20$ (km)

19 ⓐ 만들 수 있는 가장 큰 대분수는 $5\dfrac{2}{3}$이고, 가장 작은 대분수는 $2\dfrac{3}{5}$입니다.

따라서 $5\dfrac{2}{3} \times 2\dfrac{3}{5} = \dfrac{17}{3} \times \dfrac{13}{5} = \dfrac{221}{15} = 14\dfrac{11}{15}$입니다.

평가 기준	배점
가장 큰 대분수와 가장 작은 대분수를 각각 바르게 구했나요?	2점
두 분수의 곱을 바르게 구했나요?	3점

20 ⓐ 양파를 심고 남은 밭은 전체의 $1 - \dfrac{3}{4} = \dfrac{1}{4}$입니다.

➡ (당근을 심은 밭의 넓이)

$= 31\dfrac{2}{3} \times \dfrac{1}{4} \times \dfrac{3}{5} = \dfrac{\overset{19}{\cancel{95}}}{\underset{1}{\cancel{3}}} \times \dfrac{1}{4} \times \dfrac{\overset{1}{\cancel{3}}}{\underset{1}{\cancel{5}}}$

$= \dfrac{19}{4} = 4\dfrac{3}{4}$ (m²)

평가 기준	배점
양파를 심고 남은 밭은 전체의 얼마인지 분수로 나타냈나요?	2점
당근을 심은 밭의 넓이를 바르게 구했나요?	3점

3 합동과 대칭

개념을 짚어 보는 문제
50~51쪽

1 (1) 마 (2) 합동

2 (1) ㄹ (2) ㄹㅁ (3) ㄹㅂㅁ 3 (○)( )(○)

4 (1) ㅁ (2) ㄹㄷ (3) ㅁㄹㄷ 5 ( )( )(○)

6 (1) ㄷ (2) ㄷㄹ (3) ㄷㄹㄱ

2 서로 합동인 두 도형을 포개었을 때 완전히 겹치는 점, 변, 각을 찾습니다.

4 대칭축을 따라 접었을 때 겹치는 점, 변, 각을 각각 찾습니다.

6 대칭의 중심을 중심으로 180° 돌렸을 때 겹치는 점, 변, 각을 각각 찾습니다.

STEP 1 교과서 + 익힘책 유형
52~59쪽

1 바, 나   2 나

3 가   4 ㉡, ㉢

5 예 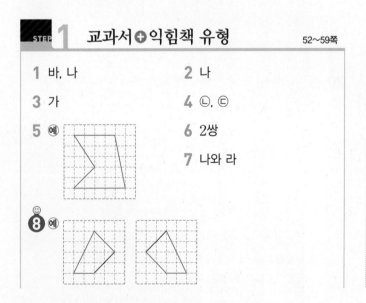   6 2쌍

7 나와 라

8 예

9 ㉣   준비 (1) ㉡, ㉣ (2) ㉢, ㉣

10 ㉢, ㉣   11 8쌍

12 (1) 변 ㅇㅅ (2) 각 ㅇㅁㅂ

13 4쌍 / 4쌍 / 4쌍

14 예 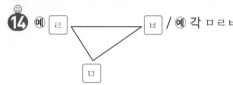 / 예 각 ㅁㄹㅂ

15 변 ㄹㄷ

16 (왼쪽에서부터) 9, 105

17 (1) 7 cm (2) 125°   18 14 cm

19 40°   20 130°

21 23 cm   22 28 cm²

준비 30   23 30°

24 94 m   25 나, 다, 라, 바

26
대응변		대응각	
변 ㄱㄴ	변 ㄱㅁ	각 ㄱㅁㄹ	각 ㄱㄴㄷ
변 ㅁㄹ	변 ㄴㄷ	각 ㄴㄷㄹ	각 ㅁㄹㄷ

27
대응변		대응각	
변 ㄱㅁ	변 ㄴㄷ	각 ㄱㄴㄷ	각 ㄴㄱㅁ
변 ㅁㄹ	변 ㄷㄹ	각 ㄱㅁㄹ	각 ㄴㄷㄹ

28 (1) 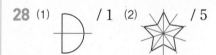 / 1 (2) / 5

29 ㉠, ㉣   30 3개

31 (왼쪽에서부터) 95, 8

32 (1) 90° (2) 선분 ㅁㅈ   33 16 cm

34   35 75°

36 예
이마

37 나, 다, 라

38 (1) 점 ㅁ (2) 변 ㅁㅂ (3) 각 ㄴㄱㅂ

39 (1) (2)

40 ㄹ, ㅍ에 ○표 **41** ㅁ

42 ㉠, ㉡ **43** 지아

44 (왼쪽에서부터) 50, 15

45 58 cm **46** 24 cm

47 8 cm

준비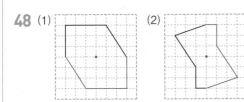

48 (1) 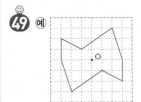 (2)

49 (예) **50** 92°

1 포개었을 때 완전히 겹치는 도형은 가와 바, 나와 아입니다.

2 (예) 모양과 크기가 같아서 포개었을 때 완전히 겹치는 모양의 타일은 가와 다입니다. 따라서 바꾸어 붙일 수 있는 타일이 아닌 것은 나입니다.

평가 기준
깨진 타일과 합동인 타일을 찾았나요?
바꾸어 붙일 수 있는 타일이 아닌 것의 기호를 썼나요?

3 점선을 따라 잘랐을 때 잘린 두 도형이 서로 합동이 되는 점선은 가입니다.

4 점선을 따라 잘랐을 때 잘린 두 도형이 서로 합동이 되는 것은 ㉡, ㉢입니다.

5 왼쪽 도형의 꼭짓점과 같은 위치에 점을 찍고 그 점들을 차례로 이어 합동인 도형을 그립니다.

6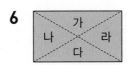

직사각형을 점선을 따라 자른 후 포개었을 때 완전히 겹치는 도형은 가와 다, 나와 라로 2쌍입니다.

7 두 표지판을 포개었을 때 완전히 겹치는 것은 나와 라입니다.

😊 내가 만드는 문제
8 포개었을 때 완전히 겹치도록 나머지 부분을 완성합니다.

9 ㉣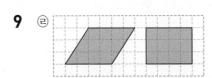

위와 같이 넓이는 같지만 합동이 아닌 평행사변형이 있습니다.

10

잘린 네 도형이 서로 합동

11 삼각형 1개로 이루어진 서로 합동인 삼각형은 (㉠, ㉡), (㉠, ㉢), (㉠, ㉣), (㉡, ㉢), (㉡, ㉣), (㉢, ㉣)로 6쌍입니다.
삼각형 2개로 이루어진 서로 합동인 삼각형은 (㉠+㉡, ㉢+㉣), (㉠+㉢, ㉡+㉣)로 2쌍입니다.
따라서 서로 합동인 삼각형은 모두 6+2=8(쌍)입니다.

13 서로 합동인 두 사각형의 대응점, 대응변, 대응각은 각각 4쌍 있습니다.

16 • 변 ㄴㄷ의 대응변은 변 ㅂㄹ이므로
(변 ㄴㄷ)=(변 ㅂㄹ)=9 cm입니다.
• 각 ㅁㅂㄹ의 대응각은 각 ㄱㄴㄷ이므로
(각 ㅁㅂㄹ)=(각 ㄱㄴㄷ)=105°입니다.

17 (1) 변 ㅅㅇ의 대응변은 변 ㄴㄱ이므로
(변 ㅅㅇ)=(변 ㄴㄱ)=7 cm입니다.
(2) 각 ㄴㄱㄹ의 대응각은 각 ㅅㅇㅁ이므로
(각 ㄴㄱㄹ)=(각 ㅅㅇㅁ)=125°입니다.

18 변 ㄷㄹ의 대응변은 변 ㄱㄴ이므로
(변 ㄷㄹ)=(변 ㄱㄴ)=8 cm입니다.
➡ (선분 ㄴㄹ)=(변 ㄴㄷ)+(변 ㄷㄹ)
=6+8=14 (cm)

19 각 ㅁㄹㅂ의 대응각은 각 ㄷㄱㄴ이므로
(각 ㅁㄹㅂ)=(각 ㄷㄱㄴ)=60°입니다.
➡ (각 ㄹㅂㅁ)=180°−60°−80°=40°

20 각 ㅇㅁㅂ의 대응각은 각 ㄹㄱㄴ이므로
(각 ㅇㅁㅂ)=(각 ㄹㄱㄴ)=100°이고 각 ㅁㅂㅅ의 대응
각은 각 ㄱㄴㄷ이므로 (각 ㅁㅂㅅ)=(각 ㄱㄴㄷ)=80°입니
다.
사각형의 네 각의 크기의 합은 360°이므로
(각 ㅁㅇㅅ)=360°−100°−80°−50°=130°입니다.

21 변 ㄹㅁ의 대응변은 변 ㄱㄷ이므로
(변 ㄹㅁ)=(변 ㄱㄷ)=10 cm이고 변 ㄹㅂ의 대응변은
변 ㄱㄴ이므로 (변 ㄹㅂ)=(변 ㄱㄴ)=5 cm입니다.
➡ (삼각형 ㄹㅁㅂ의 둘레)=10+8+5=23 (cm)

22 변 ㄴㄷ의 대응변은 변 ㅂㅅ이므로
(변 ㄴㄷ)=(변 ㅂㅅ)=4 cm입니다.
➡ (직사각형 ㄱㄴㄷㄹ의 넓이)=4×7=28 (cm^2)

준비 이등변삼각형은 두 각의 크기가 같고 삼각형의 세 각의
크기의 합은 180°이므로 두 각의 크기의 합은
180°−120°=60°입니다. ➡ □=60÷2=30

23 이등변삼각형이므로 (각 ㄱㄴㄷ)=(각 ㄱㄷㄴ)=75°이고
(각 ㄴㄱㄷ)=180°−75°−75°=30°입니다.
각 ㄹㅁㅂ의 대응각은 각 ㄷㄱㄴ이므로
(각 ㄹㅁㅂ)=(각 ㄷㄱㄴ)=30°입니다.

24 ⑩ 삼각형 ㅁㄱㄴ과 삼각형 ㄷㄹㅁ이 서로 합동이므로
(변 ㄱㄴ)=(변 ㄹㅁ)=25 m,
(변 ㄷㄹ)=(변 ㅁㄱ)=7 m입니다.
따라서 울타리를 쳐야 하는 길이는
25+30+7+25+7=94 (m)입니다.

평가 기준
변 ㄱㄴ과 변 ㄷㄹ의 길이를 각각 구했나요?
울타리를 몇 m 쳐야 하는지 구했나요?

25 한 직선을 따라 접었을 때 완전히 겹치는 도형을 찾습니다.

26 직선 가를 따라 접었을 때 겹치는 변과 각을 각각 찾습니다.

27 직선 나를 따라 접었을 때 겹치는 변과 각을 각각 찾습니다.

28 한 직선을 따라 접었을 때 도형을 완전히 겹치게 하는 직
선을 모두 긋습니다.

29

따라서 선대칭도형은 ㉠, ㉣입니다.

30 ⑩ 선대칭도형은 한 직선을 따라
접었을 때 완전히 겹칩니다.
따라서 선대칭도형인 알파벳은
A, H, Y로 모두 3개입니다.

평가 기준
선대칭도형의 특징을 알고 있나요?
선대칭도형인 알파벳은 모두 몇 개인지 구했나요?

31 선대칭도형에서 각각의 대응변의 길이가 서로 같고, 각각
의 대응각의 크기가 서로 같습니다.

32 (1) 선대칭도형에서 대응점끼리 이은 선분은 대칭축과 수
직으로 만납니다.
(2) 선대칭도형에서 대칭축은 대응점끼리 이은 선분을 둘
로 똑같이 나눕니다.

33 선대칭도형에서 대칭축은 대응점끼리 이은 선분을 둘로
똑같이 나누므로 (선분 ㅅㅁ)=8×2=16 (cm)입니다.

34 각 점에서 대칭축에 수선을 그은 후 대칭축으로부터 같은
거리에 있는 대응점을 표시한 후 그 점들을 차례로 이어
선대칭도형을 완성합니다.

35 ⑩ (각 ㄱㄷㄹ)=(각 ㄱㄷㄴ)=45°이므로
(각 ㄱㄹㄷ)=180°−60°−45°=75°입니다.

평가 기준
각 ㄱㄷㄹ의 크기를 구했나요?
각 ㄱㄹㄷ의 크기를 구했나요?

😊 내가 만드는 문제
36 주어진 선을 따라 접었을 때 완전히 겹치는 단어를 씁니다.

37 어떤 점을 중심으로 180° 돌렸을 때 처음 도형과 완전히
겹치는 도형을 찾습니다.

39 대응점끼리 선분으로 잇고, 선분이 만나는 점을 점 ㅇ으로 표시합니다.

40 어떤 점을 중심으로 180° 돌렸을 때 처음 글자와 완전히 겹치는 글자는 ㄹ, ㅍ입니다.

41 ㅁ은 선대칭도형입니다.

42 ㄱ 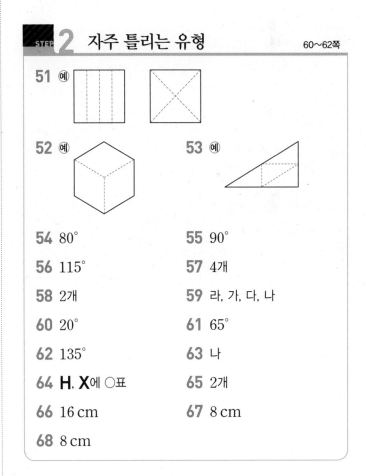 ㄴ ㄷ ㄹ

따라서 점대칭도형은 ㄱ, ㄴ입니다.

43 ㈜ 지아가 고른 카드 중 점대칭도형인 숫자는 2, 8로 2개입니다.
정우가 고른 카드 중 점대칭도형인 숫자는 5로 1개입니다.
따라서 점대칭도형인 숫자가 더 많은 사람은 지아입니다.

평가 기준
두 사람이 고른 카드 중 점대칭도형인 숫자를 각각 찾았나요?
점대칭도형인 숫자가 더 많은 사람은 누구인지 찾았나요?

44 점대칭도형에서 각각의 대응변의 길이가 같고, 각각의 대응각의 크기가 같습니다.

45 점대칭도형에서 대응변의 길이는 서로 같으므로
(변 ㄱㄴ)=(변 ㄹㅁ)=11 cm,
(변 ㄷㄹ)=(변 ㅂㄱ)=10 cm,
(변 ㅂㅁ)=(변 ㄷㄴ)=8 cm입니다.
(점대칭도형의 둘레)
=11+8+10+11+8+10=58 (cm)

46 점대칭도형에서 대칭의 중심은 대응점끼리 이은 선분을 둘로 똑같이 나누므로 (선분 ㄱㄹ)=12×2=24 (cm)입니다.

47 점대칭도형에서 대칭의 중심은 대응점끼리 이은 선분을 둘로 똑같이 나누므로
(선분 ㅇㄹ)=(선분 ㅇㄱ)=16÷2=8 (cm)입니다.

준비 도형을 시계 방향으로 180°만큼 돌리면 도형의 위쪽 부분이 아래쪽으로 이동합니다.

48 각 점의 대응점을 찾고 그 점들을 차례로 이어 점대칭도형을 완성합니다.

😊 내가 만드는 문제
49 도형의 일부분을 그린 다음 대응점을 찾아 표시하고 대응점을 모두 이어 점대칭도형을 그립니다.

50 ㈜ 점대칭도형에서 각각의 대응각의 크기가 서로 같으므로 (각 ㄴㄷㄹ)=(각 ㅁㅂㄱ)=126°입니다.
사각형의 네 각의 크기의 합은 360°이므로
(각 ㄴㄱㄹ)=360°−90°−126°−52°=92°입니다.

평가 기준
각 ㄴㄷㄹ의 크기를 구했나요?
각 ㄴㄱㄹ의 크기를 구했나요?

STEP **2** 자주 틀리는 유형
60~62쪽

51 ㈜

52 ㈜   **53** ㈜

54 80°	**55** 90°
56 115°	**57** 4개
58 2개	**59** 라, 가, 다, 나
60 20°	**61** 65°
62 135°	**63** 나
64 H, X에 ○표	**65** 2개
66 16 cm	**67** 8 cm
68 8 cm	

51 다음과 같이 여러 가지 방법으로 자를 수도 있습니다.

52 오른쪽과 같이 자를 수도 있습니다.

정답과 풀이

53 오른쪽과 같이 자를 수도 있습니다.

54 (각 ㄴㄹㄷ)=(각 ㄷㄱㄴ)=60°이므로
(각 ㄴㄷㄹ)=180°−40°−60°=80°입니다.

55 (각 ㄱㄷㄴ)=180°−55°−90°=35°
(각 ㅁㄷㄹ)=(각 ㄷㄱㄴ)=55°
➡ (각 ㄱㄷㅁ)=180°−35°−55°=90°

56 (각 ㅂㄷㅁ)=(각 ㄹㄱㅁ)=25°
(각 ㄷㅂㅁ)=180°−25°−90°=65°
➡ (각 ㄴㅂㄱ)=180°−65°=115°

57 가   나

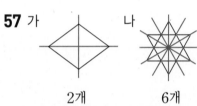

2개   6개
따라서 대칭축의 수의 차는 6−2=4(개)입니다.

58 ㄷ : 1개, ㅈ : 1개
따라서 대칭축의 수의 합은 1+1=2(개)입니다.

59 가   나   다   라

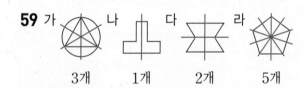

3개   1개   2개   5개

60 (각 ㄱㄴㄹ)=(각 ㄷㄴㄹ)=125°이므로
(각 ㄴㄱㄹ)=180°−125°−35°=20°입니다.

61 (각 ㄹㄱㄴ)=(각 ㄹㄷㄴ)이므로
(각 ㄹㄱㄴ)=(180°−50°)÷2=65°입니다.

62 (각 ㄴㄷㅂ)=180°−80°=100°, (각 ㄷㅂㄱ)=90°,
(각 ㄴㄱㅂ)=(각 ㅁㄱㅂ)=35°이므로
(각 ㄱㄴㄷ)=360°−35°−100°−90°=135°입니다.

63 선대칭도형: 나, 다
점대칭도형: 가, 나
➡ 선대칭도형이면서 점대칭도형인 것: 나

64 선대칭도형: **A, B, H, X**
점대칭도형: **H, S, X**
➡ 선대칭도형이면서 점대칭도형인 알파벳: **H, X**

65 선대칭도형: 가, 나, 바
점대칭도형: 나, 라, 바
따라서 선대칭도형이면서 점대칭도형인 것은 나, 바로 모두 2개입니다.

66 (선분 ㄴㅇ)=(선분 ㅁㅇ)=5 cm
➡ (선분 ㄴㅁ)=10 cm
(변 ㄷㄴ)=(변 ㅂㅁ)=6 cm
(선분 ㄷㅁ)=(변 ㄷㄴ)+(선분 ㄴㅁ)
           =6+10=16 (cm)

67 (선분 ㄱㅇ)=(선분 ㄹㅇ)=30÷2=15 (cm)
(변 ㄱㅂ)=(변 ㄹㄷ)=7 cm
➡ (선분 ㅂㅇ)=15−7=8 (cm)

68 (선분 ㄴㄹ)=11×2=22 (cm)
두 대각선의 길이의 합이 38 cm이므로
(선분 ㄱㄷ)=38−22=16 (cm)입니다.
➡ (선분 ㄷㅇ)=16÷2=8 (cm)

STEP 3 응용 유형
63~66쪽

69 5 cm	**70** 8 cm	**71** 11 cm
72 96 cm²	**73** 36 cm²	**74** 54 cm²
75 50°	**76** 65°	**77** 10°
78 512 cm²	**79** 288 cm²	**80** 54 cm²
81 36 cm	**82** 40 cm	**83** 9 cm
84 200 cm²	**85** 4 cm	**86** 864 cm²
87 38 cm	**88** 40 cm	**89** 30 cm
90 126 cm²	**91** 313 cm²	

69 변 ㄹㅂ의 대응변은 변 ㄱㄴ이고, 이등변삼각형이므로
(변 ㄹㅂ)=(변 ㅁㅂ)=(변 ㄱㄴ)=7 cm입니다.
삼각형 ㄹㅁㅂ의 둘레도 19 cm이므로
(변 ㄹㅁ)=19-7-7=5 (cm)입니다.

70 변 ㅁㅇ의 대응변은 변 ㄹㄷ이므로
(변 ㅁㅇ)=(변 ㄹㄷ)=9 cm입니다.
사각형 ㅁㅂㅅㅇ의 둘레도 28 cm이므로
(변 ㅁㅂ)=28-6-5-9=8 (cm)입니다.

71 변 ㄱㄴ의 대응변은 변 ㄹㄷ이므로
(변 ㄱㄴ)=(변 ㄹㄷ)=4 cm입니다.
삼각형 ㄱㄴㄷ의 둘레가 24 cm이므로
(변 ㄴㄷ)=24-4-9=11 (cm)입니다.

72 (변 ㄷㅁ)=(변 ㄱㄴ)=12 cm
(변 ㄴㄷ)=20-12=8 (cm)
➡ (직사각형 ㄱㄴㄷㄹ의 넓이)=8×12=96 (cm²)

73 (변 ㄱㄴ)=(변 ㄱㅇ)=(변 ㄷㄹ)=6 cm이므로
사각형 ㄱㄴㅁㅇ은 한 변의 길이가 6 cm인 정사각형입니다.
➡ (사각형 ㄱㄴㅁㅇ의 넓이)=6×6=36 (cm²)

74 (변 ㅁㄷ)=(변 ㄴㄷ)=12 cm이므로
(변 ㄱㄷ)=12-3=9 (cm)입니다.
➡ (삼각형 ㄹㅁㄷ의 넓이)
=(삼각형 ㄱㄴㄷ의 넓이)
=12×9÷2=54 (cm²)

75
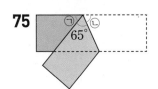
종이가 접힌 부분과 접기 전의 부분은 서로 합동이므로
ⓛ=65°입니다.
➡ ㉠=180°-65°-65°=50°

76 삼각형 ㄱㄹㅂ과 삼각형 ㅁㄹㅂ은 서로 합동이므로
(각 ㄱㄹㅂ)=(각 ㅁㄹㅂ)입니다.
(각 ㄱㄹㅂ)=(180°-30°)÷2=75°
➡ (각 ㄱㅂㄹ)=180°-40°-75°=65°

77 삼각형 ㄱㅂㄹ과 삼각형 ㅁㅂㄹ은 서로 합동이므로
(각 ㅂㄹㅁ)=(각 ㅂㄹㄱ)=25°입니다.

㉠=90°-25°-25°=40°
(각 ㄱㄹㅂ)=(각 ㅁㄹㅂ)=180°-90°-25°=65°이므로 ⓛ=180°-65°-65°=50°입니다.
➡ ⓛ-㉠=50°-40°=10°

78 삼각형 ㄱㄴㅁ과 삼각형 ㄷㅁㅂ은 서로 합동이므로
(변 ㄱㄴ)=(변 ㄷㅂ)=16 cm,
(변 ㄴㅁ)=(변 ㅂㅁ)=12 cm에서
(변 ㄴㄷ)=(변 ㄴㅁ)+(변 ㅁㄷ)=12+20=32 (cm)입니다.
➡ (직사각형 ㄱㄴㄷㄹ의 넓이)=32×16=512 (cm²)

79 삼각형 ㄱㄴㅁ과 삼각형 ㄷㅁㅂ은 서로 합동이므로
(변 ㄱㄴ)=(변 ㄷㅂ)=12 cm,
(변 ㄴㅁ)=(변 ㅂㅁ)=9 cm에서
(변 ㄴㄷ)=(변 ㄴㅁ)+(변 ㅁㄷ)=9+15=24 (cm)입니다.
➡ (직사각형 ㄱㄴㄷㄹ의 넓이)=24×12=288 (cm²)

80 삼각형 ㄱㄴㅁ과 삼각형 ㅂㄹㅁ은 서로 합동이므로
(변 ㄱㄴ)=(변 ㅂㄹ)=6 cm,
(변 ㄱㅁ)=(변 ㅂㅁ)=8 cm에서
(변 ㄱㄹ)=(변 ㄱㅁ)+(변 ㅁㄹ)=8+10=18 (cm)입니다.
➡ (삼각형 ㄱㄴㄹ의 넓이)=18×6÷2=54 (cm²)

81 (변 ㄱㅁ)=(변 ㄹㅁ)=5 cm,
(변 ㄹㄷ)=(변 ㄱㄴ)=9 cm,
(선분 ㄴㅂ)=(선분 ㄷㅂ)=4 cm
➡ (선대칭도형의 둘레)=(5+9+4)×2=36 (cm)

82 평행사변형은 마주 보는 두 쌍의 변의 길이가 서로 같으므로
(변 ㄱㅁ)=(변 ㄴㅂ)=(변 ㄹㅁ)=(변 ㄷㅂ)=7 cm,
(변 ㄹㄷ)=(변 ㅁㅂ)=(변 ㄱㄴ)=6 cm입니다.
➡ (선대칭도형의 둘레)=(7+6+7)×2=40 (cm)

83 (변 ㅁㄹ)=(변 ㄱㄴ)=12 cm,
(변 ㄴㄷ)=(변 ㄹㄷ)=20 cm,
(선분 ㅂㅁ)=(선분 ㅂㄱ)이므로
(선분 ㅂㅁ)=(82-12-20-20-12)÷2=9 (cm)입니다.

84

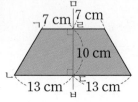

(주어진 도형의 넓이)=(7+13)×10÷2=100 (cm²)
➡ (선대칭도형의 넓이)=100×2=200 (cm²)

85 (삼각형 ㄱㄴㄷ의 넓이)
　＝(변 ㄴㄷ)×9÷2=36 (cm²)이므로
　(변 ㄴㄷ)=36×2÷9=8 (cm)입니다.
　➡ (선분 ㄴㄹ)=(선분 ㄷㄹ)=8÷2=4 (cm)

86 (선분 ㄱㅁ)=(선분 ㄴㅂ)=(선분 ㄷㅂ)
　＝24÷2=12 (cm)이므로
　(변 ㄱㄴ)=(96-12-12)÷2=36 (cm)입니다.
　➡ (직사각형 ㄱㄴㄷㄹ의 넓이)=24×36=864 (cm²)

87

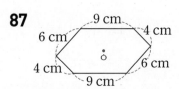

(점대칭도형의 둘레)=(6+9+4)×2=38 (cm)

88

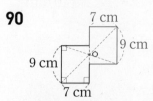

(점대칭도형의 둘레)=(5+12+3)×2=40 (cm)

89 (변 ㄹㅁ)=(변 ㄱㄴ)=24 cm,
　(변 ㄱㅂ)=(변 ㄹㄷ)=9 cm입니다.
　➡ (변 ㄴㄷ)=(변 ㅁㅂ)
　　＝(126-24-9-24-9)÷2=30 (cm)

90

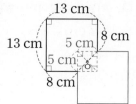

점대칭도형의 넓이는 직사각형의 넓이의 2배입니다.
➡ (점대칭도형의 넓이)=(7×9)×2=126 (cm²)

91

한 변의 길이가 13 cm인 정사각형 2개의 넓이의 합에서
한 변의 길이가 5 cm인 정사각형의 넓이를 뺍니다.
➡ (점대칭도형의 넓이)=(13×13)×2-5×5
　　　　　　　　　　　　＝338-25=313 (cm²)

---

3. 합동과 대칭	기출 단원 평가	
		67~69쪽

1 라와 바 　　　　　　**2** ㉡

3 각 ㄹㅂㅁ 　　　　　**4** 5개

5

6 (왼쪽에서부터) 110, 7

7 4 cm 　　　　　　　**8** 정사각형에 ○표

9 ㉠, ㉣ 　　　　　　　**10** 18 cm

11 120° 　　　　　　　**12** 8 cm

13 165° 　　　　　　　**14** 46 cm

15 110° 　　　　　　　**16** 14 cm

17 36 cm² 　　　　　　**18** 2 cm

19 3개 　　　　　　　**20** 24 cm

1 도형 라와 바는 모양과 크기가 같아서 포개었을 때 완전히 겹칩니다.

2 점선을 따라 잘랐을 때 잘린 두 도형이 서로 합동이 되는 점선은 ㉡입니다.

4 　　한 직선을 따라 접었을 때 도형을 완전히 겹치게 하는 직선을 모두 그으면 5개입니다.

5 각 점의 대응점을 찾고 그 점들을 차례로 이어 점대칭도 형을 완성합니다.

6 서로 합동인 도형에서 각각의 대응변의 길이가 같고, 각 각의 대응각의 크기가 같습니다.

7 선대칭도형에서 각각의 대응변의 길이가 서로 같으므로 (변 ㅂㅁ)=(변 ㄱㄴ)=4 cm입니다.

8 직사각형   마름모

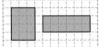   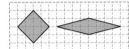

위와 같이 직사각형과 마름모는 넓이는 같지만 합동이 아 닐 수 있습니다.
따라서 두 도형의 넓이가 같으면 항상 서로 합동인 도형 은 정사각형입니다.

9 선대칭도형은 ㉠, ㉢, ㉣이고 점대칭도형은 ㉠, ㉡, ㉣이 므로 선대칭도형이면서 점대칭도형인 것은 ㉠, ㉣입니다.

10 (변 ㄴㅁ)=(변 ㄷㄹ)=7 cm,
(변 ㅁㄷ)=(변 ㄱㄴ)=11 cm
➡ (선분 ㄴㄷ)=(변 ㄴㅁ)+(변 ㅁㄷ)
          =7+11=18 (cm)

11 (각 ㅂㅁㅇ)=(각 ㄹㄷㄴ)=60°
사각형의 네 각의 크기의 합은 360°이므로
(각 ㅁㅂㅅ)=360°−60°−90°−90°=120°입니다.

12 (변 ㄹㅂ)=(변 ㄷㄴ)=12 cm
➡ (변 ㅁㅂ)=30−10−12=8 (cm)

13 (각 ㄹㄱㄴ)=(각 ㄹㄱㅂ)=35°이므로
(각 ㄱㄴㄷ)=360°−35°−40°−120°=165°입니다.
➡ (각 ㄱㅂㅁ)=(각 ㄱㄴㄷ)=165°

14 (선분 ㅂㅇ)=28−5=23 (cm)
점대칭도형은 각각의 대응점에서 대칭의 중심까지의 거 리가 같습니다.
➡ (선분 ㅂㄷ)=(선분 ㅂㅇ)×2=23×2=46 (cm)

15 (각 ㄱㄷㄴ)=180°−100°−45°=35°
각 ㅁㄷㄹ의 대응각이 각 ㄱㄷㄴ이므로
(각 ㅁㄷㄹ)=(각 ㄱㄷㄴ)=35°입니다.
➡ (각 ㄱㄷㅁ)=180°−35°−35°=110°

16 (선분 ㄷㅇ)=(선분 ㄱㅇ)=7 cm이므로
(선분 ㄴㄹ)=42−7×2=28 (cm)입니다.
점대칭도형에서 대칭의 중심은 대응점끼리 이은 선분을 둘로 똑같이 나누므로 (선분 ㄴㅇ)=28÷2=14 (cm) 입니다.

17 선대칭도형에서 대칭축은 대응점끼리 이은 선분을 둘로 똑같이 나누므로 (선분 ㄴㅁ)=6÷2=3 (cm)입니다.
대응점끼리 이은 선분은 대칭축과 수직으로 만나므로
(삼각형 ㄱㄴㄷ의 넓이)=12×3÷2=18(cm²)입니다.
➡ (선대칭도형의 넓이)=18×2=36 (cm²)

18 (변 ㄱㄴ)=(변 ㅁㅂ)=8 cm,
(변 ㅅㅇ)=(변 ㄷㄹ)=3 cm,
(변 ㄹㅁ)=(변 ㅇㄱ)=3 cm이고
(변 ㄴㄷ)=(변 ㅂㅅ)이므로
(변 ㄴㄷ)=(32−8−3−3−8−3−3)÷2
        =2 (cm)입니다.

19 예 0, 1, 6, 8, 9 중에서 180° 돌렸을 때 처음 수가 되 는 수는 0, 1, 8이고 6, 9는 180° 돌리면 각각 9, 6이 됩니다. 0, 1, 6, 8, 9를 사용하여 9116보 다 크고 점대칭도형이 되는 네 자리 수를 만들면 9696, 9886, 9966입니다.
따라서 만들 수 있는 수는 모두 3개입니다.

평가 기준	배점
주어진 수들을 180° 돌렸을 때 어떤 수가 되는지 알고 있나요?	3점
만들 수 있는 수는 모두 몇 개인지 구했나요?	2점

20 예 (변 ㄱㄴ)=(변 ㅂㄹ)=3 cm,
(변 ㄱㅁ)=(변 ㅂㅁ)=4 cm이므로
(변 ㄱㄹ)=(변 ㄱㅁ)+(변 ㅁㄹ)=4+5=9 (cm) 입니다.
따라서 직사각형 ㄱㄴㄷㄹ의 둘레는
(9+3)×2=24 (cm)입니다.

평가 기준	배점
변 ㄱㄴ과 변 ㄱㄹ의 길이를 각각 구했나요?	3점
직사각형 ㄱㄴㄷㄹ의 둘레를 구했나요?	2점

4 소수의 곱셈

개념을 짚어 보는 문제
72~73쪽

1 (1) 0.8, 0.8, 0.8, 3.2
(2) 4, 32, 32, 3.2
(3) 8, 8, 32, 3.2

2 (1) 3.6 (2) 3.6 (3) 3.6

3 (1) 7, 7, 91, 9.1 (2) (위에서부터) 91, $\frac{1}{10}$, 9.1

4 $5 \times \frac{41}{10} = \frac{5 \times 41}{10} = \frac{205}{10} = 20.5$

5 (1) 23, 45, 1035, 10.35 (2) 1035, 10.35

6 (1) 32.16, 321.6, 3216 (2) 82, 8.2, 0.82

4 분수의 곱셈으로 계산합니다.

STEP 1 교과서 + 익힘책 유형
74~80쪽

1 1.8
준비 (1) $\frac{9}{10}$ (2) 0.31

2 (1) $\frac{4}{10} \times 7 = \frac{4 \times 7}{10} = \frac{28}{10} = 2.8$
(2) $\frac{27}{100} \times 6 = \frac{27 \times 6}{100} = \frac{162}{100} = 1.62$

3 (1) 5.6 (2) 1.17
4 7.5, 4.35

5 예 0.48, 7, 3.36
6 2.1 kg

7 잘못 말한 부분 예 0.45와 6의 곱은 30 정도예요.
바르게 고치기 예 0.45와 6의 곱은 3 정도예요.

8 2개
9 3.6

10 (1) 17, 17, 68, 6.8 (2) 68, 6.8

11 (1) 8.4 (2) 16.48
12 (교차 연결선)

13 은우, 18.72
14 35.68 cm

15 1106원
16 1.4

17 (1) $12 \times \frac{6}{10} = \frac{12 \times 6}{10} = \frac{72}{10} = 7.2$
(2) $9 \times \frac{54}{100} = \frac{9 \times 54}{100} = \frac{486}{100} = 4.86$

18 (1) 1.08 (2) 4.59
19 3.2, 11.7

준비 104
20 4.8

21 ©
22 28.8 kg

23 2.6

24 (1) 216, 216, 864, 8.64
(2) (위에서부터) 864, 2.16, 8.64

25 (1) 94.3 (2) 42.4
26 예 26, 215.8

27 27.9
28 562 km

29 있습니다에 ○표 /
이유 예 400×8.5는 400×9＝3600보다 작기 때문입니다.
(또는 400×8.5＝3400(원)이기 때문입니다.)

30 $\frac{7}{10} \times \frac{12}{100} = \frac{84}{1000} = 0.084$

31 (1) 0.112 (2) 0.192

32 0.18, 0.054

33 0.128, 0.072, 0.124

준비 >
34 0.02

35 2.1 kg
36 1.11 kg

37 (1) 2.832 (2) 62.13

38 $\frac{14}{100} \times \frac{3}{10} = \frac{42}{1000} = 0.042$

39 예 8, 1, 3, 6 / 예 29.16

40 (위에서부터) 1.512, 2.808

41 6.992
42 11.73

43 9.24 kg
44 94.3, 9.43, 0.943

45 ( )
(○)
46 ©

47 예 $\boxed{2.8} \times \boxed{1.7} = \boxed{4.76}$

48 (1) 0.54 (2) 0.01   **49** ㉠, ㉡, ㉢, ㉣

50 >   **51** 1464.8 g

3 (1) $0.8 \times 7 = \dfrac{8}{10} \times 7 = \dfrac{8 \times 7}{10} = \dfrac{56}{10} = 5.6$

(2) $0.39 \times 3 = \dfrac{39}{100} \times 3 = \dfrac{39 \times 3}{100} = \dfrac{117}{100} = 1.17$

4 $0.5 \times 15 = 7.5$, $0.29 \times 15 = 4.35$

😊 내가 만드는 문제
5 예 $0.48 \times 7 = \dfrac{48}{100} \times 7 = \dfrac{336}{100} = 3.36$

6 (상자의 무게)$= 0.7 \times 3 = 2.1$ (kg)

7

평가 기준
잘못 말한 부분을 찾았나요?
바르게 고쳤나요?

8 이번 주에 필요한 찰흙의 양은 $0.4 \times 3 = 1.2$(kg)이므로 1 kg짜리 찰흙을 적어도 2개 사야 합니다.

11 (1) $1.4 \times 6 = \dfrac{14}{10} \times 6 = \dfrac{14 \times 6}{10} = \dfrac{84}{10} = 8.4$

(2) $2.06 \times 8 = \dfrac{206}{100} \times 8 = \dfrac{206 \times 8}{100} = \dfrac{1648}{100} = 16.48$

12 $2.4 \times 7 = 16.8$, $4.16 \times 5 = 20.8$

13 은우: $2.08 \times 9 = \dfrac{208}{100} \times 9 = \dfrac{1872}{100} = 18.72$

14 (정사각형의 둘레)$=$(한 변의 길이)$\times 4$
$= 8.92 \times 4 = 35.68$ (cm)

15 예 튀르키예 돈 50리라를 바꾸는 데 필요한 돈은 $77.88 \times 50 = 3894$(원)입니다.
따라서 남은 우리나라 돈은 $5000 - 3894 = 1106$(원)입니다.

평가 기준
튀르키예 돈 50리라를 바꾸는 데 필요한 우리나라 돈이 얼마인지 구했나요?
남은 우리나라 돈은 얼마인지 구했나요?

16 2를 10등분 한 다음 7칸을 색칠한 것입니다.
한 칸의 크기는 2의 0.1배인 0.2이므로 7칸의 크기는 2의 0.7배인 1.4입니다.

18 (1) $4 \times 0.27 = 4 \times \dfrac{27}{100} = \dfrac{4 \times 27}{100} = \dfrac{108}{100} = 1.08$

(2) $51 \times 0.09 = 51 \times \dfrac{9}{100} = \dfrac{51 \times 9}{100} = \dfrac{459}{100} = 4.59$

19 $5 \times 0.64 = 3.2$, $13 \times 0.9 = 11.7$

준비 $\square = 13 \times 8 = 104$

20 $\square \div 0.32 = 15 \Rightarrow \square = 15 \times 0.32 = 4.8$

21 ㉠ $8 \times 0.15 = 1.2$ ㉡ $5 \times 0.62 = 3.1$
㉢ $12 \times 0.5 = 6$ ㉣ $14 \times 0.25 = 3.5$
따라서 계산 결과가 자연수인 것은 ㉢입니다.

22 (은주의 몸무게)$= 72 \times 0.5 = 36$ (kg)
(동생의 몸무게)$= 36 \times 0.8 = 28.8$ (kg)

23 2의 1배는 2이고, 2의 0.3배는 0.6이므로 2의 1.3배는 2.6입니다.

24 (2) 216의 $\dfrac{1}{100}$배는 2.16이고 곱하는 수를 $\dfrac{1}{100}$배 하면 계산 결과도 $\dfrac{1}{100}$배가 됩니다.

25 (1) $23 \times 4.1 = 23 \times \dfrac{41}{10} = \dfrac{23 \times 41}{10} = \dfrac{943}{10} = 94.3$

(2) $40 \times 1.06 = 40 \times \dfrac{106}{100} = \dfrac{40 \times 106}{100} = \dfrac{4240}{100}$
$= 42.4$

😊 내가 만드는 문제
26 예 $26 \times 8.3 = 215.8$

27 $18 \times 3.3 = 59.4$, $21 \times 1.5 = 31.5$
$\Rightarrow 59.4 - 31.5 = 27.9$

28 (갈 수 있는 거리)$= 50 \times 11.24 = 562$ (km)

29

평가 기준
과자를 살 수 있는지 없는지 알았나요?
그 이유를 바르게 썼나요?

31 (1)
$14 \times 8 = 112$
$\downarrow \frac{1}{100}$배 $\downarrow \frac{1}{10}$배 $\downarrow \frac{1}{1000}$배
$0.14 \times 0.8 = 0.112$

(2) $6 \times 32 = 192$

$\downarrow \frac{1}{10}$배 $\downarrow \frac{1}{100}$배 $\downarrow \frac{1}{1000}$배

$0.6 \times 0.32 = 0.192$

32 $0.5 \times 0.36 = 0.18$, $0.12 \times 0.45 = 0.054$

33 $0.24 \times 0.3 = 0.072$
$0.31 \times 0.4 = 0.124$
$0.8 \times 0.16 = 0.128$

준비 0.7은 0.01이 70개, 0.09는 0.01이 9개인 수이므로 $0.7 > 0.09$입니다.

34 $0.5 > 0.2 > 0.06 > 0.04$이므로 가장 큰 수와 가장 작은 수의 곱은 $0.5 \times 0.04 = 0.02$입니다.

35 세 근 반은 3.5근이므로 어머니께서 사 오신 돼지고기는 $0.6 \times 3.5 = 2.1 \,(kg)$입니다.

36 (예) ○○ 밀가루 한 봉지에 들어 있는 탄수화물 성분은 $0.5 \times 0.74 = 0.37 \,(kg)$입니다.
따라서 3봉지에 들어 있는 탄수화물 성분은 모두 $0.37 \times 3 = 1.11 \,(kg)$입니다.

평가 기준
한 봉지에 들어 있는 탄수화물 성분은 몇 kg인지 구했나요?
3봉지에 들어 있는 탄수화물 성분은 모두 몇 kg인지 구했나요?

37 (1) $1.18 \times 2.4 = \frac{118}{100} \times \frac{24}{10} = \frac{2832}{1000} = 2.832$

(2) $1.9 \times 32.7 = \frac{19}{10} \times \frac{327}{10} = \frac{6213}{100} = 62.13$

38 소수 두 자리 수를 분모가 10인 분수로 고쳐서 계산해서 틀렸습니다.

내가 만드는 문제
39 (예) $8.1 \times 3.6 = 29.16$

40 $1.08 \times 1.4 = 1.512$, $1.08 \times 2.6 = 2.808$

41 (예) 주성이가 누른 계산기의 식은 1.6×4.37입니다.
따라서 계산 결과는 $1.6 \times 4.37 = 6.992$입니다.

평가 기준
누른 계산기의 식을 구했나요?
계산 결과가 얼마인지 구했나요?

42 $4.25 > 3.2 > 2.76 > 1.8$이므로 가장 큰 수는 4.25이고, 두 번째로 작은 수는 2.76입니다.
➡ $4.25 \times 2.76 = 11.73$

43 인선이가 태어난 지 1년 후의 몸무게는 $3.3 \times 2.8 = 9.24 \,(kg)$입니다.

44 자연수에 0.1, 0.01, 0.001을 곱하면 곱하는 수의 소수점 아래 자리 수만큼 소수점이 왼쪽으로 한 칸씩 옮겨집니다.

45 • $20.8 \times \square = 208$에서 곱해지는 수의 소수점이 오른쪽으로 한 칸 옮겨졌으므로 $\square = 10$입니다.
• $0.079 \times \square = 7.9$에서 곱해지는 수의 소수점이 오른쪽으로 두 칸 옮겨졌으므로 $\square = 100$입니다.

46 ㉠ 5.9 ㉡ 0.59 ㉢ 5.9 ㉣ 5.9

47 곱하는 두 수의 소수점 아래 자리 수를 더한 것과 결괏값의 소수점 아래 자리 수가 같도록 알맞게 소수점을 찍습니다.

48 (1) 소수점이 오른쪽으로 한 칸 옮겨져서 5.4가 되었으므로 $\square = 0.54$입니다.
(2) 604에서 6.04로 소수점이 왼쪽으로 두 칸 옮겨졌으므로 $\square = 0.01$입니다.

49 $233 \times 187 = 43571$이므로 소수점 아래 자리 수를 비교합니다.
㉠ 소수 네 자리 수 ㉡ 소수 세 자리 수
㉢ 소수 두 자리 수 ㉣ 소수 한 자리 수

50 $37 \times 146 = 5402$이므로 소수점 아래 자리 수를 비교하면 (소수 두 자리 수) > (소수 세 자리 수)입니다.
다른 풀이
$3.7 \times 14.6 = 54.02$, $0.037 \times 146 = 5.402$
➡ $54.02 > 5.402$

51 (예) (막대사탕 10개의 무게) $= 52.48 \times 10 = 524.8 \,(g)$
(초콜릿 100개의 무게) $= 9.4 \times 100 = 940 \,(g)$
따라서 두 사람이 포장한 간식은 모두 $524.8 + 940 = 1464.8 \,(g)$입니다.

평가 기준
막대사탕 10개와 초콜릿 100개의 무게를 각각 구했나요?
두 사람이 포장한 간식은 모두 몇 g인지 구했나요?

정답과 풀이

28 수학 5-2

52	3.588	**53**	3.01
54	19.74	**55**	<
56	㉡	**57**	㉡, ㉠, ㉢
58	13.5 cm²	**59**	0.162 m²
60	1.4 cm²	**61**	1.88 kg
62	6.12 m	**63**	137.7 cm
64	㉡	**65**	5.8×1.9에 ○표
66	㉡, ㉣	**67**	2
68	3	**69**	41. 42
70	0.018	**71**	0.43
72	260	**73**	1000배
74	0.1배($\frac{1}{10}$배)	**75**	100배

52 $0.8 \times 3.9 \times 1.15 = 3.12 \times 1.15 = 3.588$

53 $4.3 \times 0.28 \times 2.5 = 1.204 \times 2.5 = 3.01$

54 ㉠ $3.6 \times 5.2 \times 0.45 = 18.72 \times 0.45 = 8.424$
㉡ $2.05 \times 4.6 \times 1.2 = 9.43 \times 1.2 = 11.316$
➡ ㉠+㉡$=8.424+11.316=19.74$

55 수의 배열이 같고 자리 수가 다르므로 곱의 소수점 아래 자리 수를 비교하면 0.369×0.04는 소수 다섯 자리 수 이고 36.9×0.004는 소수 네 자리 수입니다.
➡ $0.369 \times 0.04 < 36.9 \times 0.004$

56 수의 배열이 같고 자리 수가 다르므로 곱의 소수점 아래 자리 수를 비교합니다.
㉠ 소수 두 자리 수 ㉡ 소수 한 자리 수
㉢ 소수 세 자리 수 ㉣ 소수 다섯 자리 수
따라서 곱이 가장 큰 것은 소수점 아래 자리 수가 가장 적은 ㉡입니다.

57 수의 배열이 같고 자리 수가 다르므로 곱의 소수점 아래 자리 수를 비교합니다.
㉠ 소수 네 자리 수 ㉡ 소수 다섯 자리 수
㉢ 소수 세 자리 수
➡ ㉡<㉠<㉢

58 (직사각형의 넓이)=(가로)×(세로)
$=6 \times 2.25 = 13.5$ (cm²)

59 (평행사변형의 넓이)=(밑변의 길이)×(높이)
$=0.27 \times 0.6 = 0.162$ (m²)

60 (직사각형의 넓이)$=4.8 \times 7 = 33.6$ (cm²)
(평행사변형의 넓이)$=5.6 \times 6.25 = 35$ (cm²)
➡ (넓이의 차)$=35-33.6=1.4$ (cm²)

61 (떡을 만드는 데 사용한 쌀의 무게)
=(전체 쌀의 무게)×0.4
$=4.7 \times 0.4 = 1.88$ (kg)

62 (모빌을 만드는 데 사용한 철사의 길이)
=(전체 철사의 길이)×0.9
$=6.8 \times 0.9 = 6.12$ (m)

63 (어머니의 키)=(아버지의 키)×0.9
$=180 \times 0.9 = 162$ (cm)
(수현이의 키)=(어머니의 키)×0.85
$=162 \times 0.85 = 137.7$ (cm)

64 ㉠ 0.21×8은 0.2와 8의 곱인 1.6보다 큽니다.
㉡ 0.27×3은 0.3과 3의 곱인 0.9보다 작습니다.
㉢ 0.33×4는 0.3과 4의 곱인 1.2보다 큽니다.

65 • 4.1×4.6은 4와 4의 곱인 16보다 큽니다.
• 5.8×1.9는 6과 2의 곱인 12보다 작습니다.
• 2.3×7.2는 2와 7의 곱인 14보다 큽니다.

66 ㉠ 5×0.95는 5와 1의 곱인 5보다 작습니다.
㉡ 8×2.3은 8과 2의 곱인 16보다 큽니다.
㉢ 6×1.84는 6과 2의 곱인 12보다 작습니다.
㉣ 4×4.62는 4와 4의 곱인 16보다 큽니다.

67 $4.4 \times 0.65 = 2.86$
$2.86 > \square$에서 $\square$ 안에 들어갈 수 있는 가장 큰 자연수는 2입니다.

68 $2.8 \times 1.05 = 2.94$
$2.94 < \square$에서 $\square$ 안에 들어갈 수 있는 가장 작은 자연수는 3입니다.

69 $4.5 \times 9 = 40.5$이고 $25 \times 1.7 = 42.5$이므로 □ 안에 들어갈 수 있는 수는 40.5보다 크고 42.5보다 작은 수입니다.
따라서 □ 안에 들어갈 수 있는 자연수는 41, 42입니다.

70 32의 소수점이 오른쪽으로 한 칸 옮겨지고, 576의 소수점이 왼쪽으로 두 칸 옮겨졌으므로 18의 소수점은 왼쪽으로 세 칸 옮겨져야 합니다. ➡ □$=0.018$

71 26의 소수점이 왼쪽으로 두 칸 옮겨지고, 1118의 소수점이 왼쪽으로 네 칸 옮겨졌으므로 43의 소수점은 왼쪽으로 두 칸 옮겨져야 합니다. ➡ □$=0.43$

72 0.59는 59에서 소수점이 왼쪽으로 두 칸 옮겨진 것이고, 두 식의 계산 결과는 같으므로 ㉠은 2.6에서 소수점이 오른쪽으로 두 칸 옮겨진 260입니다.

73 ㉠과 ㉡은 수의 배열이 같고 소수점 아래 자리 수가 다르므로 곱의 소수점 아래 자리 수를 비교합니다.
㉠은 소수 두 자리 수이고 ㉡은 소수 다섯 자리 수이므로 ㉠은 ㉡의 1000배입니다.

74 ㉠과 ㉡은 수의 배열이 같고 소수점 아래 자리 수가 다르므로 곱의 소수점 아래 자리 수를 비교합니다.
㉠은 소수 네 자리 수이고 ㉡은 소수 세 자리 수이므로 ㉠은 ㉡의 0.1배$\left(\dfrac{1}{10}\text{배}\right)$입니다.

75 ㉠과 ㉡은 수의 배열이 같고 소수점 아래 자리 수가 다르므로 곱의 소수점 아래 자리 수를 비교합니다.
㉠은 소수 네 자리 수이고 ㉡은 소수 여섯 자리 수이므로 ㉠은 ㉡의 100배입니다.

STEP 3 응용 유형
85~87쪽

76 26.64 cm	**77** 18.24 cm
78 25.76 cm	**79** 1.4
80 18.24	**81** 0.45
82 4.32 m	**83** 3.375 m
84 6.75 m	

85 9, 3, 6, 5, 60.45 (또는 $6.5 \times 9.3 = 60.45$)

86 2, 7, 4, 8, 12.96 (또는 $4.8 \times 2.7 = 12.96$)

87 9, 2, 7, 5, 0.69 (또는 $0.75 \times 0.92 = 0.69$)

88 385 km **89** 1.35 L

90 18.72 L **91** 135 cm

92 203.75 cm **93** 32.4 cm

76 (직사각형의 세로)$=7.4 \times 0.8 = 5.92$ (cm)
➡ (직사각형의 둘레)$=(7.4+5.92) \times 2$
$\qquad\qquad\qquad\quad =26.64$ (cm)

77 (직사각형의 가로)$=3.8 \times 1.4 = 5.32$ (cm)
➡ (직사각형의 둘레)$=(5.32+3.8) \times 2$
$\qquad\qquad\qquad\quad =18.24$ (cm)

78 (새로운 직사각형의 가로)$=5.6 \times 0.8 = 4.48$ (cm)
(새로운 직사각형의 세로)$=5.6 \times 1.5 = 8.4$ (cm)
➡ (새로운 직사각형의 둘레)$=(4.48+8.4) \times 2$
$\qquad\qquad\qquad\qquad\qquad =25.76$ (cm)

79 어떤 수를 □라 하면 □$+0.7=2.7$에서
□$=2.7-0.7=2$입니다.
따라서 바르게 계산하면 $2 \times 0.7 = 1.4$입니다.

80 어떤 수를 □라 하면 □$-2.4=5.2$에서
□$=5.2+2.4=7.6$입니다.
따라서 바르게 계산하면 $7.6 \times 2.4 = 18.24$입니다.

81 어떤 수를 □라 하면 □$\div 0.75=0.8$에서
□$=0.8 \times 0.75=0.6$입니다.
따라서 바르게 계산하면 $0.6 \times 0.75=0.45$입니다.

82 (첫 번째로 튀어 오른 공의 높이)$=12 \times 0.6 = 7.2$ (m)
(두 번째로 튀어 오른 공의 높이)$=7.2 \times 0.6$
$\qquad\qquad\qquad\qquad\qquad\qquad =4.32$ (m)

83 (첫 번째로 튀어 오른 공의 높이)$=8 \times 0.75 = 6$ (m)
(두 번째로 튀어 오른 공의 높이)$=6 \times 0.75 = 4.5$ (m)
(세 번째로 튀어 오른 공의 높이)$=4.5 \times 0.75$
$\qquad\qquad\qquad\qquad\qquad\qquad =3.375$ (m)

84 (첫 번째로 튀어 오른 공의 높이)$=18 \times 0.5 = 9$ (m)
(두 번째로 튀어 오른 공의 높이)$=9 \times 0.5 = 4.5$ (m)

(세 번째로 튀어 오른 공의 높이)$=4.5\times0.5$
$\qquad\qquad\qquad\qquad\qquad\quad=2.25\,(\text{m})$
따라서 첫 번째로 튀어 오른 공의 높이와 세 번째로 튀어 오른 공의 높이의 차는 $9-2.25=6.75\,(\text{m})$입니다.

85 수의 크기를 비교하면 $9>6>5>3$이므로 곱하는 두 소수의 자연수 부분에 9와 6을 놓고 소수 첫째 자리에 5와 3을 놓습니다.
$9.5\times6.3=59.85,\ 9.3\times6.5=60.45$이므로 곱이 가장 큰 곱셈식은 $9.3\times6.5=60.45$입니다.

86 수의 크기를 비교하면 $2<4<7<8$이므로 곱하는 두 소수의 자연수 부분에 2와 4를 놓고 소수 첫째 자리에 7과 8을 놓습니다.
$2.7\times4.8=12.96,\ 2.8\times4.7=13.16$이므로 곱이 가장 작은 곱셈식은 $2.7\times4.8=12.96$입니다.

87 높은 자리의 수가 클수록 곱이 커지므로 소수 첫째 자리부터 큰 수를 놓습니다.
$0.92\times0.75=0.69,\ 0.95\times0.72=0.684$이므로 곱이 가장 큰 곱셈식은 $0.92\times0.75=0.69$입니다.

88 4시간 24분$=4\dfrac{24}{60}$시간$=4\dfrac{4}{10}$시간$=4.4$시간
(자동차가 갈 수 있는 거리)$=87.5\times4.4=385\,(\text{km})$

89 3시간 45분$=3\dfrac{45}{60}$시간$=3\dfrac{3}{4}$시간$=3.75$시간
(사용된 물의 양)$=0.36\times3.75=1.35\,(\text{L})$

90 2시간 36분$=2\dfrac{36}{60}$시간$=2\dfrac{6}{10}$시간$=2.6$시간
(1시간 동안 사용하게 되는 휘발유의 양)
$=0.08\times90=7.2\,(\text{L})$
(2시간 36분 동안 사용하게 되는 휘발유의 양)
$=7.2\times2.6=18.72\,(\text{L})$

91 (색 테이프의 길이의 합)$=10.4\times15=156\,(\text{cm})$
(겹친 부분의 길이의 합)$=1.5\times14=21\,(\text{cm})$
➡ (이어 붙인 색 테이프의 전체 길이)
$\quad=156-21=135\,(\text{cm})$

92 (색 테이프의 길이의 합)$=12.8\times20=256\,(\text{cm})$
(겹친 부분의 길이의 합)$=2.75\times19=52.25\,(\text{cm})$
➡ (이어 붙인 색 테이프의 전체 길이)
$\quad=256-52.25=203.75\,(\text{cm})$

93 (종이 5장의 가로의 길이의 합)$=3.2\times5=16\,(\text{cm})$
(겹친 부분의 가로의 합)$=0.4\times4=1.6\,(\text{cm})$
➡ (만든 직사각형의 가로)$=16-1.6=14.4\,(\text{cm})$
따라서 만든 직사각형의 둘레는
$(14.4+1.8)\times2=32.4\,(\text{cm})$입니다.

---

4. 소수의 곱셈 **기출 단원 평가** 88~90쪽

1 4, 4, 112, 11.2

2 4485, $\dfrac{1}{1000}$, 4.485

3 (1) 12.8 (2) 3.42 **4** 16.64, 8.96

5 2.736 **6** >

7 ㉠ **8** 1.5×0.6에 ○표

9 (선 잇기)

10 12.6, 34.02

11 11.56 m² **12** ㉢

13 0.057 kg

14 0.6과 4.5 (또는 6과 0.45)

15 8 **16** 250.56 m

17 서진, 0.16 L

18 3, 6, 5, 8, 20.88 (또는 5.8×3.6=20.88)

19 28.08 cm² **20** 0.46

2 1.95는 195의 $\dfrac{1}{100}$배, 2.3은 23의 $\dfrac{1}{10}$배이므로
1.95×2.3의 계산 결과는 195×23의 $\dfrac{1}{1000}$배가 됩니다.

3 (1) $1.6\times8=\dfrac{16}{10}\times8=\dfrac{16\times8}{10}=\dfrac{128}{10}=12.8$
(2) $9\times0.38=9\times\dfrac{38}{100}=\dfrac{9\times38}{100}=\dfrac{342}{100}=3.42$

4 $13 \times 1.28 = 16.64$, $7 \times 1.28 = 8.96$

5 $7.2 \times 0.38 = \dfrac{72}{10} \times \dfrac{38}{100} = \dfrac{72 \times 38}{10 \times 100} = \dfrac{2736}{1000}$
$= 2.736$

6 $5.1 \times 9 = 45.9$, $8.36 \times 5 = 41.8$
$\Rightarrow 45.9 > 41.8$

7 ㉠ 72.8   ㉡ 728   ㉢ 728
따라서 계산 결과가 다른 하나는 ㉠입니다.

8 • $0.8 \times 0.9 = 0.72$ ➡ 소수 두 자리 수
• $1.5 \times 0.6 = 0.9$ ➡ 소수 한 자리 수
• $0.7 \times 2.4 = 1.68$ ➡ 소수 두 자리 수

9 $26 \times 31 = 806$
$\Rightarrow 26 \times 3.1 = 80.6$
$260 \times 3.1 = 806$
$0.26 \times 3.1 = 0.806$
$2.6 \times 310 = 806$
$26 \times 0.031 = 0.806$
$0.26 \times 310 = 80.6$

10 $1.8 \times 7 = 12.6$, $12.6 \times 2.7 = 34.02$

11 (정사각형의 넓이) $= 3.4 \times 3.4 = 11.56 \, (\text{m}^2)$

12 ㉠ $134 \times 0.1 = 13.4$ ➡ $\square = 0.1$
㉡ $0.058 \times 100 = 5.8$ ➡ $\square = 0.058$
㉢ $4.2 \times 100 = 420$ ➡ $\square = 100$
㉣ $375 \times 0.001 = 0.375$ ➡ $\square = 375$
㉤ $8.5 \times 0.01 = 0.085$ ➡ $\square = 0.01$

13 (두부 한 모에 들어 있는 단백질 성분)
$= 0.6 \times 0.095 = 0.057 \, (\text{kg})$

14 $0.6 \times 0.45 = 0.27$입니다.
수 하나의 소수점 위치를 잘못 눌러서 계산 결과가 2.7이 나왔으므로 하은이가 계산기에 누른 두 수는 0.6과 4.5 또는 6과 0.45입니다.

15 $2.8 \times 3.15 = 8.82$
$8.82 > \square$에서 $\square$ 안에 들어갈 수 있는 가장 큰 자연수는 8입니다.

16 5분 48초 $= 5\dfrac{48}{60}$분 $= 5\dfrac{8}{10}$분 $= 5.8$분
(5분 48초 동안 갈 수 있는 거리)
$= 43.2 \times 5.8 = 250.56 \, (\text{m})$

17 (주성이가 마신 물의 양) $= 3 \times 0.38 = 1.14 \, (\text{L})$
$1.14 < 1.3$이므로 서진이가 물을
$1.3 - 1.14 = 0.16 \, (\text{L})$ 더 많이 마셨습니다.

18 높은 자리 숫자가 작을수록 곱이 작으므로 일의 자리부터 작은 숫자를 놓습니다.
$3.8 \times 5.6 = 21.28$, $3.6 \times 5.8 = 20.88$이므로 곱이 가장 작은 곱셈식은 $3.6 \times 5.8 = 20.88$입니다.

19 ⓔ (새로운 직사각형의 가로) $= 6.5 \times 0.8 = 5.2 \, (\text{cm})$
(새로운 직사각형의 세로) $= 3.6 \times 1.5 = 5.4 \, (\text{cm})$
➡ (새로운 직사각형의 넓이) $= 5.2 \times 5.4$
$= 28.08 \, (\text{cm}^2)$

평가 기준	배점
새로운 직사각형의 가로와 세로를 각각 구했나요?	3점
새로운 직사각형의 넓이를 구했나요?	2점

20 ⓔ 어떤 수를 $\square$라 하면 $\square \div 0.5 = 1.84$에서
$\square = 1.84 \times 0.5 = 0.92$입니다.
따라서 바르게 계산하면 $0.92 \times 0.5 = 0.46$입니다.

평가 기준	배점
어떤 수를 구했나요?	3점
바르게 계산한 값을 구했나요?	2점

사고력이 반짝
91쪽

0	×	○	○
×	×	6	○
×	×	○	○
1	×	4	○

0	×	2	○	○
×	×	○	3	×
○	5	×	2	×
○	○	○	×	×
○	5	○	2	×

5 직육면체

94~95쪽

개념을 짚어 보는 문제

1 6, 직육면체

2

3 (1) 면 ㅁㅂㅅㅇ에 ○표, (2) 수직입니다에 ○표

4 실선, 점선, 겨냥도

5 ( )(○)

6 (1) 전개도 (2) 실선, 점선 (3) 3

2 정육면체는 정사각형 6개로 둘러싸인 도형입니다.

3 (1) 면 ㄱㄴㄷㄹ과 서로 마주 보는 면은 면 ㅁㅂㅅㅇ입니다.
(2) 면 ㄱㄴㄷㄹ과 면 ㄴㅂㅅㄷ은 만나는 면이므로 서로 수직입니다.

5 전개도를 접었을 때 겹치는 면이 없어야 합니다.

STEP 1 교과서⊕익힘책 유형

96~101쪽

1 나, 라

2 (위에서부터) 꼭짓점, 면, 모서리

준비 (○)( )(○)( )

3 다, 라

4 6, 12, 8

5 예 직육면체는 6개의 직사각형으로 이루어져 있지만 준서가 만든 모양은 사다리꼴 4개와 직사각형 2개로 이루어져 있기 때문입니다.

6 68 cm

7 가, 다

8 정사각형

9 5

10 ㉡

11 정호

12 ㉠, ㉢

13 예 주사위, 14개

14 16개

15 ㉢

준비 직선 다와 직선 마

16 예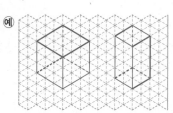

17 (1) 3 (2) 4

18 면 ㄱㅁㅇㄹ

19 면 ㄱㄴㄷㄹ, 면 ㄴㅂㅅㄷ, 면 ㅁㅂㅅㅇ, 면 ㄱㅁㅇㄹ

20 3개

21 14

22 ㉣

23

24 3, 3, 7, 1

25 예 보이지 않는 모서리는 점선으로 그려야 하는데 실선으로 그렸습니다.

26 2개, 2개

27 예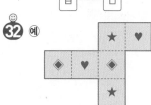

28 나, 다

준비 90°

29 면 다

30 면 가, 면 다, 면 마, 면 바

31
```
      ㄱ      ㄹ
  ㄱ ┌─┬─┬─┐ ㄱ
     │ │ │ │
  ㅁ └─┼─┼─┘ ㅁ
      │ │
      ㅂ  ㅁ
```

32 예

33 예
1 cm
1 cm

34 ㉠, ㉣　　　　　　　　　**35** (위에서부터) 5, 4

36 예 전개도를 접었을 때 겹치는 모서리의 길이가 같지 않습니다.

37 면 ㄴㄷㄹㅁ

38 면 ㄱㄴㅍㅎ, 면 ㅍㄹㅁㅌ, 면 ㅁㅂㅅㅇ, 면 ㅋㅇㅈㅊ

39

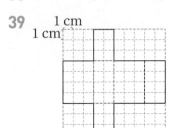

40 예

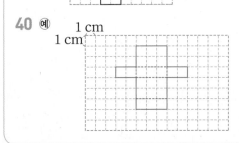

---

1 직사각형 6개로 둘러싸인 도형은 나, 라입니다.

3 직육면체는 직사각형 6개로 둘러싸인 도형이므로 직육면체의 면이 될 수 있는 도형은 직사각형인 다, 라입니다.

4 직육면체의 면은 6개, 모서리는 12개, 꼭짓점은 8개입니다.

5

평가 기준
직육면체를 바르게 이해했나요?
직육면체가 아닌 이유를 썼나요?

6 직육면체의 각 면은 직사각형이므로 면 ㄴㅂㅅㄷ의 모서리의 길이의 합은 $(16+18) \times 2 = 68$ (cm)입니다.

7 정사각형 6개로 둘러싸인 도형은 가, 다입니다.

8 정육면체는 정사각형 6개로 둘러싸인 도형이므로 면 ㉠를 본뜬 모양은 정사각형입니다.

9 정육면체는 모든 모서리의 길이가 같습니다.

10 ㉡ 정육면체는 면의 모양과 크기가 모두 같습니다.

11 정사각형은 직사각형이라고 할 수 있으므로 정육면체는 직육면체라고 할 수 있습니다.

주의 | 직사각형은 정사각형이라고 할 수 없으므로 직육면체는 정육면체라고 할 수 없습니다.

12 ㉠ 직육면체는 길이가 같은 모서리가 4개씩 3쌍이고, 정육면체는 모든 모서리의 길이가 같습니다.

㉢ 직육면체의 면은 직사각형 모양이고, 정육면체의 면은 정사각형 모양입니다.

☺ 내가 만드는 문제
13 면의 수는 6개, 꼭짓점의 수는 8개이므로 $6+8=14$(개)입니다.

14 정육면체에서 보이는 모서리는 9개, 보이는 꼭짓점은 7개입니다.
➡ $9+7=16$(개)

15 ㉢ 색칠한 면과 평행한 면을 색칠한 것입니다.

☺ 내가 만드는 문제
16 직육면체의 한 면에 색칠한 다음 색칠한 면과 마주 보는 면에 빗금을 그어 봅니다.

18 면 ㄴㅂㅅㄷ과 서로 마주 보는 면은 면 ㄱㅁㅇㄹ입니다.

19 면 ㄴㅂㅁㄱ과 만나는 면을 모두 찾습니다.

20 직육면체에서 한 꼭짓점에서 만나는 면은 모두 3개입니다.

21 예 5의 눈이 그려진 면과 평행한 면의 눈의 수는
$7-5=2$입니다.
따라서 5의 눈이 그려진 면과 수직인 면들의 눈의 수의 합은 $1+3+4+6=14$입니다.

평가 기준
5의 눈이 그려진 면과 평행한 면의 눈의 수를 구했나요?
5의 눈이 그려진 면과 수직인 면들의 눈의 수의 합을 구했나요?

22 보이는 모서리를 실선으로, 보이지 않는 모서리를 점선으로 그린 것은 ㉣입니다.

23 직육면체에서 보이지 않는 모서리 3개를 점선으로 그려 넣습니다.

25

평가 기준
직육면체의 겨냥도를 그리는 방법을 바르게 이해했나요?
잘못 그린 이유를 썼나요?

26

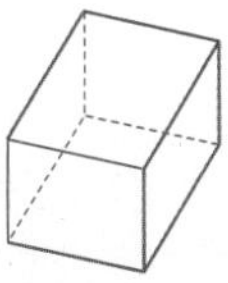

직육면체의 겨냥도를 완성하려면 보이는 모서리 2개를 실선으로, 보이지 않는 모서리 2개를 점선으로 더 그려야 합니다.

내가 만드는 문제

27 찾은 물건의 모양에 따라 여러 가지 직육면체의 겨냥도를 그릴 수 있습니다.

28 나: 면이 5개입니다.
다: 접었을 때 겹치는 면이 있습니다.

29 면 마와 평행한 면은 서로 마주 보는 면인 면 다입니다.

30 면 라와 수직인 면은 면 라와 평행한 면인 면 나를 제외한 나머지 면입니다.

31 전개도를 접었을 때 만나는 꼭짓점은 같은 기호로 나타냅니다.

내가 만드는 문제

32

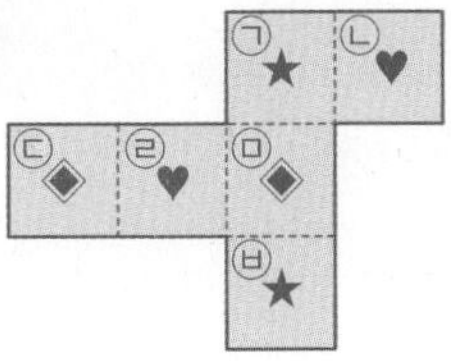

㉠과 ㉥, ㉡과 ㉣, ㉢과 ㉤에 각각 같은 모양을 그립니다.

34 ㉡ 면이 5개입니다.
㉢ 접었을 때 서로 겹치는 면이 있습니다.

36

평가 기준
직육면체의 전개도를 바르게 이해했나요?
직육면체의 전개도가 아닌 이유를 썼나요?

37 면 ㅌㅁㅇㅋ과 평행한 면은 면 ㄴㄷㄹㅍ입니다.

38 면 ㅌㅁㅇㅋ과 수직인 면은 면 ㅌㅁㅇㅋ과 평행한 면인 면 ㄴㄷㄹㅍ을 제외한 나머지 면입니다.

STEP 2 자주 틀리는 유형

102~104쪽

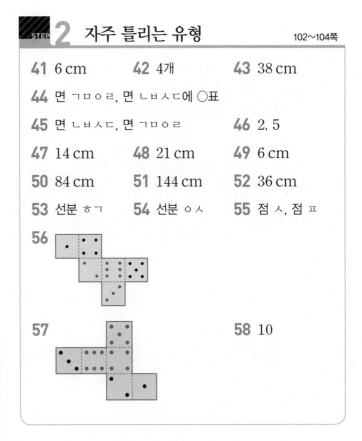

41 6 cm　**42** 4개　**43** 38 cm

44 면 ㄱㅁㅇㄹ, 면 ㄴㅂㅅㄷ에 ○표

45 면 ㄴㅂㅅㄷ, 면 ㄱㅁㅇㄹ　**46** 2, 5

47 14 cm　**48** 21 cm　**49** 6 cm

50 84 cm　**51** 144 cm　**52** 36 cm

53 선분 ㅎㄱ　**54** 선분 ㅇㅅ　**55** 점 ㅅ, 점 ㅍ

56

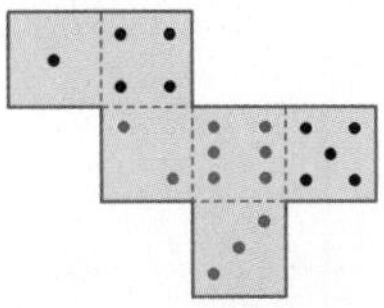

57

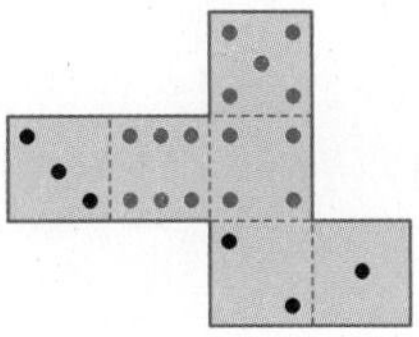

58 10

41 모서리 ㄷㅅ의 길이는 모서리 ㄹㅇ의 길이와 같으므로 6 cm입니다.

42 직육면체에는 길이가 같은 모서리가 4개씩 3쌍 있으므로 길이가 4 cm인 모서리는 모두 4개입니다.

43 면 ㄱㅁㅇㄹ과 평행한 면은 면 ㄴㅂㅅㄷ이고 면 ㄱㅁㅇㄹ의 모서리의 길이와 같습니다.
➡ $(10+9)\times 2=38$ (cm)

44 • 면 ㄱㄴㄷㄹ과 수직인 면:
면 ㄴㅂㅁㄱ, 면 ㄴㅂㅅㄷ, 면 ㄷㅅㅇㄹ, 면 ㄱㅁㅇㄹ
• 면 ㄷㅅㅇㄹ과 수직인 면:
면 ㄱㄴㄷㄹ, 면 ㄴㅂㅅㄷ, 면 ㅁㅂㅅㅇ, 면 ㄱㅁㅇㄹ
따라서 두 면에 공통으로 수직인 면은
면 ㄴㅂㅅㄷ, 면 ㄱㅁㅇㄹ입니다.

45 • 면 ㅁㅂㅅㅇ과 수직인 면:
면 ㄴㅂㅁㄱ, 면 ㄴㅂㅅㄷ, 면 ㄷㅅㅇㄹ, 면 ㄱㅁㅇㄹ
• 면 ㄴㅂㅁㄱ과 수직인 면:
면 ㄱㄴㄷㄹ, 면 ㄴㅂㅅㄷ, 면 ㅁㅂㅅㅇ, 면 ㄱㅁㅇㄹ
따라서 두 면에 공통으로 수직인 면은
면 ㄴㅂㅅㄷ, 면 ㄱㅁㅇㄹ입니다.

46 눈의 수가 1인 면과 평행한 면의 눈의 수는 $7-1=6$이
므로 수직인 면의 눈의 수는 2, 3, 4, 5이고, 눈의 수가
3인 면과 평행한 면의 눈의 수는 $7-3=4$이므로 수직
인 면의 눈의 수는 1, 2, 5, 6입니다.
따라서 두 면에 공통으로 수직인 면의 눈의 수는 2, 5입
니다.

47 점선으로 그려진 모서리의 길이는 8 cm, 3 cm, 3 cm
이므로
(보이지 않는 모서리의 길이의 합)
$=8+3+3=14$ (cm)입니다.

48 점선으로 그려진 모서리의 길이는 4 cm, 5 cm,
12 cm이므로
(보이지 않는 모서리의 길이의 합)
$=4+5+12=21$ (cm)입니다.

49 보이지 않는 모서리의 길이의 합이 19 cm이므로 모서리
ㄱㅁ의 길이는 $19-3-10=6$ (cm)입니다.
모서리 ㄴㅂ의 길이는 모서리 ㄱㅁ의 길이와 같으므로
6 cm입니다.

50 정육면체는 모든 모서리의 길이가 같으므로
(모든 모서리의 길이의 합)
$=7\times12=84$ (cm)입니다.

51 정육면체는 모든 모서리의 길이가 같으므로
(모든 모서리의 길이의 합)
$=12\times12=144$(cm)입니다.

52 직육면체는 길이가 같은 모서리가 4개씩 3쌍 있으므로
(모든 모서리의 길이의 합)
$=(4+2+3)\times4=36$ (cm)입니다.

53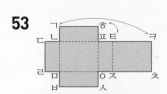

전개도를 접었을 때 점 ㅌ과 만나는 점은 점 ㅎ이고 점
ㅋ과 만나는 점은 점 ㄱ이므로 선분 ㅌㅋ과 겹치는 선분
은 선분 ㅎㄱ입니다.

54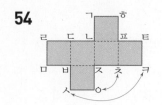

전개도를 접었을 때 점 ㅊ과 만나는 점은 점 ㅇ이고 점
ㅋ과 만나는 점은 점 ㅅ이므로 선분 ㅊㅋ과 겹치는 선분은
선분 ㅇㅅ입니다.

55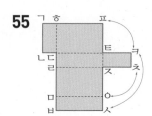

전개도를 접었을 때 점 ㅋ과 만나는 점은 점 ㅅ과 점 ㅍ입
니다.

56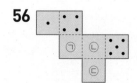

각각의 면과 서로 평행한 면을 찾으면 (㉠, 5), (㉡, 1),
(㉢, 4)입니다.
서로 평행한 두 면의 눈의 수의 합이 7이므로
㉠$=7-5=2$, ㉡$=7-1=6$,
㉢$=7-4=3$입니다.

57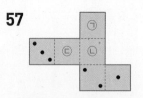

각각의 면과 서로 평행한 면을 찾으면 (㉠, 2), (㉡, 3),
(㉢, 1)입니다.
서로 평행한 두 면의 눈의 수의 합이 7이므로
㉠$=7-2=5$, ㉡$=7-3=4$, ㉢$=7-1=6$입니다.

58 전개도를 접었을 때 눈의 수가 2인 면과 눈의 수가 7인
면이 서로 평행하므로 서로 평행한 두 면의 눈의 수의 합
은 $2+7=9$입니다.
따라서 ㉠$=9-3=6$, ㉡$=9-5=4$이므로
㉠$+$㉡$=6+4=10$입니다.

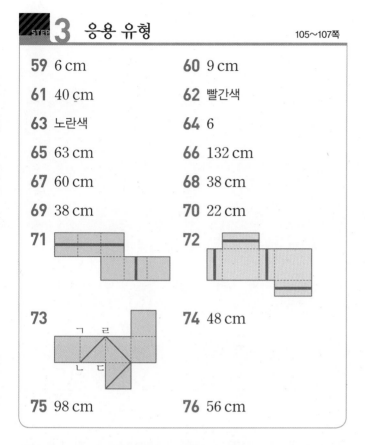

59 6 cm	**60** 9 cm
61 40 cm	**62** 빨간색
63 노란색	**64** 6
65 63 cm	**66** 132 cm
67 60 cm	**68** 38 cm
69 38 cm	**70** 22 cm
73	**74** 48 cm
75 98 cm	**76** 56 cm

59 모서리 ㅅㅇ의 길이를 □ cm라고 하면
$(5+□+2)×4=52$, $5+□+2=13$,
$7+□=13$, $□=6$입니다.

60 모서리 ㄴㅂ의 길이를 □ cm라고 하면
$(5+6+□)×4=80$, $5+6+□=20$,
$11+□=20$, $□=9$입니다.

61 정육면체는 모서리가 12개이고 길이가 모두 같으므로
한 모서리의 길이를 □ cm라고 하면
$□×12=120$, $□=10$입니다.
따라서 정육면체의 한 면의 둘레는 $10×4=40$ (cm)입니다.

62 정육면체의 여섯 면의 색은 각각 파란색, 빨간색, 초록색, 주황색, 노란색, 보라색입니다.
주황색과 수직인 면은 파란색, 노란색, 보라색, 초록색이므로 평행한 면은 빨간색입니다.

63 정육면체의 여섯 면의 색은 각각 파란색, 노란색, 보라색, 초록색, 빨간색, 주황색입니다.
초록색과 수직인 면은 파란색, 보라색, 빨간색, 주황색이므로 평행한 면은 노란색입니다.

64 5가 쓰여진 면과 수직인 면에 쓰여진 수는 3, 4, 7, 8입니다. 따라서 5가 쓰여진 면과 평행한 면에 쓰여진 수는 6입니다.

65 사용한 끈은 가로의 2배, 세로의 4배, 높이의 2배만큼 묶었으므로 한 모서리의 길이의 8배만큼과 매듭의 길이입니다.
따라서 사용한 끈의 길이는 $6×8+15=63$ (cm)입니다.

66 $24×2+12×2+10×4=112$ (cm)이고 매듭의 길이는 20 cm이므로 상자를 묶는 데 사용한 끈의 길이는 $112+20=132$ (cm)입니다.

67 5 cm의 4배, 10 cm의 4배만큼 붙였으므로 사용한 색 테이프의 길이는 $5×4+10×4=60$ (cm)입니다.

68 앞과 옆에서 본 모양에서 직육면체의 서로 다른 세 모서리의 길이는 13 cm, 9 cm, 6 cm입니다.
직육면체를 위에서 본 모양은 가로가 13 cm, 세로가 6 cm인 직사각형 모양이므로
(둘레)$=(13+6)×2=38$ (cm)입니다.

69 앞과 옆에서 본 모양에서 직육면체의 서로 다른 세 모서리의 길이는 7 cm, 10 cm, 12 cm입니다.
직육면체를 위에서 본 모양은 가로가 7 cm, 세로가 12 cm인 직사각형 모양이므로
(둘레)$=(7+12)×2=38$ (cm)입니다.

70 위와 앞에서 본 모양에서 직육면체의 서로 다른 세 모서리의 길이는 9 cm, 7 cm, 4 cm입니다.
직육면체를 옆에서 본 모양은 가로가 7 cm, 세로가 4 cm인 직사각형 모양이므로
(둘레)$=(7+4)×2=22$ (cm)입니다.

71 색 테이프를 붙인 면은 4개입니다. 전개도를 접었을 때 색 테이프가 붙은 면을 생각하여 전개도에 나타냅니다.

73 전개도를 접었을 때 겹치는 꼭짓점을 생각해 봅니다.

74 전개도의 둘레에는 길이가 5 cm인 선분이 4개, 2 cm인 선분이 8개, 6 cm인 선분이 2개 있습니다.
➡ $5×4+2×8+6×2=48$ (cm)

75 정육면체의 한 모서리의 길이를 □ cm라고 하면
$□×4=28$, $□=7$입니다.
전개도의 둘레에는 길이가 7 cm인 선분이 14개 있으므로 $7×14=98$ (cm)입니다.

76 전개도의 둘레에는 길이가 6 cm인 선분이 4개, 2 cm
인 선분이 6개, 5 cm인 선분이 4개 있습니다.
➡ $6 \times 4 + 2 \times 6 + 5 \times 4 = 56$ (cm)

---

5. 직육면체 기출 단원 평가

108~110쪽

1 ㉠, ㉢, ㉥

2 ㉢

3 (위에서부터) 7, 10

4 ㉢, ㉤

5 ㉡

6 면 ㄴㅂㅁㄱ

7 면 ㄴㅂㅁㄱ, 면 ㄱㄴㄷㄹ, 면 ㄷㅅㅇㄹ, 면 ㅁㅂㅅㅇ

8 36 cm

9

10 12개

11 면 ㅌㅅㅇㅋ

12 선분 ㅈㅇ

13

14 면 ㄱㄴㄷㄹ, 면 ㅁㅂㅅㅇ

15 5

16 예

17 140 cm

18 6

19 15 cm

20 84 cm

---

1 직사각형 6개로 둘러싸인 도형은 ㉠, ㉢, ㉥입니다.

2 정사각형 6개로 둘러싸인 도형은 ㉢입니다.

3 직육면체에서 서로 마주 보는 모서리끼리 길이가 같습니다.

4 ㉠ 모서리의 길이가 모두 같습니다.
㉡ 꼭짓점은 8개입니다.
㉣ 정사각형 6개로 둘러싸여 있습니다.

5 ㉠ 4개   ㉡ 12개   ㉢ 8개
따라서 수가 가장 많은 것은 ㉡입니다.

6 면 ㄷㅅㅇㄹ과 서로 마주 보는 면은 면 ㄴㅂㅁㄱ입니다.

7 면 ㄴㅂㅅㄷ과 수직인 면은 면 ㄴㅂㅅㄷ과 평행한 면인
면 ㄱㅁㅇㄹ을 제외한 나머지 4개의 면입니다.

8 정육면체는 모서리가 12개이고 길이가 모두 같으므로 모
든 모서리의 길이의 합은 $3 \times 12 = 36$ (cm)입니다.

9 완성된 직육면체의 모양을 생각하여 보이는 모서리는 실
선으로, 보이지 않는 모서리는 점선으로 그립니다.

10 보이는 모서리의 수: 9개
보이지 않는 면의 수: 3개
➡ $9 + 3 = 12$(개)

12 전개도를 접었을 때 점 ㅁ과 만나는 점은 점 ㅈ이고, 점
ㅂ과 만나는 점은 점 ㅇ이므로 선분 ㅁㅂ과 겹치는 선분
은 선분 ㅈㅇ입니다.

13 전개도를 접어 정육면체를 만들었을 때 색칠한 면과 만나
는 면을 모두 찾아 색칠합니다.

14 •면 ㄴㅂㅅㄷ과 수직인 면:
면 ㄱㄴㄷㄹ, 면 ㄴㅂㅁㄱ, 면 ㅁㅂㅅㅇ, 면 ㄷㅅㅇㄹ
•면 ㄷㅅㅇㄹ과 수직인 면:
면 ㄱㄴㄷㄹ, 면 ㄴㅂㅅㄷ, 면 ㅁㅂㅅㅇ, 면 ㄱㅁㅇㄹ
따라서 두 면에 공통으로 수직인 면은
면 ㄱㄴㄷㄹ, 면 ㅁㅂㅅㅇ입니다.

15 눈의 수가 4인 면과 평행한 면의 눈의 수는 $7 - 4 = 3$이
므로 수직인 면의 눈의 수는 1, 2, 5, 6이고 이 중 가장
큰 수와 가장 작은 수의 차는 $6 - 1 = 5$입니다.

17 (사용한 색 테이프의 길이)

$$=10\times4+20\times2+30\times2=140\,(cm)$$

18 $(\square+10+3)\times4=76,\ \square+10+3=19,\ \square=6$

19 예 보이지 않는 모서리는 점선으로 된 부분이므로 6 cm,
4 cm, 5 cm입니다.
따라서 보이지 않는 모서리의 길이의 합은
6+4+5=15 (cm)입니다.

평가 기준	배점
보이지 않는 모서리의 길이를 모두 구했나요?	2점
보이지 않는 모서리의 길이의 합을 구했나요?	3점

20 예 전개도의 둘레에는 길이가 4 cm인 선분이 8개, 길이가
6 cm인 선분이 2개, 길이가 10 cm인 선분이 4개
이므로
(전개도의 둘레)=4×8+6×2+10×4
=84 (cm)입니다.

평가 기준	배점
길이가 4 cm, 6 cm, 10 cm인 선분이 각각 몇 개인지 구했나요?	3점
전개도의 둘레를 구했나요?	2점

💡 사고력이 반짝
111쪽

시각: 오후 TWO시 (오후 2시),

장소: ZOO (동물원)

---

6 평균과 가능성

개념을 짚어 보는 문제
114~115쪽

1 (1) 예 22, 22, 24, 22 (2) 22, 20, 22, 24, 4, 22

2 (1) 4, 344 (2) 344, 82 **3** 반반이다에 ○표

4 (   )(   )(○) **5** (1) 0에 ○표 (2) 1에 ○표

3 대기 번호표의 번호는 홀수 아니면 짝수이므로 은행에서
뽑은 대기 번호표의 번호가 홀수일 가능성은 '반반이다'입
니다.

4 회전판에서 노란색 부분이 넓을수록 화살이 노란색에 멈
출 가능성이 높습니다.

5 (1) 검은색 바둑돌 중에서 흰색 바둑돌을 꺼낼 가능성은
'불가능하다'이므로 수로 표현하면 0입니다.
(2) 검은색 바둑돌 중에서 검은색 바둑돌을 꺼낼 가능성
은 '확실하다'이므로 수로 표현하면 1입니다.

STEP 1 교과서+익힘책 유형
116~120쪽

1 (1) 75쪽 (2) 15쪽 **2** 7 ℃

3 방법1 예 평균을 22라고 예상한 후 (27, 17), (19, 25),
22로 수를 옮기고 짝 지어 고르게 하면 평균은 22입니다.

방법2 예 (평균)=(27+19+25+17+22)÷5
=110÷5=22

4 5000원

5 예 친구들의 키 / 예 148 cm

이름	미라	선호	지유	서진
키(cm)	150	148	152	142

6 (1) 9, 11, 8 (2) 나 모둠 **7** 34명

8 윤지네 모둠, 1점 **9** 13권

10 100점

11 오후 5시 30분

12

불가능 하다	반반 이다	확실 하다
○		
	○	

13

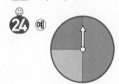

14 ⓐ 상자 안에서 7번 번호표를 꺼내는 것은 불가능해.

⟨준비⟩ 1, 2, 5, 10

15 (1) ⓒ (2) ⓐ

16 남진 / ⓐ 검은색 구슬만 들어 있는 주머니에서 흰색 구슬을 꺼낼 가능성은 '불가능하다'입니다.

17 ⓐ 토요일 다음 날은 일요일일 것입니다. /
ⓐ 서울의 8월 평균 기온이 5 ℃보다 낮을 것입니다.

18 ( )

(○)

19 민지

20 ⓐ 지금은 오전 9시니까 1시간 후에는 10시가 될 거야.

21 선우, 우영, 민지

22 ⓒ, ⓛ, ⓐ

23 가

24 ⓐ

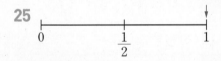

25

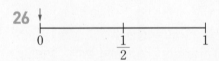

26

$0 \qquad \dfrac{1}{2} \qquad 1$

⟨준비⟩ 4개

27 $\dfrac{1}{2}$

28 0

29 1

30 반반이다, $\dfrac{1}{2}$

31 ⓐ

---

1 (1) (푼 문제집 쪽수의 합)
$=14+9+20+17+15=75$(쪽)
(2) (평균)$=75÷5=15$(쪽)

2 막대의 높이를 고르게 하여 평균을 구하거나 자료의 값을 모두 더한 후 자료의 수로 나누어 평균을 구합니다.
➡ (평균)$=(8+6+10+6+5)÷5$
$=35÷5=7$ (℃)

3

평가 기준
한 가지 방법으로 평균을 구했나요?
다른 한 가지 방법으로 평균을 구했나요?

4 (평균)$=(5000+3200+7100+4700)÷4$
$=20000÷4=5000$(원)

☺ 내가 만드는 문제
5 ⓐ (평균)$=(150+148+152+142)÷4$
$=592÷4=148$ (cm)

6 (1) 가 모둠: $36÷4=9$(개)
나 모둠: $55÷5=11$(개)
다 모둠: $48÷6=8$(개)
(2) 1인당 먹은 귤 수를 비교하면 나 모둠이 11개로 가장 많습니다.

7 (1반부터 5반까지 학생 수의 합)$=32×5=160$(명)
➡ (5반의 학생 수)
$=160-(30+34+33+29)=34$(명)

8 윤지네 모둠: $(5+7+4+8)÷4=24÷4=6$(점)
민기네 모둠: $(6+2+7+5)÷4=20÷4=5$(점)
따라서 윤지네 모둠이 $6-5=1$(점) 더 높습니다.

9 (1월부터 6월까지 읽은 책 수의 평균)
$=(10+9+6+1+8+2)÷6=36÷6=6$(권)
따라서 전체 평균을 1권이라도 늘리려면 7월에 최소 $6+7=13$(권)을 읽어야 합니다.

10 1회부터 5회까지의 평균 점수가 90점이 되려면 점수의 합이 $90×5=450$(점)이 되어야 합니다.
따라서 5회에는 $450-(95+85+80+90)=100$(점)을 받아야 합니다.

11 (예) (3일 동안 연습한 시간의 합)=30×3=90(분)
(월요일의 연습 시간)=6시−5시 20분=40분
(화요일의 연습 시간)=5시 10분−4시 40분=30분
수요일에는 90−(40+30)=20(분) 동안 연습을 했
으므로 끝난 시각은 오후 5시 10분+20분=오후 5시
30분입니다.

평가 기준
3일 동안 연습한 시간의 합을 구했나요?
수요일의 연습 시간을 구했나요?
수요일에 끝난 시각을 구했나요?

13 ・12월에 10월보다 눈이 자주 올 가능성은 '~일 것 같다'
입니다.
・내년에 내 나이가 언니 나이보다 많을 가능성은 '불가
능하다'입니다.

14 상자 안에는 1번부터 6번까지의 번호표가 있으므로 7번
번호표를 꺼낼 가능성은 '불가능하다'입니다.

준비 10을 나누어떨어지게 하는 수는 1, 2, 5, 10입니다.

15 (1) 4의 약수는 1, 2, 4이므로 일이 일어날 가능성은 '반
반이다'입니다.
(2) 1부터 6까지의 수 중 8의 배수는 없으므로 일이 일어
날 가능성은 '불가능하다'입니다.

16

평가 기준
잘못 말한 사람의 이름을 썼나요?
이유를 썼나요?

18 ・주사위 눈의 수 1부터 6까지 중에서 눈의 수가 2가 나
올 가능성은 '~ 아닐 것 같다'입니다.
・내일 전학 오는 학생은 여학생 또는 남학생이므로 여학
생일 가능성은 '반반이다'입니다.

19 오전 9시에서 1시간 후는 10시이므로 11시가 되는 것은
불가능합니다.
따라서 일이 일어날 가능성이 '불가능하다'인 경우를 말한
친구는 민지입니다.

21 선우: 현재 5학년이기 때문에 내년 3월에 6학년이 될 가
능성은 '확실하다'입니다.
우영: 주사위 눈의 수는 6가지이므로 주사위를 2번 굴려
서 나온 주사위 눈의 수가 모두 1이 나올 가능성은
'~ 아닐 것 같다'입니다.

22 ㉠ 확실하다   ㉡ 반반이다   ㉢ 불가능하다

23 표에서 화살이 빨간색에 멈춘 횟수는 가장 많고 파란색과
노란색에 멈춘 횟수는 비슷합니다.
회전판 가에서 빨간색은 전체의 $\frac{3}{4}$이고 파란색과 노란색
은 각각 전체의 $\frac{1}{8}$이므로 일이 일어날 가능성이 표의 횟
수와 비슷합니다.

😊 내가 만드는 문제
㉔ 화살이 파란색에 멈출 가능성이 가장 높기 때문에 회전판
에서 파란색을 가장 넓게 색칠하고 화살이 빨간색에 멈출
가능성과 노란색에 멈출 가능성은 같으므로 파란색을 색
칠한 나머지 부분을 똑같이 나누어 빨간색과 노란색을 색
칠합니다.

25 당첨 제비만 6개 들어 있는 제비뽑기 상자에서 뽑은 제비
1개가 당첨 제비일 가능성은 '확실하다'이므로 수로 표현
하면 1입니다.

26 당첨 제비만 6개 들어 있는 제비뽑기 상자에서 뽑은 제비
1개가 당첨 제비가 아닐 가능성은 '불가능하다'이므로 수
로 표현하면 0입니다.

준비 12, 14, 16, 18 ➡ 4개

27 (예) 수 카드 1장을 꺼낼 때 나올 수 있는 수는 1, 2, 3, 4
로 4가지이고 이 중 짝수는 2, 4로 2가지입니다.
따라서 짝수가 나올 가능성은 '반반이다'이고 수로 표
현하면 $\frac{1}{2}$입니다.

평가 기준
짝수가 나오는 경우를 구했나요?
짝수가 나올 가능성을 수로 표현했나요?

28 주사위 눈의 수는 1, 2, 3, 4, 5, 6이므로 주사위 한 개
를 굴릴 때 주사위 눈의 수가 7 이상으로 나올 가능성은
'불가능하다'이고 수로 표현하면 0입니다.

29 주어진 악보의 계이름은 '미, 미, 미, 미'이므로 '미' 소리를 낼 가능성은 '확실하다'이고 수로 표현하면 1입니다.

30 상자 속에는 보라색 구슬 2개, 노란색 구슬 2개가 들어 있으므로 구슬을 1개 꺼낼 때 꺼낸 구슬이 노란색일 가능성은 '반반이다'이고 수로 표현하면 $\frac{1}{2}$입니다.

31 전체 4칸 중 2칸을 빨간색으로 색칠하면 화살이 빨간색에 멈출 가능성이 $\frac{1}{2}$이므로 가능성이 0보다 크고 $\frac{1}{2}$보다 작으려면 한 칸에 색칠해야 합니다.

35 (현아네 모둠의 평균 점수)=792÷9=88(점)
(민주네 모둠의 평균 점수)=924÷11=84(점)
따라서 평균 점수가 더 높은 현아네 모둠의 성적이 더 좋다고 할 수 있습니다.

36 1 m²당 수확한 평균 고구마의 양이
재희네 밭은 900÷50=18 (kg),
주리네 밭은 2100÷140=15 (kg)입니다.
따라서 재희네 밭에서 고구마를 더 잘 수확했다고 할 수 있습니다.

37 하루 평균 공부 시간이 완희는 28÷7=4(시간)이고
재원이는 30÷10=3(시간)입니다.
따라서 완희가 하루에 더 많이 공부했다고 할 수 있습니다.

38 바둑돌은 모두 흰색이므로 꺼낸 바둑돌이 흰색이 아닐 가능성은 '불가능하다'입니다. 따라서 수로 표현하면 0입니다.

39 꺼낸 구슬이 빨간색이 아닐 가능성은 꺼낸 구슬이 보라색일 가능성과 같으므로 '반반이다'입니다.
따라서 수로 표현하면 $\frac{1}{2}$입니다.

40 꺼낸 카드의 수가 짝수가 아닐 가능성은 꺼낸 카드의 수가 홀수일 가능성과 같으므로 '반반이다'입니다.
따라서 수로 표현하면 $\frac{1}{2}$입니다.

STEP 2 자주 틀리는 유형
121~122쪽

32	750번	33	6000 mL	34	5270명
35	현아네 모둠	36	재희네 밭	37	완희
38	0	39	$\frac{1}{2}$	40	$\frac{1}{2}$
41	2회	42	승우	43	금요일

32 11월의 날수는 30일입니다.
(11월 한 달 동안 한 윗몸 말아 올리기 횟수)
=25×30=750(번)

33 4월의 날수는 30일입니다.
(4월 한 달 동안 마신 우유의 양)
=200×30=6000 (mL)

34 3월의 날수는 31일입니다.
(3월 한 달 동안 미술관을 방문한 사람 수)
=170×31=5270(명)

41 (4회까지 기록의 합)=13×4=52(초)
(3회의 기록)=52-(12+16+10)=14(초)
따라서 은수의 기록이 가장 좋은 때는 2회입니다.

42 (모둠 친구들의 기록의 합)=24×4=96 (m)
(승우의 기록)=96-(22+27+26)=21 (m)
따라서 기록이 가장 낮은 친구는 승우입니다.

43 (준모의 줄넘기 기록의 합)=286×5=1430(회)
(화요일의 기록)=1430-(290+284+288+295)
=273(회)
따라서 줄넘기를 가장 많이 한 날은 금요일입니다.

44 89점	45 644상자	46 33세
47 17 m	48 95점	49 8500원
50 ㉡	51 ㉢	52 ㉢, ㉡, ㉠
53 5개	54 9번	55 160 cm

56 (예)

방법＼과목	국어	수학	사회	과학
1	80	90	95	85
2	75	85	100	90

57 (예)

방법＼가게	가	나	다	라	마
1	720	960	880	760	920
2	700	1000	900	800	840

58 2개	59 4개	60 20개

44 (네 과목의 점수의 합)=91×2+87×2=356(점)
(네 과목의 평균 점수)=356÷4=89(점)

45 (다섯 과수원의 사과 수확량의 합)
=638×3+653×2=3220(상자)
(다섯 과수원의 평균 사과 수확량)
=3220÷5=644(상자)

46 (5학년과 6학년 선생님 전체의 나이의 합)
=35×15+30×10=825(세)
5학년과 6학년 선생님은 모두 15+10=25(명)이므로
평균 나이는 825÷25=33(세)입니다.

47 (4명의 평균 기록)=(15+9+14+10)÷4=12 (m)
(5명의 기록의 합)=13×5=65 (m)
(민서의 기록)=65-(15+9+14+10)=17 (m)

48 (5단원까지의 평균 점수)
=(85+90+88+90+92)÷5=89(점)
(6단원까지의 점수의 합)=90×6=540(점)
(6단원 점수)=540-(85+90+88+90+92)
=95(점)

49 (4달 동안의 평균 저금액)
=(5000+3500+2500+3000)÷4=3500(원)

(5달 동안의 저금액의 합)=4500×5=22500(원)
(7월의 저금액)
=22500-(5000+3500+2500+3000)
=8500(원)

50 일이 일어날 가능성을 수로 표현하면 ㉠ $\frac{1}{2}$, ㉡ 1입니다.
따라서 가능성이 더 높은 것은 ㉡입니다.

51 일이 일어날 가능성을 수로 표현하면 ㉠ 1, ㉡ $\frac{1}{2}$, ㉢ 0
입니다.
따라서 0< $\frac{1}{2}$ <1이므로 가능성이 가장 낮은 것은 ㉢입
니다.

52 일이 일어날 가능성을 수로 표현하면 ㉠ 0, ㉡ $\frac{1}{2}$, ㉢ 1
입니다.
따라서 0< $\frac{1}{2}$ <1이므로 ㉠<㉡<㉢입니다.

53 (지호의 평균)=(8+6+4)÷3=6(개)
승기의 평균도 6개이므로 승기는 모두 6×4=24(개)
걸었습니다.
따라서 승기가 2회에 걸은 고리는
24-(2+8+9)=5(개)입니다.

54 (유라의 평균)=(9+15+12)÷3=12(번)
선호의 평균도 12번이므로 선호는 모두 12×4=48(번)
돌렸습니다.
따라서 선호의 3회의 기록은
48-(13+11+15)=9(번)입니다.

55 (민규의 평균)=(160+152+156)÷3=156 (cm)
은수의 평균도 156 cm이므로 은수의 기록의 합은
156×4=624 (cm)입니다.
따라서 은수의 4회 기록은
624-(162+148+154)=160 (cm)입니다.

56 (중간 평가의 점수의 합)
=70+80+95+85=330(점)
평균 5점을 올리려면 점수의 합을 5×4=20(점) 올려
야 합니다.
따라서 네 과목의 점수의 합이 330+20=350(점)이
되도록 각 과목의 점수를 정합니다.

57 (현재 햄버거 판매량의 합)
＝680＋920＋840＋720＋880＝4040(개)
평균 햄버거 판매량을 40개 늘리려면 전체 햄버거 판매
량을 40×5＝200(개) 늘려야 합니다.
따라서 각 가게의 햄버거 판매량의 합이
4040＋200＝4240(개)가 되도록 각 판매량을 정합니다.

58 공 1개를 꺼냈을 때 파란색 공일 가능성이 $\frac{1}{2}$이면 전체
공의 $\frac{1}{2}$이 파란색 공입니다.
따라서 파란색 공의 수는 노란색 공과 초록색 공의 수의
합과 같은 1＋1＝2(개)입니다.

59 공깃돌 1개를 꺼냈을 때 분홍색 공깃돌일 가능성이 $\frac{1}{2}$이
면 전체 공깃돌의 $\frac{1}{2}$이 분홍색입니다.
따라서 분홍색 공깃돌의 수는 빨간색 공깃돌과 노란색 공
깃돌의 수의 합과 같은 3＋1＝4(개)입니다.

60 • 왼쪽 주머니에서 바둑돌 한 개를 꺼낼 때 꺼낸 바둑돌
이 검은색일 가능성이 0이므로 왼쪽 주머니에는 흰색
바둑돌만 10개 들어 있습니다.
• 오른쪽 주머니에서 바둑돌 한 개를 꺼낼 때 꺼낸 바둑
돌이 흰색일 가능성이 1이므로 오른쪽 주머니에는 흰
색 바둑돌만 10개 들어 있습니다.
따라서 두 주머니에 들어 있는 흰색 바둑돌은 모두
10＋10＝20(개)입니다.

---

6. 평균과 가능성 **기출 단원 평가** 126~128쪽

1 200 kg **2** 40 kg

3 불가능하다에 ○표 **4** 반반이다 ○표

5 3명

6

0      $\frac{1}{2}$ 1

7 24쪽 **8** 불가능하다, 0

9 10400명 **10** 78점

---

11 $\frac{1}{2}$ **12** ©

13 $\frac{1}{2}$ **14**

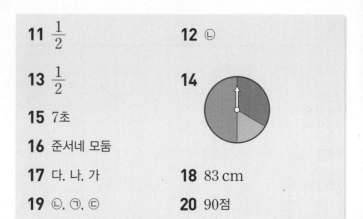

15 7초

16 준서네 모둠

17 다, 나, 가 **18** 83 cm

19 ©, ㉠, © **20** 90점

1 (몸무게의 합)＝42＋38＋36＋45＋39＝200 (kg)

2 (평균)＝200÷5＝40 (kg)

3 2월은 28일 또는 29일까지 있으므로 내년에는 2월이 31
일까지 있을 가능성은 '불가능하다'입니다.

4 우리 반 학생 수는 짝수 또는 홀수이므로 우리 반 학생 수
가 짝수일 가능성은 '반반이다'입니다.

5 (평균)＝(5＋2＋3＋1＋4)÷5＝15÷5＝3(명)

6 빨간색 공과 파란색 공의 수가 같으므로 꺼낸 공이 파란
색 공일 가능성은 '반반이다'이고 수로 표현하면 $\frac{1}{2}$입
니다.

7 일주일은 7일이므로
(하루에 읽어야 할 평균 쪽수)＝168÷7＝24(쪽)입니다.

8 박하 맛 사탕만 들어 있는 병에서 꺼낸 사탕이 오렌지 맛
일 가능성은 '불가능하다'이고 수로 표현하면 0입니다.

9 (20일 동안 입장한 관람객 수)
＝520×20＝10400(명)

10 (은주네 모둠의 수학 점수의 합)＝84×4＝336(점)
➡ (은주의 점수)＝336－(86＋90＋82)＝78(점)

11 카드 6장 중 ◆ 모양의 카드가 3장이므로 한 장을 뽑을
때 ◆ 모양의 카드를 뽑을 가능성은 '반반이다'이고 수
로 표현하면 $\frac{1}{2}$입니다.

12 ⊙ 검은색 공을 꺼낼 가능성은 '반반이다'입니다.
ⓒ 검은색 공을 꺼낼 가능성은 '확실하다'입니다.
따라서 일이 일어날 가능성이 더 높은 것은 ⓒ입니다.

13 꺼낸 딱지가 보라색이 아닐 가능성은 꺼낸 딱지가 노란색
일 가능성과 같으므로 '반반이다'입니다.
따라서 수로 표현하면 $\frac{1}{2}$입니다.

14 화살이 초록색에 멈출 가능성이 가장 높으므로 가장 넓은
곳에 초록색을 색칠하고, 그다음 넓은 곳에 빨간색, 가장
좁은 곳에 노란색을 각각 색칠합니다.

15 (윤기의 평균)$=(16+12+14)\div3=14$(초)
정국이의 평균도 14초이므로 정국이의 기록의 합은
$14\times4=56$(초)입니다.
따라서 정국이의 4회 기록은
$56-(22+15+12)=7$(초)입니다.

16 (한결이네 모둠의 평균)
$=(3+7+5+8+2)\div5=5$(개)
(준서네 모둠의 평균)$=(5+7+4+8)\div4=6$(개)
따라서 준서네 모둠이 더 잘했다고 할 수 있습니다.

17 회전판에서 화살이 파란색에 멈출 가능성을 알아보면 가
는 '확실하다', 나는 '반반이다', 다는 '불가능하다'입니다.
따라서 회전판에서 화살이 파란색에 멈출 가능성이 낮은
것부터 차례로 기호를 쓰면 다, 나, 가입니다.

18 (전체 학생들의 앉은키의 합)
$=85\times12+80\times8=1660$ (cm)
(전체 학생 수)$=12+8=20$(명)
(전체 학생들의 앉은키의 평균)
$=1660\div20=83$ (cm)

19 예 ⊙ 주사위 눈의 수가 1, 2, 3이 나오는 경우이므로 '반
반이다'입니다. ➡ $\frac{1}{2}$
ⓒ 주사위 눈의 수가 1, 2, 3, 4, 5, 6이 나오는 경우
이므로 '확실하다'입니다. ➡ 1
ⓒ 주사위 눈의 수가 9의 배수인 9, 18, 27, ...이 나
오는 경우이므로 '불가능하다'입니다. ➡ 0

평가 기준	배점
각각의 가능성을 바르게 구했나요?	3점
가능성이 높은 것부터 차례로 기호를 썼나요?	2점

20 예 5단원까지의 평균 점수가 86점 이상이 되려면 점수의
합은 $86\times5=430$(점) 이상이 되어야 합니다.
따라서 5단원은 적어도
$430-(92+84+76+88)=90$(점)을 받아야 합
니다.

평가 기준	배점
5단원까지의 점수의 합은 몇 점 이상이 되어야 하는지 구했나요?	3점
5단원은 적어도 몇 점을 받아야 하는지 구했나요?	2점

1 수의 범위와 어림하기

➕ 꼭 나오는 유형   2~4쪽

1 ㉡

2 (1)
    18 19 20 21 22 23 24 25

   (2)
    6 7 8 9 10 11 12 13

3 83.2, 86.5   **4** ㉠

(점프) **7**   **5** 69, 73, 71에 ○표

6 59, 62   (점프) **7**

7 2698, 2601에 ○표   **8** 5299

9 34봉지   **10** 2850, 2900, 3000

11 6500, >   (점프) ㉡

12 6000원   **13** 146, 158, 152, 150

---

1 ㉡ 34 이하인 수는 34와 같거나 작은 수이므로 35가 포함되지 않습니다.

2 이상과 이하는 ●을 이용하여 나타냅니다.

3 83 초과인 수는 83보다 큰 수이므로 83.2, 86.5입니다.

4 ㉠ 48 미만인 수에는 48이 포함되지 않습니다.

(점프) 37 초과인 수는 37보다 큰 수이므로 50, 43, 73으로 모두 3개입니다. → ㉠=3
50 미만인 수는 50보다 작은 수이므로 29, 37, 43, 19로 모두 4개입니다. → ㉡=4
따라서 ㉠과 ㉡에 알맞은 수의 합은 3+4=7입니다.

5 66보다 크고 73과 같거나 작은 수를 찾으면 69, 73, 71입니다.

6 수직선에 나타낸 수의 범위는 58 초과 62 이하인 수입니다.
58 초과 62 이하인 수의 범위에 속하는 자연수는 59, 60, 61, 62이므로 이 중 가장 작은 수는 59, 가장 큰 수는 62입니다.

(점프) 13 이상 21 미만인 자연수는 13, 14, 15, 16, 17, 18, 19, 20이므로 이 중 가장 큰 수는 20, 가장 작은 수는 13입니다.
따라서 두 수의 차는 20-13=7입니다.

7 25<u>40</u> → 2600, 26<u>98</u> → 2700, 27<u>01</u> → 2800,
28<u>10</u> → 2900, 26<u>01</u> → 2700
따라서 올림하여 백의 자리까지 나타내면 2700이 되는 수는 2698, 2601입니다.

8 백의 자리 아래 수를 버림하면 5200이 되는 수는
52□□입니다.
□□에는 00부터 99까지 들어갈 수 있으므로 이 중에서 가장 큰 자연수는 5299입니다.

9 345를 버림하여 십의 자리까지 나타내면 345 → 340이므로 초콜릿은 340개까지 팔 수 있습니다.
➡ 초콜릿 340개를 한 봉지에 10개씩 담으면 34봉지가 되므로 초콜릿은 34봉지까지 팔 수 있습니다.

10 구하려는 자리 바로 아래 자리의 숫자가 0, 1, 2, 3, 4이면 버리고, 5, 6, 7, 8, 9이면 올립니다.

11 6451을 반올림하여 백의 자리까지 나타내면 십의 자리 숫자가 5이므로 올림하여 6500이 됩니다.
➡ 6500 > 6400

(점프) ㉠ 9247을 반올림하여 천의 자리까지 나타내면 백의 자리 숫자가 2이므로 버림하여 9000이 됩니다.
㉡ 9153을 반올림하여 백의 자리까지 나타내면 십의 자리 숫자가 5이므로 올림하여 9200이 됩니다.
➡ 9000 < 9200

12 편의점에서 산 물건의 가격은 모두
1500+3800=5300(원)입니다.
5300원을 1000원짜리 지폐로만 내야 하므로 5300을 올림하여 천의 자리까지 나타내면 <u>5300</u> → 6000입니다.
따라서 최소 6000원을 내야 합니다.

13 소수 첫째 자리 숫자가 0, 1, 2, 3, 4이면 버리고, 5, 6, 7, 8, 9이면 올립니다.
146.<u>2</u> → 146, 157.<u>8</u> → 158, 152.<u>4</u> → 152,
149.<u>5</u> → 150

➕ 자주 틀리는 유형

1 47401, 64499 **2** 12개

3 3000

4
```
500  550  600  650  700  750  800
```

1 • 올림하여 백의 자리까지 나타내면 47500이 되는 자연수는 47401부터 47500까지이므로 가장 작은 수는 47401입니다.
• 반올림하여 천의 자리까지 나타내면 64000이 되는 자연수는 63500부터 64499까지이므로 가장 큰 수는 64499입니다.

2 78 초과 90 이하인 수는 78보다 크고 90과 같거나 작은 수이므로 이 범위에 속하는 자연수는 79, 80, ..., 90으로 모두 12개입니다.

3 수 카드의 수의 크기를 비교하면 0 < 3 < 4 < 9이고 천의 자리에 0이 올 수 없으므로 만들 수 있는 가장 작은 네 자리 수는 3049입니다.
3049를 반올림하여 백의 자리까지 나타내면 십의 자리 숫자가 4이므로 버림하여 3000이 됩니다.

4 버림하여 백의 자리까지 나타내면 600이 되는 수는 600과 같거나 크고 700보다 작은 수이므로 600 이상 700 미만인 수입니다.

---

1 40, 37, 44에 ○표 / 34, 30, 29, 37에 △표

2 민지, 준호 **3** 1.9, 1.86

4
```
65  66  67  68  69  70  71  72
```

5 30 **6** 14, 20, 17

---

7 유진 **8** ③

9 500, =, 500 **10** 5, 6, 7, 8, 9

11 90300, 90200, 90300

12 7000원 **13** 100개

14 43 **15** 19, 20, 21, 22, 23

16 7630 **17** 20

18 ㉣ **19** 4개

20 80권

1 37과 같거나 큰 수인 40, 37, 44에 ○표 합니다.
37과 같거나 작은 수인 34, 30, 29, 37에 △표 합니다.

2 48 초과인 수는 48보다 큰 수이므로 몸무게가 48 kg 초과인 학생은 민지(51.5 kg), 준호(50 kg)입니다.

3 • 1.854를 올림하여 소수 첫째 자리까지 나타내기 위하여 소수 첫째 자리의 아래 수인 0.054를 0.1로 보고 올림하면 1.9가 됩니다.
• 1.854를 올림하여 소수 둘째 자리까지 나타내기 위하여 소수 둘째 자리의 아래 수인 0.004를 0.01로 보고 올림하면 1.86이 됩니다.

4 미만은 ○을 이용하여 나타냅니다.

5 29 초과인 수는 29보다 큰 수입니다.
29보다 큰 자연수는 30, 31, 32, ...이므로 이 중 가장 작은 수는 30입니다.

6 14 이상 35 미만인 수는 14와 같거나 크고 35보다 작은 수입니다.
따라서 14 이상 35 미만인 수는 14, 20, 17입니다.

7 • 수빈: 6101 → 6100
• 진성: 5070 → 5000
• 유진: 8692 → 8600
따라서 잘못 나타낸 사람은 유진입니다.

8 주어진 수를 반올림하여 천의 자리까지 나타내어 봅니다.
① 4695 → 5000 ② 4804 → 5000
③ 4281 → 4000 ④ 5143 → 5000
⑤ 5496 → 5000

9 ・589를 버림하여 백의 자리까지 나타내면 589 → 500
입니다.
・496을 반올림하여 십의 자리까지 나타내면 일의 자리
숫자가 6이므로 올림하여 500이 됩니다.

10 주어진 수의 십의 자리 숫자가 7인데 반올림하여 십의 자
리까지 나타낸 수는 6480으로 십의 자리 숫자가 8이 되
었으므로 일의 자리에서 올림한 것을 알 수 있습니다.
따라서 일의 자리 숫자는 5, 6, 7, 8, 9 중 하나여야 합
니다.

11 ・올림: 90274 → 90300
・버림: 90274 → 90200
・반올림: 90274 → 90300

12 10원짜리 동전이 276개이면 2760원, 100원짜리 동전
이 48개이면 4800원이므로 돈은 모두
2760+4800=7560(원)입니다.
1000원 미만의 돈은 지폐로 바꿀 수 없으므로 버림하여
천의 자리까지 나타내어야 합니다.
7560을 버림하여 천의 자리까지 나타내면 7560 → 7000
이므로 1000원짜리 지폐로 최대 7000원까지 바꿀 수
있습니다.

13 반올림하여 백의 자리까지 나타내면 1300이 되는 수의
범위는 1250 이상 1350 미만인 수입니다.
따라서 반올림하여 백의 자리까지 나타내면 1300이 되
는 자연수는 1250부터 1349까지로 모두 100개입니다.

14 수직선에 나타낸 수의 범위는 ㉠과 같거나 크고 52보다
작은 수입니다.
이 수의 범위에 속하는 자연수는 모두 9개이므로 51부터
작은 수를 차례로 9개 쓰면 51, 50, 49, 48, 47, 46,
45, 44, 43입니다.
➡ ㉠=43

15 위의 수직선에 나타낸 수의 범위는 16 이상 23 이하인
수입니다.
아래 수직선에 나타낸 수의 범위는 18 초과 25 이하인
수입니다.
따라서 두 수직선에 나타낸 수의 범위에 공통으로 속하는
자연수의 범위는 18 초과 23 이하이므로 19, 20, 21,
22, 23입니다.

16 수 카드 4장으로 만들 수 있는 가장 큰 네 자리 수는
7621입니다.
7621을 올림하여 십의 자리까지 나타내면
7621 → 7630입니다.

17 ・2184를 올림하여 백의 자리까지 나타내면
2184 → 2200입니다.
・2184를 반올림하여 십의 자리까지 나타내면 일의 자
리 숫자가 4이므로 버림하여 2180이 됩니다.
따라서 두 수의 차는 2200-2180=20입니다.

18 ㉠ 올림: 78500, 버림: 78400, 반올림: 78400
㉡ 올림: 78700, 버림: 78600, 반올림: 78700
㉢ 올림: 79000, 버림: 78900, 반올림: 78900
㉣ 올림: 78800, 버림: 78800, 반올림: 78800

19 ⑩ 21 초과 40 미만인 자연수는 22, 23, 24, ..., 39입
니다.
이 중에서 4의 배수는 24, 28, 32, 36으로 모두 4개
입니다.

평가 기준	배점
21 초과 40 미만인 자연수를 구했나요?	3점
21 초과 40 미만인 자연수 중에서 4의 배수의 개수를 구했나요?	2점

20 ⑩ 나누어 줄 공책은 모두 24×3=72(권)입니다.
공책을 10권씩 묶음으로만 사야 하므로 올림하여 십의
자리까지 나타내어야 합니다. 72를 올림하여 십의 자
리까지 나타내면 80이므로 공책을 최소 80권 사야 합
니다.

평가 기준	배점
나누어 줄 공책의 수를 구했나요?	2점
사야 하는 공책의 수를 구했나요?	3점

2 분수의 곱셈

➕ 꼭 나오는 유형

1 $12\dfrac{1}{4}$　　　　**2** $5\dfrac{3}{5}$

점프 ㉡　　　　**3** $<$

4 $49\dfrac{1}{2}$　　　　**5** $33\,\text{kg}$

6 （선 잇기）　　　**7** $20\times\dfrac{9}{16}$에 ○표

8 4200원

9 $4\times3\dfrac{1}{3}$, $4\times2\dfrac{6}{7}$, $4\times\dfrac{8}{5}$에 ○표

　$4\times\dfrac{1}{5}$, $4\times\dfrac{7}{8}$에 △표

10 $48\,\text{cm}^2$　　점프 $45\,\text{cm}^2$

11 $<$　　　　**12** $\dfrac{39}{70}$

13 $\dfrac{1}{10}$　　　**14** (1) $3\dfrac{11}{15}$　(2) $8\dfrac{7}{10}$

점프 ㉡, ㉢, ㉠　　**15** 10명

---

1 $\dfrac{7}{\underset{4}{8}}\times\overset{7}{14}=\dfrac{49}{4}=12\dfrac{1}{4}$

2 $\dfrac{7}{15}$이 12개인 수는 $\dfrac{7}{15}\times12$입니다.

➡ $\dfrac{7}{15}\times\overset{4}{\underset{5}{12}}=\dfrac{28}{5}=5\dfrac{3}{5}$

점프 ㉠ $\dfrac{4}{9}$의 21배인 수 ➡ $\dfrac{4}{9}\times\overset{7}{\underset{3}{21}}=\dfrac{28}{3}=9\dfrac{1}{3}$

㉡ $\dfrac{9}{10}$가 16개인 수 ➡ $\dfrac{9}{\underset{5}{10}}\times\overset{8}{16}=\dfrac{72}{5}=14\dfrac{2}{5}$

따라서 $9\dfrac{1}{3}<14\dfrac{2}{5}$이므로 더 큰 수는 ㉡입니다.

3 $5\dfrac{4}{5}\times4=\dfrac{29}{5}\times4=\dfrac{116}{5}=23\dfrac{1}{5}$

$1\dfrac{7}{15}\times20=\dfrac{22}{\underset{3}{15}}\times\overset{4}{20}=\dfrac{88}{3}=29\dfrac{1}{3}$

➡ $23\dfrac{1}{5}<29\dfrac{1}{3}$

4 $2\dfrac{3}{4}\left(=2\dfrac{9}{12}\right)<2\dfrac{5}{6}\left(=2\dfrac{10}{12}\right)<15<18$

이므로 가장 작은 수는 $2\dfrac{3}{4}$이고, 가장 큰 수는 18입니다.

➡ $2\dfrac{3}{4}\times18=\dfrac{11}{\underset{2}{4}}\times\overset{9}{18}=\dfrac{99}{2}=49\dfrac{1}{2}$

5 $3\dfrac{2}{3}\times9=\dfrac{11}{\underset{1}{3}}\times\overset{3}{9}=33\,(\text{kg})$

6 $\overset{2}{8}\times\dfrac{7}{\underset{3}{12}}=\dfrac{14}{3}=4\dfrac{2}{3}$, $\overset{2}{18}\times\dfrac{11}{\underset{3}{27}}=\dfrac{22}{3}=7\dfrac{1}{3}$

7 $\overset{3}{6}\times\dfrac{5}{\underset{4}{8}}=\dfrac{15}{4}=3\dfrac{3}{4}$, $\overset{5}{20}\times\dfrac{9}{\underset{4}{16}}=\dfrac{45}{4}=11\dfrac{1}{4}$,

$\overset{3}{21}\times\dfrac{2}{\underset{1}{7}}=6$ ➡ $11\dfrac{1}{4}>6>3\dfrac{3}{4}$

8 수첩 2권의 가격은 $2700\times2=5400$(원)이므로 할인 기간에 수첩 2권을 사려면 내야 하는 금액은

$\overset{600}{5400}\times\dfrac{7}{\underset{1}{9}}=4200$(원)입니다.

9 4에 진분수를 곱하면 계산 결과는 4보다 작습니다.

4에 1을 곱하면 계산 결과는 4입니다.

4에 대분수나 가분수를 곱하면 계산 결과는 4보다 큽니다.

10 （평행사변형의 넓이）

　＝（밑변의 길이）×（높이）

　＝$9\times5\dfrac{1}{3}=9\times\dfrac{16}{\underset{1}{3}}=48\,(\text{cm}^2)$

점프 （평행사변형의 높이）

　＝$6\times1\dfrac{1}{4}=\overset{3}{6}\times\dfrac{5}{\underset{2}{4}}=\dfrac{15}{2}=7\dfrac{1}{2}\,(\text{cm})$

(평행사변형의 넓이)

$$=6 \times 7\frac{1}{2} = \overset{3}{6} \times \frac{15}{\underset{1}{2}} = 45 \, (\text{cm}^2)$$

11 $\frac{5}{6} \times \frac{7}{8} = \frac{35}{48} \Rightarrow \frac{35}{48} < \frac{5}{6}\left(=\frac{40}{48}\right)$

다른 풀이

1보다 작은 수를 곱하면 곱한 결과는 원래의 수보다 작아지므로 $\frac{5}{6} \times \frac{7}{8} < \frac{5}{6}$입니다.

12 $\frac{13}{\underset{5}{15}} \times \frac{\overset{1}{3}}{\underset{2}{4}} \times \frac{\overset{3}{6}}{7} = \frac{39}{70}$

13 우유를 어제는 전체의 $\frac{1}{5}$만큼 마셨고, 오늘은 어제 마신 우유의 $\frac{1}{2}$만큼 마셨으므로 준호가 오늘 마신 우유는 전체의 $\frac{1}{5} \times \frac{1}{2} = \frac{1}{10}$입니다.

14 (1) $2\frac{4}{5} \times 1\frac{1}{3} = \frac{14}{5} \times \frac{4}{3} = \frac{56}{15} = 3\frac{11}{15}$

(2) $2\frac{7}{10} \times 3\frac{2}{9} = \frac{27}{10} \times \frac{\overset{3}{29}}{\underset{1}{9}} = \frac{87}{10} = 8\frac{7}{10}$

점프 ㉠ $3\frac{1}{3} \times 6\frac{1}{2} = \frac{\overset{5}{10}}{3} \times \frac{13}{\underset{1}{2}} = \frac{65}{3} = 21\frac{2}{3}$

㉡ $2\frac{4}{5} \times 9\frac{2}{7} = \frac{\overset{2}{14}}{\underset{1}{5}} \times \frac{\overset{13}{65}}{\underset{1}{7}} = 26$

㉢ $5\frac{3}{4} \times 4\frac{4}{9} = \frac{23}{\underset{1}{4}} \times \frac{\overset{10}{40}}{9} = \frac{230}{9} = 25\frac{5}{9}$

$\Rightarrow 26 > 25\frac{5}{9} > 21\frac{2}{3}$

15 효주네 반 학생 중에서 형제가 없는 여학생은

$\overset{5}{25} \times \frac{\overset{1}{3}}{\underset{1}{5}} \times \frac{2}{\underset{1}{3}} = 10(명)$입니다.

➕ 자주 틀리는 유형

1 ⓔ $2\frac{1}{6} \times \frac{4}{5} \times \frac{1}{8} = \frac{13}{\underset{3}{6}} \times \frac{\overset{2}{4}}{5} \times \frac{1}{\underset{4}{8}} = \frac{13}{60}$

2 6개   **3** 민우   **4** $9\frac{8}{9} \, \text{cm}^2$

1 대분수를 가분수로 바꾼 후 약분해야 하는데 바꾸기 전에 약분하였으므로 계산이 틀렸습니다.

2 $\frac{1}{9} \times \frac{1}{\square} = \frac{1}{9 \times \square}$이므로 $\frac{1}{9 \times \square} > \frac{1}{60}$입니다.
단위분수는 분모가 작을수록 큰 수이므로 $9 \times \square < 60$입니다.
따라서 $\square$ 안에 들어갈 수 있는 자연수는 1, 2, 3, 4, 5, 6으로 모두 6개입니다.

3 주희: 1시간=60분이므로 1시간의 $1\frac{1}{5}$은

$$60 \times 1\frac{1}{5} = \overset{12}{60} \times \frac{6}{\underset{1}{5}} = 72(분)입니다.$$

$\Rightarrow$ 1시간의 $1\frac{1}{5}$은 1시간 12분입니다.

건영: 1 m=100 cm이므로 1 m의 $2\frac{1}{4}$은

$$100 \times 2\frac{1}{4} = \overset{25}{100} \times \frac{9}{\underset{1}{4}} = 225 \, (\text{cm})입니다.$$

민우: 1 L=1000 mL이므로 1 L의 $1\frac{1}{8}$은

$$1000 \times 1\frac{1}{8} = \overset{125}{1000} \times \frac{9}{\underset{1}{8}} = 1125 \, (\text{mL})입니다.$$

4 (직사각형 가의 넓이)

$$=5\frac{3}{5} \times 3\frac{3}{4} = \frac{\overset{7}{28}}{\underset{1}{5}} \times \frac{\overset{3}{15}}{\underset{1}{4}} = 21 \, (\text{cm}^2)$$

(정사각형 나의 넓이)

$$=3\frac{1}{3} \times 3\frac{1}{3} = \frac{10}{3} \times \frac{10}{3} = \frac{100}{9} = 11\frac{1}{9} \, (\text{cm}^2)$$

따라서 직사각형 가의 넓이는 정사각형 나의 넓이보다

$21 - 11\frac{1}{9} = 20\frac{9}{9} - 11\frac{1}{9} = 9\frac{8}{9} \, (\text{cm}^2)$ 더 넓습니다.

수시 평가 대비

1 $4, 8, 2\dfrac{2}{3}$ 　　　　**2** (1) $20\dfrac{2}{3}$ 　(2) $1\dfrac{4}{5}$

3 $12 \times 1\dfrac{7}{10} = (12 \times 1) + \left(\overset{6}{\cancel{12}} \times \dfrac{7}{\underset{5}{\cancel{10}}}\right) = 12 + \dfrac{42}{5}$

$\qquad\qquad\qquad\qquad = 12 + 8\dfrac{2}{5} = 20\dfrac{2}{5}$

4 ✕ (선 연결) 　　　　**5** $54\dfrac{2}{3}$

6 ⑤ 　　　　**7** >

8 (위에서부터) $12\dfrac{1}{2}$, $\dfrac{8}{15}$, $\dfrac{1}{4}$, $26\dfrac{2}{3}$

9 $\dfrac{1}{22}$ 　　　　**10** $\dfrac{4}{35}$

11 ㉠, ㉢, ㉡ 　　　　**12** $31\dfrac{1}{2}$ cm

13 40 cm 　　　　**14** $\dfrac{8}{27}$ m

15 96 km 　　　　**16** 8, 7(또는 7, 8) / $\dfrac{1}{56}$

17 $7\dfrac{7}{8}$ 　　　　**18** 60쪽

19 5개 　　　　**20** $7\dfrac{7}{10}$

---

1 $\dfrac{2}{3} \times 4 = \dfrac{2 \times 4}{3} = \dfrac{8}{3} = 2\dfrac{2}{3}$

2 (1) $5\dfrac{1}{6} \times 4 = \dfrac{31}{\underset{3}{\cancel{6}}} \times \overset{2}{\cancel{4}} = \dfrac{62}{3} = 20\dfrac{2}{3}$

　(2) $\overset{3}{\cancel{6}} \times \dfrac{3}{\underset{5}{\cancel{10}}} = \dfrac{9}{5} = 1\dfrac{4}{5}$

3 대분수를 자연수와 진분수의 합으로 바꾸어 계산합니다.

4 ・$2\dfrac{2}{7} \times 3\dfrac{1}{4} = \dfrac{16}{7} \times \dfrac{13}{4}$

　　・$4\dfrac{1}{7} \times 2\dfrac{3}{4} = \dfrac{29}{7} \times \dfrac{11}{4} = \dfrac{11}{4} \times \dfrac{29}{7}$

5 $3\dfrac{5}{12} \times 16 = \dfrac{41}{\underset{3}{\cancel{12}}} \times \overset{4}{\cancel{16}} = \dfrac{164}{3} = 54\dfrac{2}{3}$

6 ①, ②, ③ 5에 진분수를 곱하면 계산 결과는 5보다 작습니다.

　④ 5에 1을 곱하면 계산 결과는 5입니다.

　⑤ 5에 대분수를 곱하면 계산 결과는 5보다 큽니다.

7 $\dfrac{3}{\underset{1}{\cancel{4}}} \times \dfrac{\overset{2}{\cancel{8}}}{\underset{5}{\cancel{15}}} = \dfrac{2}{5}$, $\dfrac{\overset{1}{\cancel{5}}}{7} \times \dfrac{3}{\underset{2}{\cancel{10}}} = \dfrac{3}{14}$

　➡ $\dfrac{2}{5}\left(= \dfrac{28}{70} \right) > \dfrac{3}{14}\left(= \dfrac{15}{70} \right)$

8 $\dfrac{5}{\underset{2}{\cancel{6}}} \times \overset{5}{\cancel{15}} = \dfrac{25}{2} = 12\dfrac{1}{2}$

　$\dfrac{3}{10} \times 1\dfrac{7}{9} = \dfrac{\overset{1}{\cancel{3}}}{\underset{5}{\cancel{10}}} \times \dfrac{\overset{8}{\cancel{16}}}{\underset{3}{\cancel{9}}} = \dfrac{8}{15}$

　$\dfrac{\overset{1}{\cancel{5}}}{\underset{2}{\cancel{6}}} \times \dfrac{\overset{1}{\cancel{3}}}{\underset{2}{\cancel{10}}} = \dfrac{1}{4}$

　$15 \times 1\dfrac{7}{9} = \overset{5}{\cancel{15}} \times \dfrac{16}{\underset{3}{\cancel{9}}} = \dfrac{80}{3} = 26\dfrac{2}{3}$

9 단위분수는 분모가 작을수록 큰 수이므로 가장 큰 수는 $\dfrac{1}{2}$이고, 가장 작은 수는 $\dfrac{1}{11}$입니다.

　➡ $\dfrac{1}{2} \times \dfrac{1}{11} = \dfrac{1}{22}$

10 $\dfrac{\overset{1}{\cancel{5}}}{7} \times \dfrac{\overset{4}{\cancel{8}}}{\underset{3}{\cancel{15}}} \times \dfrac{\overset{1}{\cancel{3}}}{\underset{5}{\cancel{10}}} = \dfrac{4}{35}$

11 ㉠ $1\dfrac{5}{6} \times 4 = \dfrac{11}{\underset{3}{\cancel{6}}} \times \overset{2}{\cancel{4}} = \dfrac{22}{3} = 7\dfrac{1}{3}$

　㉡ $\overset{8}{\cancel{16}} \times \dfrac{3}{\underset{5}{\cancel{10}}} = \dfrac{24}{5} = 4\dfrac{4}{5}$

　㉢ $1\dfrac{3}{4} \times 3\dfrac{3}{11} = \dfrac{7}{\underset{1}{\cancel{4}}} \times \dfrac{\overset{9}{\cancel{36}}}{11} = \dfrac{63}{11} = 5\dfrac{8}{11}$

　➡ $7\dfrac{1}{3} > 5\dfrac{8}{11} > 4\dfrac{4}{5}$

12 정육각형은 6개의 변의 길이가 모두 같습니다.

➡ (정육각형의 둘레)$=5\frac{1}{4}\times 6=\frac{21}{\underset{2}{4}}\times \overset{3}{6}=\frac{63}{2}$

$=31\frac{1}{2}$ (cm)

13 (튀어 오른 높이)=(공을 떨어뜨린 높이)$\times \frac{5}{8}$

$=\overset{8}{64}\times \frac{5}{\underset{1}{8}}=40$ (cm)

14 색칠한 부분은 전체의 $\frac{2}{3}$입니다.

➡ (색칠한 부분의 길이)$=\frac{4}{9}\times \frac{2}{3}=\frac{8}{27}$ (m)

15 1시간 20분$=1\frac{20}{60}$시간$=1\frac{1}{3}$시간

(자동차가 달린 거리)

$=72\times 1\frac{1}{3}=\overset{24}{72}\times \frac{4}{\underset{1}{3}}=96$ (km)

16 $\frac{1}{\square}\times \frac{1}{\square}$에서 분모에 큰 수가 들어갈수록 계산 결과가 작아집니다.

따라서 2장의 수 카드를 사용하여 계산 결과가 가장 작은 식을 만들려면 수 카드 8과 7을 사용해야 합니다.

➡ $\frac{1}{8}\times \frac{1}{7}=\frac{1}{56}$ 또는 $\frac{1}{7}\times \frac{1}{8}=\frac{1}{56}$

17 어떤 수를 $\square$라고 하면 $\square+3\frac{1}{2}=5\frac{3}{4}$,

$\square=5\frac{3}{4}-3\frac{1}{2}=5\frac{3}{4}-3\frac{2}{4}=2\frac{1}{4}$입니다.

따라서 바르게 계산하면

$2\frac{1}{4}\times 3\frac{1}{2}=\frac{9}{4}\times \frac{7}{2}=\frac{63}{8}=7\frac{7}{8}$입니다.

18 남은 동화책의 쪽수는 전체의

$\left(1-\frac{4}{9}\right)\times \left(1-\frac{2}{5}\right)=\frac{\overset{1}{5}}{\underset{3}{9}}\times \frac{\overset{1}{3}}{\underset{1}{5}}=\frac{1}{3}$입니다.

따라서 $\overset{60}{180}\times \frac{1}{\underset{1}{3}}=60$(쪽)을 더 읽어야 합니다.

19 예 $\frac{7}{\underset{4}{24}}\times \overset{3}{18}=\frac{21}{4}=5\frac{1}{4}$에서 $5\frac{1}{4}>\square$입니다.

따라서 $\square$ 안에 들어갈 수 있는 자연수는 1, 2, 3, 4, 5로 모두 5개입니다.

평가 기준	배점
곱셈식을 계산했나요?	3점
$\square$ 안에 들어갈 수 있는 자연수의 개수를 구했나요?	2점

20 예 만들 수 있는 가장 큰 대분수는 $5\frac{1}{2}$이고, 가장 작은 대분수는 $1\frac{2}{5}$입니다.

따라서 두 대분수의 곱은

$5\frac{1}{2}\times 1\frac{2}{5}=\frac{11}{2}\times \frac{7}{5}=\frac{77}{10}=7\frac{7}{10}$입니다.

평가 기준	배점
가장 큰 대분수와 가장 작은 대분수를 각각 구했나요?	2점
가장 큰 대분수와 가장 작은 대분수의 곱을 구했나요?	3점

3 합동과 대칭

➕ 꼭 나오는 유형

1 나

2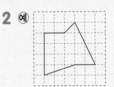

3 수아

4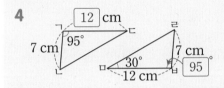

점프 115°

5 26 cm

6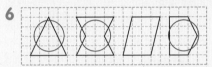

7 (1) / 1개 (2) / 4개

8 2개

9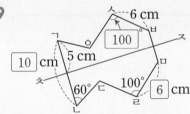

점프 14 cm

10 (1) 점 ㅁ (2) 변 ㅅㅈ (3) 각 ㄷㄴㄱ

11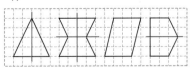
(H)(D)(P)(B)(S)

점프 510

12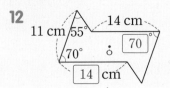

13 12 cm

14 (1)   (2)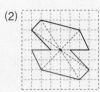

---

1 점선을 따라 잘랐을 때 잘린 두 도형이 서로 합동이 되는 점선은 나입니다.

2 왼쪽 도형의 꼭짓점과 같은 위치에 점을 찍고 그 점들을 차례로 이어 합동인 도형을 그립니다.

3 수아: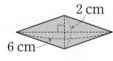

(넓이)=4×3÷2 (넓이)=6×2÷2
=6 (cm²)   =6 (cm²)

위와 같이 넓이는 같지만 합동이 아닌 마름모가 있습니다.

4 • 변 ㄱㄷ의 대응변은 변 ㅂㅁ이므로
(변 ㄱㄷ)=(변 ㅂㅁ)=12 cm입니다.
• 각 ㅁㅂㄹ의 대응각은 각 ㄷㄱㄴ이므로
(각 ㅁㅂㄹ)=(각 ㄷㄱㄴ)=95°입니다.

점프 합동인 두 도형에서 대응각의 크기가 서로 같으므로
(각 ㅁㅂㅅ)=(각 ㄹㄷㄴ)=90°,
(각 ㅇㅅㅂ)=(각 ㄱㄴㄷ)=45°입니다.
사각형의 네 각의 크기의 합은 360°이므로
(각 ㅇㅁㅂ)=360°-90°-45°-110°=115°입니다.

5 합동인 두 도형에서 대응변의 길이가 서로 같으므로
(변 ㄱㄴ)=(변 ㄹㅂ)=11 cm,
(변 ㄴㄷ)=(변 ㅂㅁ)=6 cm입니다.
➡ (삼각형 ㄱㄴㄷ의 둘레)=11+6+9=26 (cm)

6 한 직선을 따라 접었을 때 완전히 겹치는 도형을 찾습니다.

7 직선을 따라 접었을 때 도형이 완전히 겹치는 직선을 모두 긋습니다.

8 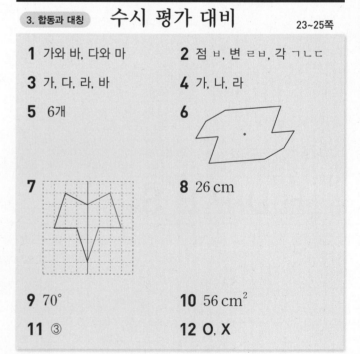 ➡ 2개

9 선대칭도형에서 각각의 대응변의 길이가 서로 같고, 각각의 대응각의 크기가 서로 같습니다.
➡ (변 ㄹㅁ)=(변 ㅅㅂ)=6 cm
(각 ㅂㅅㅇ)=(각 ㅁㄹㄷ)=100°
또 대칭축은 대응점끼리 이은 선분을 둘로 똑같이 나눕니다.
➡ (변 ㄱㄴ)=5×2=10 (cm)

(점프) (변 ㅈㅊ)=(변 ㄱㅊ)=4 cm
(선분 ㄱㅈ)=3×2=6 (cm)
➡ (삼각형 ㄱㅊㅈ의 둘레)=4+4+6=14 (cm)

11 어떤 점을 중심으로 180° 돌렸을 때 처음 알파벳과 완전히 겹치는 알파벳은 H, S입니다.

(점프) 점대칭도형인 수는 0, 1, 5이므로 만들 수 있는 가장 큰 수는 510입니다.

12 점대칭도형에서 각각의 대응변의 길이가 서로 같고, 각각의 대응각의 크기가 서로 같습니다.

13 점대칭도형에서 대칭의 중심은 대응점끼리 이은 선분을 둘로 똑같이 나눕니다.
➡ (선분 ㅇㅁ)=(선분 ㅇㄱ)=24÷2=12 (cm)

14 각 점의 대응점을 찾고 그 점들을 차례로 이어 점대칭도형을 완성합니다.

➕ 자주 틀리는 유형 21~22쪽

❶ 90°   ❷ 100°
❸ 가, 라   ❹ 8 cm

❶ 삼각형의 세 각의 크기의 합이 180°이므로
(각 ㄱㄷㄴ)=180°-30°-90°=60°입니다.
합동인 도형에서 대응각의 크기가 서로 같으므로
(각 ㅁㄷㄹ)=(각 ㄷㄱㄴ)=30°입니다.

한 직선이 이루는 각의 크기가 180°이므로
(각 ㄱㄷㅁ)=180°-60°-30°=90°입니다.

❷ 한 직선이 이루는 각의 크기가 180°이므로
(각 ㄴㄱㅂ)=180°-60°=120°입니다.
대응각의 크기가 서로 같으므로
(각 ㄴㄷㅂ)=(각 ㄹㄷㅂ)=50°입니다.
대응점끼리 이은 선분은 대칭축과 수직으로 만나므로
(각 ㄱㅂㄷ)=90°입니다.
사각형의 네 각의 크기의 합이 360°이므로
(각 ㄱㄴㄷ)=360°-120°-50°-90°=100°입니다.

❸ 선대칭도형: 가, 나, 라
점대칭도형: 가, 다, 라
➡ 선대칭도형이면서 점대칭도형인 것: 가, 라

❹ 대칭의 중심은 대응점끼리 이은 선분을 둘로 똑같이 나누므로 (선분 ㅁㅇ)=(선분 ㄴㅇ)=28÷2=14 (cm)입니다.
대응변의 길이가 서로 같으므로
(변 ㅁㅂ)=(변 ㄴㄷ)=6 cm입니다.
➡ (선분 ㅂㅇ)=(선분 ㅁㅇ)-(변 ㅁㅂ)
=14-6=8 (cm)

---

3. 합동과 대칭   **수시 평가 대비**   23~25쪽

1 가와 바, 다와 마   **2** 점 ㅂ, 변 ㄹㅂ, 각 ㄱㄴㄷ
3 가, 다, 라, 바   **4** 가, 나, 라
5 6개   **6**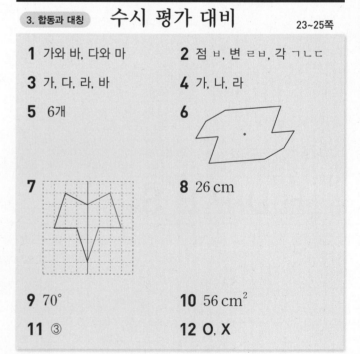
7   **8** 26 cm
9 70°   **10** 56 cm²
11 ③   **12** O, X

13 6 cm

14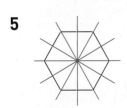

15 95°

16 27 cm²

17 120 cm²

18 30 cm

19 70°

20 65°

1 포개었을 때 완전히 겹치는 도형은 가와 바, 다와 마입니다.

2 서로 합동인 두 도형을 포개었을 때 완전히 겹치는 점을 대응점, 겹치는 변을 대응변, 겹치는 각을 대응각이라고 합니다.

3 한 직선을 따라 접었을 때 완전히 겹치는 도형은 가, 다, 라, 바입니다.

4 어떤 점을 중심으로 180° 돌렸을 때 처음 도형과 완전히 겹치는 도형은 가, 나, 라입니다.

5

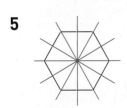

대칭축을 모두 그으면 6개입니다.

6 대응점끼리 이은 선분들이 모두 만나는 점을 찾아 표시합니다.

7 각 점의 대응점을 찾을 때에는 각 점에서 대칭축에 수선을 그은 후 대칭축으로부터 같은 거리에 있는 점을 찍습니다.

8 합동인 도형에서 대응변의 길이가 서로 같으므로
(변 ㄱㄴ)=(변 ㅇㅅ)=5 cm,
(변 ㄷㄹ)=(변 ㅂㅁ)=8 cm입니다.
➡ (사각형 ㄱㄴㄷㄹ의 둘레)=5+9+8+4
=26 (cm)

9 (각 ㅂㄱㄴ)=(각 ㄹㄷㄴ)=110°,
(각 ㄱㄴㅁ)=(각 ㅂㅁㄴ)=90°입니다.
사각형 ㄱㄴㅁㅂ에서 네 각의 크기의 합이 360°이므로
(각 ㄱㅂㅁ)=360°−110°−90°−90°=70°입니다.

10 (각 ㄱㅁㄹ)=90°,
(선분 ㄱㅁ)=(선분 ㄷㅁ)=8÷2=4 (cm)
(삼각형 ㄱㄴㄹ의 넓이)=14×4÷2=28 (cm²)
선대칭도형은 대칭축을 따라 접었을 때 완전히 겹치므로 삼각형 ㄱㄴㄹ과 삼각형 ㄷㄴㄹ의 넓이는 같습니다.
➡ (사각형 ㄱㄴㄷㄹ의 넓이)=28×2=56 (cm²)

11 ① ② ③
④ ⑤

따라서 점대칭도형이 아닌 것은 ③입니다.

12 선대칭도형인 알파벳: O, C, X, T
점대칭도형인 알파벳: O, N, X, Z
➡ 선대칭도형이면서 점대칭도형인 알파벳: O, X

13 점대칭도형은 대응변의 길이가 서로 같으므로
(변 ㄷㄹ)=(변 ㅅㅈ)=8 cm,
(변 ㅂㅅ)=(변 ㄴㄷ)=3 cm,
(변 ㄱㅈ)=(변 ㅁㄹ)=5 cm입니다.
(변 ㄱㄴ)+(변 ㅁㅂ)
=44−(3+8+5+3+8+5)=12 (cm)
이고 (변 ㄱㄴ)=(변 ㅁㅂ)이므로
(변 ㄱㄴ)=12÷2=6 (cm)입니다.

14 각 점의 대응점을 찾고 그 점들을 차례로 이어 점대칭도형을 완성합니다.

15 합동인 도형에서 대응각의 크기가 서로 같으므로
(각 ㄱㄴㄷ)=(각 ㄹㄷㄴ)=115°입니다.
삼각형 ㄱㄴㄷ에서 세 각의 크기의 합이 180°이므로
(각 ㄱㄷㄴ)=180°−45°−115°=20°입니다.
(각 ㄹㄴㄷ)=(각 ㄱㄷㄴ)=20°이므로
(각 ㄱㄴㄹ)=115°−20°=95°입니다.

16 (각 ㄱㄴㅁ)=(각 ㅁㄷㄹ)=90°
(변 ㄴㅁ)=(변 ㄷㄹ)=9 cm이므로
(변 ㅁㄷ)=15−9=6 (cm)입니다.
(변 ㄱㄴ)=(변 ㅁㄷ)=6 cm
➡ (삼각형 ㄱㄴㅁ의 넓이)=9×6÷2=27 (cm²)

17 완성한 선대칭도형의 넓이는 사각형 ㄱㄴㄷㄹ의 넓이의
2배입니다.
(사각형 ㄱㄴㄷㄹ의 넓이)$=(5+7)\times10\div2$
$=60$ (cm²)
➡ (완성한 선대칭도형의 넓이)$=60\times2=120$ (cm²)

18 점대칭도형을 완성하면 다음과 같습니다.

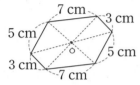

➡ (완성한 점대칭도형의 둘레)$=(5+7+3)\times2$
$=30$ (cm)

다른 풀이
점대칭도형은 대응변의 길이가 서로 같으므로 완성한 점
대칭도형의 둘레는 주어진 변의 길이의 합의 2배입니다.
➡ (완성한 점대칭도형의 둘레)$=(5+7+3)\times2$
$=30$ (cm)

19 ⑳ 이등변삼각형은 두 각의 크기가 같으므로
(각 ㄱㄴㄷ)=(각 ㄱㄷㄴ)$=(180°-40°)\div2=70°$
입니다.
대응각의 크기가 서로 같으므로
(각 ㄹㅁㅂ)=(각 ㄱㄴㄷ)$=70°$입니다.

평가 기준	배점
각 ㄱㄴㄷ의 크기를 구했나요?	2점
각 ㄹㅁㅂ의 크기를 구했나요?	3점

20 ⑳ 점대칭도형에서 대응각의 크기가 서로 같으므로
(각 ㄱㄹㄷ)=(각 ㄷㄹㄱ)$=65°$이고,
(각 ㄴㄷㄹ)=(각 ㄹㄱㄴ)
$=(360°-65°-65°)\div2=115°$입니다.
따라서 (각 ㄴㄷㅂ)$=180°-115°=65°$입니다.

평가 기준	배점
각 ㄱㄹㄷ의 크기를 구했나요?	2점
각 ㄴㄷㄹ의 크기를 구했나요?	2점
각 ㄴㄷㅂ의 크기를 구했나요?	1점

4 소수의 곱셈

➕ 꼭 나오는 유형
26~28쪽

1 (1) 2.7 (2) 1.84   점프 $<$

2 5.6 kg

3 (그림)

4 26.95 cm   **5** 2043원

6 (1) $15\times0.7=15\times\dfrac{7}{10}=\dfrac{15\times7}{10}=\dfrac{105}{10}=10.5$

(2) $8\times0.42=8\times\dfrac{42}{100}=\dfrac{8\times42}{100}=\dfrac{336}{100}=3.36$

7 5.4   점프 21.5

8 (1) 51.2 (2) 82.8   **9** 53.2

10 4050 m   **11** 0.432, 0.077

12 16.94   점프 22.08

13 ©   **14** (1) 0.35 (2) 0.001

15 ②, ©, ③, ©

1 (1) $0.3\times9=\dfrac{3}{10}\times9=\dfrac{3\times9}{10}=\dfrac{27}{10}=2.7$

(2) $0.46\times4=\dfrac{46}{100}\times4=\dfrac{46\times4}{100}=\dfrac{184}{100}=1.84$

점프 $0.52\times6=3.12$, $0.63\times5=3.15$
➡ $3.12<3.15$

2 (감자 7봉지의 무게)$=0.8\times7=5.6$ (kg)

3 $3.3\times8=26.4$, $5.85\times4=23.4$

4 (정오각형의 둘레)=(한 변의 길이)$\times5$
$=5.39\times5=26.95$ (cm)

5 (필리핀 돈 90페소로 바꾸는 데 필요한 우리나라 돈)
$=22.7\times90=2043$(원)

7 $\square\div0.45=12$ ➡ $\square=12\times0.45=5.4$

정답 어떤 수를 □라고 하면

정답 어떤 수를 □라고 하면
$$□ \div 0.86 = 25 \Rightarrow □ = 25 \times 0.86 = 21.5$$

8 (1) $32 \times 1.6 = 32 \times \dfrac{16}{10} = \dfrac{32 \times 16}{10} = \dfrac{512}{10} = 51.2$

  (2) $20 \times 4.14 = 20 \times \dfrac{414}{100} = \dfrac{20 \times 414}{100} = \dfrac{8280}{100}$
    $= 82.8$

9 $23 \times 5.6 = 128.8, \ 42 \times 1.8 = 75.6$
  $\Rightarrow 128.8 - 75.6 = 53.2$

10 (수빈이가 달린 거리) $= 900 \times 4.5 = 4050 \ (\text{m})$

11 $0.6 \times 0.72 = 0.432, \ 0.14 \times 0.55 = 0.077$

12 $6.05 > 5.09 > 2.8 > 1.2$이므로 가장 큰 수는 6.05이고, 두 번째로 작은 수는 2.8입니다.
  $\Rightarrow 6.05 \times 2.8 = 16.94$

정답 $9 > 6 > 3 > 2$이므로 만들 수 있는 가장 큰 소수 한 자리 수는 9.6이고, 가장 작은 소수 한 자리 수는 2.3입니다.
  $\Rightarrow 9.6 \times 2.3 = 22.08$

13 ㉠ 74 ㉡ 74 ㉢ 0.74 ㉣ 74

14 (1) 소수점이 오른쪽으로 한 칸 옮겨져서 3.5가 되었으므로 □ $= 0.35$입니다.
  (2) 912에서 0.912로 소수점이 왼쪽으로 세 칸 옮겨졌으므로 □ $= 0.001$입니다.

15 $136 \times 541 = 73576$이므로 곱의 소수점 아래 자리 수를 비교합니다.
  ㉠ 소수 두 자리 수   ㉡ 소수 한 자리 수
  ㉢ 소수 세 자리 수   ㉣ 소수 네 자리 수

➕ 자주 틀리는 유형   29~30쪽

1 $2.72 \ \text{cm}^2$ **2** $1.68 \ \text{m}$
3 $56, 57, 58$ **4** 10배

---

1 (직사각형의 넓이) = (가로) × (세로) = 5.3×8
    $= 42.4 \ (\text{cm}^2)$
  (평행사변형의 넓이) = (밑변의 길이) × (높이)
    $= 6.4 \times 7.05 = 45.12 \ (\text{cm}^2)$
  $\Rightarrow$ (넓이의 차) $= 45.12 - 42.4 = 2.72 \ (\text{cm}^2)$

2 (상자를 포장하는 데 사용한 리본의 길이)
  $=$ (전체 리본의 길이) × $0.7 = 2.4 \times 0.7 = 1.68 \ (\text{m})$

3 $19 \times 2.9 = 55.1$이고 $8.4 \times 7 = 58.8$이므로 □ 안에 들어갈 수 있는 수는 55.1보다 크고 58.8보다 작은 수입니다.
  따라서 □ 안에 들어갈 수 있는 자연수는 $56, 57, 58$입니다.

4 ㉠과 ㉡은 수의 배열이 같고 소수점 아래 자리 수가 다르므로 곱의 소수점 아래 자리 수를 비교합니다.
  ㉠은 소수 세 자리 수이고 ㉡은 소수 네 자리 수이므로 ㉠은 ㉡의 10배입니다.

---

4. 소수의 곱셈   수시 평가 대비   31~33쪽

1 $16, 16 \ / \ 112, 11.2$ **2** $192, \dfrac{1}{10}, 19.2$

3 (1) 2.1 (2) 21.24

4 $0.3 \times 0.14 = \dfrac{3}{10} \times \dfrac{14}{100} = \dfrac{42}{1000} = 0.042$

5 ㉡   **6** 36.9

7 $>$ **8** $59.3, 5.93, 0.593$

9 $7.2, 108$ **10** ⑤

11 ⤬   **12** 5시간

13 $37.2 \ \text{cm}$ **14** 180540원

15 7.848 **16** $58.32 \ \text{cm}^2$

17 19.74 **18** $38 \ \text{cm}$

19 4개   **20** $37.31 \ \text{kg}$

3 (1) $0.7 \times 3 = \dfrac{7}{10} \times 3 = \dfrac{7 \times 3}{10} = \dfrac{21}{10} = 2.1$

(2) $6 \times 3.54 = 6 \times \dfrac{354}{100} = \dfrac{6 \times 354}{100} = \dfrac{2124}{100} = 21.24$

5 ㉠ 3.1×6.2는 3과 6의 곱인 18보다 큽니다.
㉡ 1.6×8.5는 2와 9의 곱인 18보다 작습니다.
㉢ 4.2×7.3은 4와 7의 곱인 28보다 큽니다.
따라서 18보다 작은 것은 ㉡입니다.

6 $4.5 \times 8.2 = \dfrac{45}{10} \times \dfrac{82}{10} = \dfrac{45 \times 82}{100} = \dfrac{3690}{100} = 36.9$

7 $8 \times 0.9 = 7.2$, $2 \times 3.05 = 6.1$ ➡ $7.2 > 6.1$

8 곱하는 소수의 소수점 아래 자리 수가 하나씩 늘어날 때마다 곱의 소수점이 왼쪽으로 한 자리씩 옮겨집니다.

9 $0.6 \times 12 = 7.2$, $7.2 \times 15 = 108$

10 ① $0.6 \times 17 = 10.2$　② $26 \times 0.45 = 11.7$
③ $13 \times 1.6 = 20.8$　④ $3.4 \times 4.9 = 16.66$
⑤ $5.12 \times 2.5 = 12.8$

11 $5 \times 9 = 45$
・$5 \times 0.009 = 0.045$　・$50 \times 0.09 = 4.5$
・$0.5 \times 9 = 4.5$　・$0.05 \times 0.9 = 0.045$

12 1시간 15분 $= 1\dfrac{15}{60}$시간 $= 1.25$시간
진수가 이번 주에 자전거를 탄 시간은 모두
$1.25 \times 4 = 5$(시간)입니다.

13 마름모는 네 변의 길이가 같습니다.
➡ (마름모의 둘레) $= 9.3 \times 4 = 37.2$ (cm)

14 1000크로네는 10크로네의 100배이므로 1000크로네는 우리나라 돈으로 $1805.4 \times 100 = 180540$(원)입니다.

15 ・1.8은 18의 0.1배인데, 78.48은 7848의 0.01배이므로 ㉠에 알맞은 수는 436의 0.1배인 43.6입니다.
・4.36은 436의 0.01배인데, 0.7848은 7848의 0.0001배이므로 ㉡에 알맞은 수는 18의 0.01배인 0.18입니다.
따라서 ㉠과 ㉡에 알맞은 수의 곱은
$43.6 \times 0.18 = 7.848$입니다.

16 (새로 만든 직사각형의 가로) $= 9 \times 1.2 = 10.8$ (cm)
(새로 만든 직사각형의 세로) $= 9 \times 0.6 = 5.4$ (cm)
➡ (새로 만든 직사각형의 넓이)
$= 10.8 \times 5.4 = 58.32$ (cm²)

17 어떤 수를 □라고 하면 □ $+ 4.7 = 8.9$,
□ $= 8.9 - 4.7 = 4.2$입니다.
따라서 바르게 계산하면 $4.2 \times 4.7 = 19.74$입니다.

18 (색 테이프 8장의 길이의 합) $= 5.45 \times 8 = 43.6$ (cm)
겹쳐진 부분은 $8 - 1 = 7$(군데)입니다.
➡ (겹쳐진 부분의 길이의 합) $= 0.8 \times 7 = 5.6$ (cm)
따라서 이어 붙인 색 테이프의 전체 길이는
$43.6 - 5.6 = 38$ (cm)입니다.

19 예 $3.4 \times 12 = 40.8$이고 $7.35 \times 6 = 44.1$이므로 □ 안에 들어갈 수 있는 수는 40.8보다 크고 44.1보다 작은 수입니다.
따라서 □ 안에 들어갈 수 있는 자연수는 41, 42, 43, 44로 모두 4개입니다.

평가 기준	배점
두 곱셈식을 각각 계산했나요?	3점
□ 안에 들어갈 수 있는 자연수의 개수를 구했나요?	2점

20 예 어머니의 몸무게는 $65 \times 0.82 = 53.3$ (kg)입니다.
따라서 지아의 몸무게는 $53.3 \times 0.7 = 37.31$ (kg)입니다.

평가 기준	배점
어머니의 몸무게를 구했나요?	2점
지아의 몸무게를 구했나요?	3점

5 직육면체

⊕ 꼭 나오는 유형   34~36쪽

1 가, 다   **2** 6, 12, 8

3 34 cm   **4** ㉢

5 10개   [점프] 33 cm

6

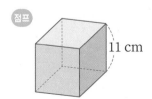

7 면 ㄱㄴㄷㄹ, 면 ㄱㄴㅂㅁ, 면 ㅁㅂㅅㅇ, 면 ㄹㄷㅅㅇ

8 14   **9** ㉢

10 3, 3, 1   [점프] 51 cm

11 ㉠, ㉣   **12** 면 가, 면 나, 면 라, 면 바

13 (위에서부터) 5, 2, 3   [점프] 34 cm

14 면 ㅊㅅㅇㅈ

---

1 직사각형 6개로 둘러싸인 도형은 가, 다입니다.

2 직육면체의 면은 6개, 모서리는 12개, 꼭짓점은 8개입니다.

3 직육면체의 각 면은 직사각형이므로
(면 ㄱㅁㅇㄹ의 네 변의 길이의 합)
$=(10+7)×2=34$ (cm)입니다.

4 ㉢ 면의 모양이 정사각형으로 모두 같습니다.

5 정육면체에서 보이는 면은 3개, 보이는 꼭짓점은 7개입니다.
➡ $3+7=10$(개)

[점프]

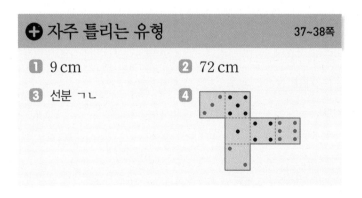

정육면체는 모든 모서리의 길이가 같고, 보이지 않는 모서리는 3개입니다.

➡ (보이지 않는 모서리의 길이의 합)
$=11×3=33$ (cm)

6 직육면체에서 서로 마주 보는 두 면은 평행합니다.

7 면 ㄴㅂㅅㄷ과 만나는 면을 모두 찾습니다.

8 4의 눈이 그려진 면과 평행한 면의 눈의 수는 $7-4=3$입니다.
따라서 4의 눈이 그려진 면과 수직인 면들의 눈의 수의 합은 $1+6+2+5=14$입니다.

9 보이는 모서리는 실선으로, 보이지 않는 모서리는 점선으로 그린 것은 ㉢입니다.

[점프] 보이는 모서리의 길이는 5 cm가 6개, 7 cm가 3개입니다.
➡ (보이는 모서리의 길이의 합)
$=5×6+7×3=51$ (cm)

11 ㉡ 접었을 때 겹치는 면이 있으므로 정육면체의 전개도가 아닙니다.
㉣ 면이 5개이므로 정육면체의 전개도가 아닙니다.

12 면 다와 수직인 면은 면 다와 평행한 면인 면 마를 제외한 면 가, 면 나, 면 라, 면 바입니다.

[점프] 색칠한 부분은 가로가 4 cm, 세로가 $5+8=13$ (cm)인 직사각형입니다.
➡ (색칠한 부분의 둘레)$=(4+13)×2=34$ (cm)

14 전개도를 접었을 때 면 ㅎㄷㅂㅋ과 평행한 면은 면 ㅊㅅㅇㅈ입니다.

⊕ 자주 틀리는 유형   37~38쪽

1 9 cm   **2** 72 cm

3 선분 ㄱㄴ   **4**

1 보이지 않는 모서리의 길이의 합이 17 cm이므로 모서리 ㅁㅇ의 길이는 17−5−3=9 (cm)입니다.
모서리 ㄴㄷ의 길이는 모서리 ㅁㅇ의 길이와 같으므로 9 cm입니다.

2 직육면체는 길이가 같은 모서리가 4개씩 3쌍 있습니다.
➡ (모든 모서리의 길이의 합)
  =(4+6+8)×4=72 (cm)

3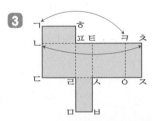

전개도를 접었을 때 점 ㅋ과 만나는 점은 점 ㄱ이고, 점 ㅊ과 만나는 점은 점 ㄴ이므로 선분 ㅋㅊ과 겹치는 선분은 선분 ㄱㄴ입니다.

4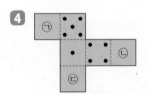

각각의 면과 서로 평행한 면을 찾으면 눈의 수는 (㉠, 4), (㉡, 1), (㉢, 5)입니다.
서로 평행한 두 면의 눈의 수의 합이 7이므로
㉠=7−4=3, ㉡=7−1=6, ㉢=7−5=2입니다.

---

5. 직육면체 **수시 평가 대비** 39~41쪽

1 ③, ⑤
2 (위에서부터) 7, 5, 8
3 6, 12, 8
4 면 ㄴㅂㅁㄱ
5 지희
6 84 cm
7
8 10개

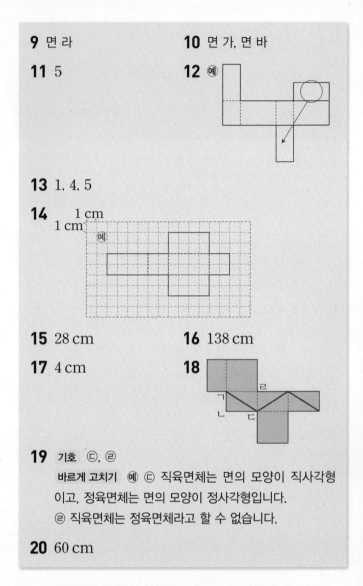

9 면 라
10 면 가, 면 바
11 5
12 예

13 1, 4, 5
14 예

15 28 cm
16 138 cm
17 4 cm
18

19 기호 ㉢, ㉣
바르게 고치기 예 ㉢ 직육면체는 면의 모양이 직사각형이고, 정육면체는 면의 모양이 정사각형입니다.
㉣ 직육면체는 정육면체라고 할 수 없습니다.

20 60 cm

---

1 직사각형 6개로 둘러싸인 도형은 ③, ⑤입니다.

2 직육면체에서 서로 평행한 모서리의 길이는 같습니다.

4 직육면체에서 서로 마주 보는 두 면은 평행합니다.
따라서 면 ㄷㅅㅇㄹ과 평행한 면은 면 ㄴㅂㅁㄱ입니다.

5 지희: 한 면과 수직으로 만나는 면은 모두 4개입니다.

6 7×12=84 (cm)

7 겨냥도에서 보이는 모서리는 실선으로, 보이지 않는 모서리는 점선으로 그립니다.

8 정육면체에서 보이는 모서리는 9개, 보이지 않는 꼭짓점은 1개입니다.
➡ 9+1=10(개)

9 전개도를 접었을 때 면 나와 서로 평행한 면은 면 라입니다.

10 전개도를 접었을 때 면 다, 면 라와 만나는 면을 각각 찾아봅니다.
  • 면 다와 수직인 면: 면 가, 면 나, 면 라, 면 바
  • 면 라와 수직인 면: 면 가, 면 다, 면 마, 면 바
➡ 면 다와 면 라에 공통으로 수직인 면: 면 가, 면 바

11 10 cm, ㉠ cm, 8 cm인 모서리가 각각 4개씩 있습니다.
$10 \times 4 + ㉠ \times 4 + 8 \times 4 = 92$,
$40 + ㉠ \times 4 + 32 = 92$, $㉠ \times 4 = 20$, $㉠ = 5$

12 전개도를 접었을 때 겹치는 면이 있으므로 직육면체의 전개도가 아닙니다. 겹치는 면을 겹치지 않는 곳으로 옮겨 그립니다.

13 각각의 면과 서로 평행한 면을 찾으면 눈의 수는 (㉠, 6), (㉡, 3), (㉢, 2)입니다.
서로 평행한 두 면의 눈의 수의 합이 7이므로
$㉠ = 7 - 6 = 1$, $㉡ = 7 - 3 = 4$, $㉢ = 7 - 2 = 5$입니다.

15 주어진 보이는 두 면의 모양에 맞게 직육면체의 겨냥도를 그리면 오른쪽과 같습니다.
보이는 나머지 한 면의 모양은 가로가 5 cm, 세로가 9 cm인 직사각형이므로
네 변의 길이의 합은 $(5 + 9) \times 2 = 28$ (cm)입니다.

16 매듭을 제외한 상자를 묶은 끈의 길이는 길이가 20 cm인 끈 2개, 길이가 16 cm인 끈 2개, 길이가 12 cm인 끈 4개의 길이의 합과 같습니다.
➡ (상자를 묶는 데 사용한 끈의 길이)
  = (매듭을 제외한 상자를 묶은 끈의 길이)
    + (매듭의 길이)
  = $(20 \times 2 + 16 \times 2 + 12 \times 4) + 18$
  = $120 + 18 = 138$ (cm)

17 (직육면체의 모든 모서리의 길이의 합)
  = $6 \times 4 + 2 \times 4 + 4 \times 4$
  = $24 + 8 + 16 = 48$ (cm)
정육면체는 모서리가 12개이고 길이가 모두 같습니다.
➡ (정육면체의 한 모서리의 길이) = $48 \div 12$
  $= 4$ (cm)

18 전개도를 접었을 때 겹치는 꼭짓점을 생각해 봅니다.

19

평가 기준	배점
잘못 설명한 것을 모두 찾아 기호를 썼나요?	2점
바르게 고쳐 썼나요?	3점

20 ⑩ 전개도를 접어서 만든 정육면체의 한 모서리의 길이는
  $20 \div 4 = 5$ (cm)입니다.
  정육면체의 모서리는 12개이므로 정육면체의 모든 모서리의 길이의 합은
  $5 \times 12 = 60$ (cm)입니다.

평가 기준	배점
정육면체의 한 모서리의 길이를 구했나요?	2점
정육면체의 모든 모서리의 길이의 합을 구했나요?	3점

6 평균과 가능성

➕ 꼭 나오는 유형
42~44쪽

1 18번

[점프] **35세**

2 다 모둠

3 7명

4 찬우네 모둠, 1점

5 4분

6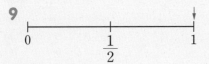

7 ⒤ 수 카드 중에서 10 이하의 수가 적힌 카드를 뽑을 가능성은 확실해.

[점프] ㉠

8 ㉡에 ○표

[점프] ㉠, ㉢, ㉡

9

$$0 \qquad \frac{1}{2} \qquad 1$$

10 $\frac{1}{2}$

11 ⒤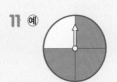

---

1 (줄넘기 기록의 합)
　$=18+20+14+16+22=90$(번)
　(평균)$=90÷5=18$(번)

[점프] (어머니의 나이)$=$(동생의 나이)$×4=10×4=40$(세)
　(준성이네 가족의 나이의 합)
　$=43+40+12+10+70=175$(세)
　(평균)$=175÷5=35$(세)

2 모둠별 1인당 사용한 색종이 수의 평균을 구해 봅니다.
　• 가 모둠: $30÷5=6$(장)
　• 나 모둠: $28÷4=7$(장)
　• 다 모둠: $24÷3=8$(장)
　따라서 1인당 사용한 색종이 수를 비교하면 다 모둠이 8장으로 가장 많이 사용했습니다.

---

3 (1반부터 5반까지 안경을 쓴 학생 수의 합)
　$=6×5=30$(명)
　➡ (3반의 안경을 쓴 학생 수)
　　$=30-(5+8+6+4)=7$(명)

4 (찬우네 모둠의 평균)$=(86+72+94+80)÷4$
　　　　　　　　　　　$=332÷4=83$(점)
　(세인이네 모둠의 평균)$=(82+78+76+92)÷4$
　　　　　　　　　　　$=328÷4=82$(점)
　따라서 찬우네 모둠이 $83-82=1$(점) 더 높습니다.

5 6일 동안 운동한 시간이 24분 더 많아지므로 6일 동안의 일별 평균 운동 시간은 $24÷6=4$(분) 더 많아집니다.

6 • 4월 한 달이 31일일 가능성은 '불가능하다'입니다.
　• 주사위를 2번 굴릴 때 주사위 눈의 수가 모두 5일 가능성은 '~아닐 것 같다'입니다.

7 5부터 9까지 각각 적힌 수 카드가 있으므로 10 이하의 수가 적힌 카드를 뽑을 가능성은 '확실하다'입니다.

[점프] ㉠ 배만 들어 있는 봉지에서 귤을 꺼낼 가능성은 '불가능하다'입니다.
㉡ 동전을 던질 때 그림면이 나올 가능성은 '반반이다'입니다.
㉢ 내년에 내 짝꿍이 남자일 가능성은 '반반이다'입니다.

8 ㉠ 반반이다
㉡ 확실하다

[점프] ㉠ 확실하다
㉡ ~아닐 것 같다
㉢ 반반이다
따라서 일이 일어날 가능성이 높은 것부터 차례로 기호를 쓰면 ㉠, ㉢, ㉡입니다.

9 딸기 맛 사탕만 5개 들어 있는 봉지에서 꺼낸 사탕 1개가 딸기 맛일 가능성은 '확실하다'이므로 수로 표현하면 1입니다.

10 주사위 눈의 수는 1, 2, 3, 4, 5, 6이고 이 중 4의 약수는 1, 2, 4입니다.
따라서 주사위 한 개를 굴릴 때 주사위 눈의 수가 4의 약수가 나올 가능성은 '반반이다'이므로 수로 표현하면 $\frac{1}{2}$입니다.

11 전체 4칸 중 2칸을 파란색으로 색칠하면 화살이 파란색에 멈출 가능성이 $\frac{1}{2}$이므로 가능성이 $\frac{1}{2}$보다 크고 1보다 작으려면 3칸에 색칠해야 합니다.

➕ 자주 틀리는 유형
45쪽

1 7130명   **2** $\frac{1}{2}$

1 5월의 날수는 31일입니다.
➡ (5월 한 달 동안 박물관을 방문한 사람 수)
$= 230 \times 31 = 7130$(명)

2 꺼낸 공이 초록색이 아닐 가능성은 꺼낸 공이 파란색일 가능성과 같으므로 '반반이다'입니다.
따라서 수로 표현하면 $\frac{1}{2}$입니다.

6. 평균과 가능성   수시 평가 대비
46~48쪽

1 135 m   **2** 27 m
3 확실하다에 ○표   **4** 불가능하다에 ○표
5 5개   **6** 확실하다
7

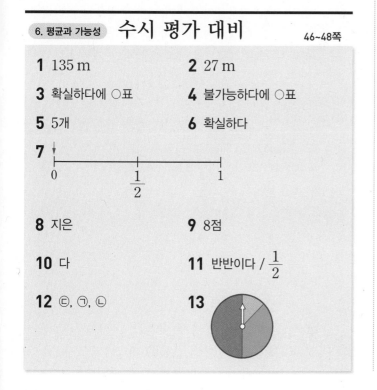

8 지은   **9** 8점
10 다   **11** 반반이다 / $\frac{1}{2}$
12 ㉢, ㉠, ㉡   **13**

14 16초   **15** 6개
16 나 모둠   **17** 153 cm
18 16번   **19** 3회
20 $\frac{1}{2}$

1 (공 던지기 기록의 합)
$= 24 + 30 + 21 + 34 + 26 = 135$ (m)

2 (평균) $= 135 \div 5 = 27$ (m)

3 6월의 다음 달은 7월이므로 내년에는 6월이 7월보다 빨리 올 가능성은 '확실하다'입니다.

4 고양이가 알을 낳을 가능성은 '불가능하다'입니다.

5 막대의 높이를 고르게 하여 평균을 구하거나 자료의 값을 모두 더한 후 자료의 수로 나누어 평균을 구합니다.
➡ (평균) $= (4 + 6 + 3 + 7) \div 4 = 20 \div 4 = 5$(개)

6 제비뽑기 상자에 당첨 제비만 6개 들어 있으므로 이 상자에서 뽑은 제비 1개가 당첨 제비일 가능성은 '확실하다'입니다.

7 제비뽑기 상자에 당첨 제비만 6개 들어 있으므로 이 상자에서 뽑은 제비 1개가 당첨 제비가 아닐 가능성은 '불가능하다'이고, 이를 수로 표현하면 0입니다.

8 (윤화의 평균 점수) $= (80 + 82 + 90 + 88) \div 4$
$\qquad\qquad\qquad\quad = 340 \div 4 = 85$(점)
(지은이의 평균 점수) $= (84 + 92 + 78 + 90) \div 4$
$\qquad\qquad\qquad\qquad = 344 \div 4 = 86$(점)
따라서 지은이의 평균 점수가 더 높습니다.

9 평균을 2점 더 올리려면 점수의 합을 $2 \times 4 = 8$(점) 더 올려야 합니다.

10 각 회전판에서 빨간색 부분의 넓이가 넓을수록 화살이 빨간색에 멈출 가능성이 높아집니다.
따라서 화살이 빨간색에 멈출 가능성이 가장 높은 회전판은 다입니다.

11 카드 8장 중 ♣ 모양의 카드가 4장이므로 한 장을 뽑을 때 ♣ 모양의 카드를 뽑을 가능성은 '반반이다'이고 수로 표현하면 $\frac{1}{2}$입니다.

12 주사위 눈의 수는 1, 2, 3, 4, 5, 6입니다.
ㄱ 주사위 눈의 수 중 2의 배수는 2, 4, 6이므로 주사위 눈의 수가 2의 배수로 나올 가능성은 '반반이다'입니다.
ㄴ 주사위 눈의 수 중 6 초과인 수는 없으므로 주사위 눈의 수가 6 초과로 나올 가능성은 '불가능하다'입니다.
ㄷ 주사위 눈의 수 중 7 미만인 수는 1, 2, 3, 4, 5, 6이므로 주사위 눈의 수가 7 미만으로 나올 가능성은 '확실하다'입니다.

13 화살이 빨간색에 멈출 가능성이 가장 높으므로 회전판에서 가장 넓은 곳에 빨간색을 색칠합니다.
화살이 초록색에 멈출 가능성이 노란색에 멈출 가능성보다 높으므로 가장 좁은 부분에 노란색을 색칠하고, 나머지 부분에 초록색을 색칠합니다.

14 (은지의 기록의 평균)$=(17+18+16)\div 3=17$(초)
주희의 기록의 평균도 17초이므로 주희의 기록의 합은 $17\times 4=68$(초)입니다.
따라서 주희의 3회 기록은
$68-(20+17+15)=16$(초)입니다.

15 주머니에서 구슬 1개를 꺼냈을 때 꺼낸 구슬이 빨간색일 가능성이 $\frac{1}{2}$이면 전체 구슬의 $\frac{1}{2}$이 빨간색 구슬입니다.
따라서 빨간색 구슬의 수는 파란색과 노란색 구슬의 수의 합과 같습니다.
➡ (빨간색 구슬의 수)$=3+3=6$(개)

16 모둠별 읽은 책 수의 평균을 구해 봅니다.
• 가 모둠: $40\div 5=8$(권)
• 나 모둠: $36\div 4=9$(권)
• 다 모둠: $35\div 7=5$(권)
• 라 모둠: $42\div 6=7$(권)
따라서 1인당 읽은 책 수가 가장 많은 모둠은 나 모둠이므로 상을 받을 모둠은 나 모둠입니다.

17 (5명의 키의 평균)
$=(144+140+150+152+149)\div 5=147$ (cm)
(지우가 들어온 모둠의 키의 평균)
$=147+1=148$ (cm)
(지우의 키)
$=148\times 6-(144+140+150+152+149)$
$=153$ (cm)

18 (남학생의 기록의 합)$=18\times 2=36$(번)
(여학생의 기록의 합)$=15\times 4=60$(번)
(현수네 모둠 학생 수)$=2+4=6$(명)
➡ (현수네 모둠의 훌라후프 돌리기 기록의 평균)
$=(36+60)\div 6=96\div 6=16$(번)

19 예 1회부터 5회까지 타자 기록의 합은
$310\times 5=1550$(타)이므로 3회의 타자 기록은
$1550-(305+300+298+323)=324$(타)입니다.
$324>323>305>300>298$이므로 타자 기록이 가장 좋았을 때는 3회입니다.

평가 기준	배점
3회의 타자 기록을 구했나요?	3점
타자 기록이 가장 좋았을 때는 몇 회인지 구했나요?	2점

20 예 꺼낼 수 있는 바둑돌의 개수는 1개, 2개, 3개, ..., 10개로 10가지입니다.
이 중 꺼낸 바둑돌의 개수가 짝수인 경우는 2개, 4개, 6개, 8개, 10개로 5가지입니다.
따라서 꺼낸 바둑돌의 개수가 짝수일 가능성은 '반반이다'이므로 수로 표현하면 $\frac{1}{2}$입니다.

평가 기준	배점
꺼낸 바둑돌의 개수가 짝수인 경우는 몇 가지인지 구했나요?	2점
꺼낸 바둑돌의 개수가 짝수일 가능성을 수로 표현했나요?	3점

다음에는 뭐 풀지?

최상위로 가는
'맞춤 학습 플랜'

STEP
4
Book

다음에 공부할 책을 고르기 어려우시다면, 현재 성취도를 먼저 체크해 보세요.
최상위로 가는 맞춤 학습 플랜만 있다면 내 실력에 꼭 맞는 교재를 선택할 수 있어요!
단계에 따라 내 실력을 진단해 보고, 다음 학습도 야무지게 준비해 봐요!

첫 번째, 단원평가의 맞힌 문제 수 또는 점수를 모두 더해 보세요.

단원	맞힌 문제 수	OR	점수 (문항당 5점)
1단원			
2단원			
3단원			
4단원			
5단원			
6단원			
합계			

※ 단원평가는 각 단원의 마지막 코너에 있는 20문항 문제지입니다.